농업기술경제의 이해

농업기술경제의 이해

발행일 2017년 01월 31일 **발행인** 오덕성 **지은이** 권용대
펴낸곳 충남대학교출판문화원 **주소** 대전광역시 유성구 대학로 99
전화 042-821-6045 **홈페이지** http://www.cnupress.co.kr **E-mail** cnupress@cnu.ac.kr

ISBN 978-89-7599-619-1 93520
정가 16,000원

이 책은 충남대학교 학술연구비 지원을 받았습니다.

농업기술경제의 이해

권용대

충남대학교출판문화원

21세기 들어 농업의 전 분야에 걸쳐 기존의 기술체계와 패러다임을 뛰어넘는 IT와 BT, NT, ET 등 혁신적인 신기술이 출현함에 따라 이러한 기술의 급격한 발전을 도외시한 채 농업경제 현상을 분석하고자 하는 기존의 이론은 그 유용성을 의심받지 않을 수 없게 되었다. 농업기술이 농업생산활동이나 식품유통산업에 있어서 핵심적인 역할을 차지하는 현실 속에서 농업기술에 대한 새로운 경영 경제적인 분석과 접근방법이 요구되고 있는 것이다.

농업분야에도 지식 기반형 첨단기술이 속속 접합되면서 농업경제구조의 변화과정에서 차지하는 농업과학기술의 위상이 더욱 커지고 있다. 이러한 시대적 변화에 따라 농업기술과 농업경제학간의 융합적 관계에 대한 연구는 매우 도전적이지만 유망한 학문영역으로 발전할 전망이다.

일반경제학 분야에서는 1970년대 이후 기술경제 분야에 대한 학문적인 관심이 높아지면서 기술경제, 기술혁신경영, 과학기술정책 등의 명칭으로 강좌가 국내 대학에 개설되어 있다. 우리나라의 농업경제학계에서는 아직 기술경제 내지는 기술혁신이라는 용어가 널리 사용되지 않고 있다. 일부 대학에서 수년전부터 농업기술경제와 관련된 과목을 개설하여 강의를 제공하고 있으나 관련 분야의 연구결과가 빈약하고 교재조차 없어 어려움이 많은 실정이다.

저자는 농업경제문제를 기술경제학적인 관점에서 접근할 때 농업경제 및 정책분야의 연구 내용이 충실해지고 활성화될 수 있다는 점을 평소 인식해왔다. 이에 따라 10여년 전부터 농업기술혁신 또는 농업기술경제론이라는 과목으로 대학에서 강의를 해왔으나 아직까지 학생들이 참고할 만한 교재가 없는 것에 대해 많은 부담감을 가지고 있었다.

그동안 연구와 강의를 통하여 수집한 자료를 정리하여 강의용 교재로 만들어 보기를 작정하였으나 바쁘다는 핑계로 차일 피일 미뤄왔었다. 그러다가 작년에 신 농업혁명의 미래와 정책이라는 대학원 강의를 맡게 되면서 자료를 추가로 수집 정리하는 과정에서 미흡하지만 한권의 책으로 내 놀 수 있겠다는 생각을 갖게 되어 이번에 충남대 출판문화원의 지원을 받아 출간하게 되었다. 늦게나마 이 책이 나올 수 있도록 도와주신 여러 관계자분들에게 심심한 감사를 드리고자 한다,

이 책은 내용적으로 크게 3부로 나누어져 있다. 1부에는 1장에서 2장까지의 내용이 포함되는데 농업경제학을 전공하고 공부하는·연구자 및 학생들의 입장에서는 물론 현장의 농업인, 농산업체인들이 하드웨어적이고 복잡한 체계를 가진 농업기술을 쉽게 이해하도록

기초적 개념을 소개하고 농업기술의 역사적 발전과정을 서술하였다. 농업기술 용어에 대한 인식이 농업과학과 농업경제학 분야 간에서 크게 차이가 나는 경우가 많다. 농업기술진보나 혁신과 같은 농업경제학에서 종종 사용하는 기술에 관한 용어는 농업과학자들이 이해하지 못하는 경우가 많고 반대로 농업과학기술 분야에서 사용하는 전문적 기술용어는 농업경제학자들이 이해하지 못하는 경우가 많기 때문이다.

3장에서 5장까지는 2부로서 농업기술의 발달이 농업과 일반산업에 미치는 경제적 파급효과를 기술경제학적 방법론으로 체계화를 시도한 제 이론들을 정리하여 제시하였다. 국민경제가 발전할수록 농업의 산업적 비중이 상대적으로 축소되는 경향이 있다. 우리나라의 경우도 국민총생산에서 농업이 차지하는 비중이 1970년 29.2%에서 2015년에는 불과 2.9%로 크게 줄어들어 이 같은 사실을 확인할 수 있다. 국민경제가 발전하는 과정에서 농업이 상대적으로 쇠퇴하는 현상을 두고 농업의 산업적 중요성을 도외시하는 경향이 있는 것도 사실이다.

농업이 상대적으로 축소하게 된 근본 원인을 살펴보면 농업기술이 발전함에 따라 나타나는 농업의 구조적 변화 현상에 기인하는 것이다. 농업기술의 진보에 대한 경제적 측면에서의 이러한 연구 및 고찰은 아직 본격적으로 다루어지지 않고 있음을 고려하여 농업기술과 농업경제의 연계구조에 대한 이론적 고찰과 경제적 효과를 실증적으로 평가할 수 있는 방법론을 소개하는데 할애하였다.

6장에서 8장까지로 구성된 3부에서는 정책적 측면에서 미래의 농업기술이 가져올 사회경제적 파급효과를 예측하고 국내외 농업현장에서 펼쳐지고 있는 농업기술정책의 이론적 측면과 현황을 살펴본 후 저자가 생각하는 농산업화를 위한 기술개발 전략을 요약하여 정리하였다.

농업기술과 농업경제는 상호 양방향적으로 밀접한 연관관계를 가지고 있음에도 불구하고 그 동안 기술경제학적 관점에서 분석한 연구나 관련 문헌은 매우 빈약한 실정이다. 농업기술 경제학은 농업과학기술과 경제학의 융합적 학문으로서 다양한 학제적인 연구를 필요로 하나 학문적으로는 초창기로서 아직 다듬어지지 않은 부분이 많다고 본다. 기술과 기술변화의 특성이 그만큼 다면적이고 복잡하다보니 본서의 내용이 이 모든 것을 완벽하게 다룰 수가 없다는 것을 인정하며 앞으로 시간이 지남에 따라 미흡하고 불안정한 부분을 많이 고쳐나가야 할 것이다. 이 분야에 관심있는 분들의 가감없는 지적과 충고가 있기를 바라마지 않는다

2017년 1월 어은동에서

저자 씀

01 농업기술경제의 기초 개념

02 농업기술의 유형과 발전과정

03 기술경제의 이론

04 농업기술의 경제이론

05 농업기술의 가치 평가

06 농업기술과 농업의 미래

07 농업기술정책의 이론과 실제

08 농업의 산업화와 기술개발전략

〈표 목차〉

〈그림 목차〉

01

농업기술경제의 기초 개념

제1절 농업기술과 농업발전

제2절 농업기술경제의 체계와 범위

01

농업기술경제의 기초 개념

제1절 농업기술과 농업발전

1. 농업과 농업기술

농업에 대한 사전적 의미를 찾아보면 땅을 이용하여 유용한 식물을 재배하거나 유용한 동식물을 기르는 유기적인 생산업으로 정의하고 있다. 한편 농업(農;경작, 業;일)의 한자 뜻을 풀이하면 땅을 일구어 씨를 뿌려 기꿈으로서 수확을 취하는 경작방법이라고 정의하고 있다. 영어 Agriculture라는 어원은 Ager(흙)과 Cultura(경작)의 라틴어에서 유래하였으며 인류가 농경생활을 하게 되면서부터 문화가 형성되기 시작하였기 때문에 경작을 문화와 같은 의미로도 사용하고 있다. 종합적으로 농업은 토지라는 자연자원을 대상으로 인간의 지식과 노동을 결합하여 동물성 및 식물성 물질을 생산, 가공하는 생업을 뜻한다고 할 수 있다.

농업을 자연 생태계 현상에 대한 지식을 이용한 인간의 가치 목적적인 생산활동체계라고 본다면 여기에는 다양한 과학과 기술적 지식이 포함되어 있음을 알 수 있다. 기술(technology)의 어원은 그리스어인 '테크네'(techne)로부터 유래했으며 테크네는 인간 정신의 외적인 것을 생산하기 위한 실천을 뜻한다. 기술에 대한 사전적 풀이를 보면 과학 이론을 실제로 적용하여 자연의 사물을 인간 생활에 유용하도록 가공하는 수단 또는 사물을 잘 다룰 수 있는 방법이나 능력이라고 말하고 있다. 따라서 기술은 특정분야 지식의 실제적 응용과정, 절차, 제조 또는 농업 · 공업 · 상업분야에서의 서비스 제공을 위한 체계화된 지식으로 정의할 수 있다.[1]

기술의 유형을 구분하고 체계화하기 위해서는 기술의 개념과 유사한 과학이란 용어와 구별하여 이해할 필요가 있다. 고대인들은 과학을 인간 정신의 일부로 생각했던 반면 기술은 인간 정신의 밖에 있는 것으로 보았다. 과학은 자연현상에 대한 일반적인 진리나 법칙을 체계화하여 확립한 지식을 의미한 반면에 기술은 과학지식을 기반으로 인간의 효용을 증가시킬수 있는 물건을 생산하는데 활용될 수 있는 응용된 지식을 의미하였다. technology 라는 단어의 'logy'는 원래 과학과 유사한 뜻을 갖는 'logos'에서 온 것이며 'techno'는 기능을 뜻하는 'technique'에서 온 것이다.

과학과 기술의 용어가 이렇듯 차별적 의미를 갖는다고 해서 역할과 기능이 명확하게 분리되거나 독립적으로 존재하는 것은 아니다. 과학과 기술은 서로 상호작용을 통하여 발전을 해왔기 때문에 상호의존적인 상태이며 과학은 기술적 환경속에서 발전해왔고 기술은 과학적 발견과 발명을 바탕으로 발전해왔다. 과학적 지식과 기술적 지식은 서로 상호작용을 하면서 공명현상을 일

---

1 지식경제부(기술가치 평가 실무요령, 2008) p. 1 내용을 참조.

으키기 때문에 현실적으로 다면적이면서도 중첩되어 존재한다.

농업분야에 있어서도 과학과 기술의 개념과 역할은 비슷하지만 그 차이점을 구분할 필요가 있다. 농업과학이란 자연과학의 일부로서 농업에 관한 원리와 법칙의 연구를 목적으로 하는 지식체계이다. 농업기술은 이러한 농업과학지식을 바탕으로 농작물이나 가축의 생산 및 그 경제성을 높이기 위한 품종의 개량 및 선정, 경영 방법 등에 관한 실천적 지식이라고 할 수 있다. 즉 농업기술이란 농업과학지식을 바탕으로 농업자원을 인간의 욕망을 충족시켜주도록 변환할 수 있는 모든 지적 수단과 행동양식을 의미한다고 할 수 있다.

기술에 대한 인식이 다양한 만큼 기술에 대한 개념도 다원적이고 복잡한 유형과 체계를 가지고 있는데 기술의 유형은 크게 요소기술과 복합기술, 원천기술과 응용기술, 핵심기술과 주변기술로 분류 되고 있다. 광의의 기술 개념에는 기술의 수용을 촉진시키는 제도 뿐 아니라 전달속도 및 방향에 영향을 주는 사회적 경제적 제도까지를 포함한다. 이같이 기술이 가지는 다면성 때문에 기술을 개발하는데 직접 참여하는 과학기술자들이 인식하는 기술의 개념과 경제학자나 사회과학자가 인식하는 기술의 개념 간에는 차이가 있을 수 있다.

농업기술에 대한 인식에 있어서도 농업과학기술을 연구하는 학자들 간에 차이가 있을 뿐 아니라 농학과 농업경제학 분야 간에서도 크게 차이가 나타난다. 농업기술진보나 혁신과 같은 농업경제학자들이 종종 사용하는 기술에 관한 용어는 농업과학자들이 이해하지 못하는 경우가 많고 반대로 농업과학자들이 사용하는 전문적 기술용어는 농업경제학자들이 이해하지 못하는 경우가 많은 것이다.

경제학에서 사용하는 기술에 대한 개념은 물건의 가치를 만들어 내기 위한 가용한 모든 기법들을 의미한다. 즉 기술은 가치를 가진 재화 및 서비스를 생산하는데 투입되는 기법과 지식들의 조합을 뜻하는 생산함수로 정의된다. 그러므로 기술진보의 경제학적 의미는 생산함수 중 실제 산출이 예측치의 산출

보다 더 클 때 설명되지 않는 차이 또는 잔여를 뜻한다. 경제학적 관점에서 기술을 이와 같이 개념화 할 때 기술은 생산 공정 메뉴얼, 디자인, 제품 명세와 비문서화된 기술적 노하우 또는 지적재산까지 포함한다. 여기서 생산은 제품의 산출 뿐만 아니라 교통, 저장, 유통, 서비스 등의 산출을 포함하는 광의의 개념으로 해석하는 것이다.

최근에 농업기술과 농업경제학의 학문적 상호작용이 밀접해지면서 농업기술에 대한 개념과 지식간에 중복적인 현상이 두드러지게 나타나고 있다. 이러한 추세는 농업현장에서 필요한 농업기술의 보급을 위해서는 농업과학기술에 대한 지식과 함께 농업기술의 유용성과 실용성을 높일 수 있는 농업경제학간의 융합전략이 필요함을 인식케 해준다.

2. 농업발전과 농업기술의 역할

농업발전이란 농업생산의 양적인 증가와 질적인 구조의 변화를 말한다. 농업발전은 새로운 품종의 개발, 재배방법의 개선과 같은 과학기술적 지식에 바탕을 둔 양적인 성장과 새로운 농산물 시장의 개척, 농업경영조직의 개선과 같은 농업구조의 변화와 관련되어 있다. 즉 농업 발전은 양적인 성장을 가능케 하는 기술진보와 이러한 양적인 성장을 가능케 해주는 제도적 경제적인 요인에 의한 질적인 변화과정이 상호 연계될 때 가능하게 된다. 농업기술의 발달은 농업경제의 구조적인 변화와 발전은 물론 국가경제구조의 변화와 성장을 가져오는 핵심적 기반이 된다.

국민경제가 발전할수록 농업의 산업적 비중이 상대적으로 축소되는 경향이 있다. 우리나라의 경우 국민총생산에서 농업이 차지하는 비중이 1970년 29.2%에서 2015년에는 불과 2.9%로 크게 줄어들어 이 같은 사실을 확인할 수 있다. 국민경제가 발전하는 과정에서 농업이 상대적으로 쇠퇴하는 현상을 두고 농업의 산업적 중요성을 도외시하는 경향이 있는 것도 사실이다.

그러나 농업이 상대적으로 축소하게 된 근본 원인을 살펴보면 농업기술이 발전함에 따라 농산물의 총 생산량이 늘어나고 농업생산성이 향상되면서 식량 공급능력은 확대되는 반면에 수요는 상대적으로 정체하기 때문에 나타나는 농산물 가격의 하향적 안정화에 기인하는 것이다. 즉 농업기술이 발달하여 농산물 생산과 노동생산성이 증가되면 수요를 초과하는 잉여농산물의 생산이 늘어나면서 농산물 가격의 하락 -〉 농가소득의 침체 -〉 농업 GDP의 감소라는 과정을 밟게 되는 것이다. 따라서 농업의 산업적 비중이 감소하는 과정에는 농업기술의 발달이 핵심적인 역할을 하고 있음을 알 수 있다.

농업기술의 진보는 정확히 측정하기는 어렵지만 동일한 투입으로 더 많은 생산을 가져오거나 더 적은 투입으로도 전과 동일한 산출을 할 수 있도록 하는 생산함수의 이동에 의하여 측정하려는 노력이 있어 왔다. 농업기술이 발달했다는 것은 토지, 노동, 자본 등 생산요소를 종전과 동일하게 투입하고도 농업 산출량이 많아졌다는 것을 의미하며 또는 주어진 생산량을 달성하는데 있어 과거보다 적은 생산요소를 투입하거나 다른 생산요소로 대체할 수 있다는 것을 의미하게 된다. 이렇듯 농업기술의 진보는 농업 및 국가경제의 발전과정에서 핵심적인 역할을 담당하나 오늘날 농업기술의 진보에 대한 경제적 측면에서의 연구 및 고찰은 아직 본격적으로 다루어지지 않고 있다.

농업기술이 급격하게 발전하게 되면 기술혁신의 형태로 나타나는데 농업기술혁신이란 획기적인 새로운 농업기술의 도입으로 인하여 농업생산 및 경제구조의 변혁이 일어나 농업의 산업화가 급격하게 진행되는 과정을 말한다. 역사적으로 국민경제의 구조적인 변화와 성장은 농업기술의 획기적인 발달과 그 확산에 바탕을 두고 있다. 즉 농업 기술혁신을 통하여 인류는 식량공급을 풍요롭게 하고 이를 토대로 고도로 발전된 국가경제 구조와 문화생활이 가능하게 된 것이다.

제2절 농업기술경제의 체계와 범위

1. 농업기술경제의 개념적 체계

21세기 들어 지식기반형 신기술이 출현하면서 새로운 산업혁명의 시대가 도래하고 있다. 일반적으로 혁명은 정치 체제의 구조적인 변혁을 뜻하지만, 경제 및 사회 제도적인 분야에서는 패러다임 수준의 획기적인 변화가 일어나는 경우를 말하기도 한다. 기술의 급격한 발전이 경제사회 전반에 걸쳐 광범위하게 구조적인 변화를 가져오는 과정에서 농업 혁명, 산업 혁명, 정보 혁명 등의 용어가 사용되고 있는 것이다. 신기술의 출현과 급격한 발전으로 인해 새로운 생산공정, 신제품의 생산, 경영과 마케팅에서의 새로운 방법 등이 나타나면 경제사회구조에 근원적인 변화가 일어나게 된다.

최근 기존의 기술체계와 패러다임을 뛰어 넘어 다양한 산업분야에서 혁신적인 기술이 출현하게 됨에 따라 이러한 기술의 급격한 변화를 도외시한 채 경제사회 현상을 설명하는 경제이론은 그 유용성을 의심받지 않을 수 없게 되었다. 특히 기술혁신이 기업 활동이나 경제활동의 핵심적인 위치를 차지하는 현실 속에서 기술혁신을 간과한 경영 경제적인 분석방법은 더 이상 효용성을 인정받을 수 없게 된 것이다. 경제사회의 변화과정에서 과학기술이 차지하는 위상이 중요한 만큼 기술이 경제에 미치는 현상에 대한 연구는 그만큼 중요해진 것이다.

기술혁신의 중요성과 역할은 20세기 초 슘페터(Schumpeter)에 의해 처음으로 인식되었지만 기술혁신을 탐구하기 위한 노력은 1960년대에 와서야 유럽의 제도학파 경제학자들에 의하여 본격적으로 시작되었다. 〈신슘페터학파〉, 〈제도학파〉 혹은 〈기술혁신연구들〉로 불리고 있는 기술혁신 연구들은 주로 기술변화의 속성, 기술과 경제사회 현상간의 인과관계를 규명하여 기술혁신이론을 전개하고 있다. 이러한 학문발전의 결과 영국을 비롯한 구미 국가들에서는 〈과학기술정책〉, 〈기술경제〉, 〈기술혁신경영〉, 〈기술혁신〉 등의 강좌가 개설되었고, 미국에서는 주로 공과대학 내에서 이런 강좌들이 개설되고 활발하게 연구되고 있다.[2]

기술과 경제의 융합적인 연구 또는 기술혁신에 대한 연구는 앞으로 계속 발전할 것이며, 그 중요성도 더욱 커질 것이다. 이렇게 보는 첫째 이유는 과학기술이 인간이 창조된 이래 지금처럼 빠른 혁신속도를 보였던 때가 없었고, 그 파급효과도 과거 어느 때보다 더 크다는 점이다. 다니엘 벨은 그의 저서 『제3의 기술혁명』에서 200년 전 와트의 증기력 도입을 제1의 기술혁명, 100년 전 전기와 화학기술의 혁신을 제2의 기술혁명, 현대를 제3의 기술혁명기로 구분하였다. 그는 제3의 기술혁명기에 모든 기계적, 전기적 시스템이 전자화됨과 아울러 소형화, 디지털화, 소프트화 등의 급속한 기술변화가 일어날 것이라고 예측하였다. 이 예측은 20세기가 지나기 전에 이미 일어나고 있고 21세기 들어 그 속도가 점점 빨라지고 있다.

문제는 이러한 기술혁신이 인간의 삶과 경제활동에 미치는 영향이 너무 커서 기존 학문이 제시하는 이론체계가 현실의 문제를 해결하는데 아무런 힘을 발휘하지 못한다는 데 있다. 기존의 경제학이론이 기술이나 기술변화가 야기하는 여러 사회 현상을 경시하였기 때문에 현대의 급속한 기술혁신이 미치는 영향을 분명하게 설명하지 못하고 있는 것이다. 여기에서 기술혁신 연구의 필요성과 중요성을 찾을 수 있다. 앞으로 기술혁신연구가 활발하게 이루어져서 기술혁신의 메커니즘이 깊이 이해되고 경제사회에 미치는 영향과 대처 방안이 제시될 수 있어야 하겠다.

기술경제에 대한 연구는 여러 학문 간의 통합적 성격을 띠고 있기 때문에 학제적인 연구는 더욱 중요성을 지닌다. 경제학, 경영학, 행정학, 사회학, 산

2 이공래, (기술혁신이론 개관, 2000). pp.4~5.

업공학 등 기존의 학문체계가 나름대로의 기술경제에 대한 연구를 진행하고 있지만 아직까지 어느 학문도 기술경제현상에 관한 이론적 체계를 확고하게 구축하지 못하고 있다. 그것은 기술과 기술변화의 특성이 그만큼 다면적이고 복잡해서 어느 기존 학문도 이를 완벽하게 다룰 수가 없기 때문이다. 기존의 많은 학문 이론이 현실 문제를 해결하지 못하고, 또 기술이 현실문제들의 중심에 서 있다고 확신할 때 기술경제적 방법론에 대한 연구는 21세기 학문 연구의 중요한 분야의 하나로 여겨질 수 있다.

우리나라에서도 1970년대에 들어서면서 경제학, 경영학, 기술관리, 행정학 등 사회과학의 분야에서도 기술혁신에 대한 연구노력이 일어나고 있다. 우리 경제가 개방적 성숙화의 과정을 밟아나가게 되면서 경제학계도 기술혁신의 중요성을 부각시키는데 노력하기 시작하였으며, 특히 수출주도형 경제발전단계에서 우리 기업의 생존을 위한 국제경쟁력의 향상을 위해서는 신제품, 신공정의 개발을 포함한 산업구조의 개편이 긴요한 과제가 되면서 외국기술의 도입과 적정 기술의 평가능력의 향상은 물론 기업의 기술개발활동을 강화하는 것이 핵심과제가 된 것이다.

대한상의 부설 한국경제연구센터가 주관하여 1970년에 「기술혁신과 한국경제」라는 연구보고서가 출간되었고 1980년대에 들어서면 활발한 연구주제가 되어왔다. 1980년 초부터 대학에서 기술경제 또는 기술경영 및 혁신이라는 제목으로 교과목을 채택하여 강의하고 있으나 기술혁신에 대한 개념과 용어가 아직 정립되지 않은 채 이에 대한 후속연구도 본격적으로 다루어지지 않고 있는 실정이다.[3]

1990년대에 접어들면서부터 종래에 통용되던 과학기술정책(Science and Technology Policy)의 개념이 서서히 퇴조하면서 기술혁신정책(Innovation Policy)의 개념이 새롭게 대두되어 자리바꿈을 하고 있는 과정에 있기 때문에,

3 한영환외(과학기술혁신을 위한 지방자치단체의 역할, 1996) pp.71~73

기술경제 혹은 기술혁신의 개념을 명확하게 파악하려는 노력에 힘을 쏟고 있다. 최근 일반산업 경제적 차원에서 기술개발과정을 다룬 연구들은 사회학, 교육학, 행정학, 마케팅 및 산업공학, 경영학, 경제학 등의 여러 분야에서 관심의 대상이 되면서 활발하게 진행되고 있다. 분석 단위를 기준으로 보더라도 개인발명가, 조직, 국가 등을 대상으로 해서 폭넓고 다양한 연구들이 수행되어 오고 있다.

하지만 우리나라에서 기술혁신에 대한 연구노력과 관심도는 선진국에 비해 타 분야에 비해 뒤떨어져 있다. 기술혁신이 중요하게 취급되어야 하는 국가의 경제상황 속에서 이에 대한 연구가 뒤져 있다는 것은 다분히 기존 학문의 경직성에서 비롯된 측면이 강하고 할 것이다. 기술혁신 연구는 학문 연구의 경직성이 가지는 위험과 통합적 학문 연구의 중요성을 인식하게 되는 계기가 될 수 있다는 점에서도 중요성을 가진다. 기술혁신 연구가 성공하기 위해서는 사고의 유연성과 학문의 통합화 노력이 필수적이기 때문이다

농업부문에서 특정한 시대별로 핵심적 농업기술이 출현하게 되면 이는 농업기술혁신의 형태로 나타나게 된다. 농업기술혁신이란 획기적으로 새로운 농업기술의 개발과 도입으로 인하여 농업생산구조와 경제구조의 변혁이 일어나 농업의 산업화가 급격하게 진행되는 과정을 말한다. 인류는 농경사회 초기부터 수차례에 걸쳐 일어난 혁명적인 농업기술의 발달로 식량을 안정적으로 조달할 수 있게 되었다. 특히 근세기에 농업재배기술과 기계화 기술의 혁신적인 발전이 18~19세기 산업혁명의 선도적인 역할을 했음을 볼 때 농업기술이야말로 오늘날의 산업사회를 가능하게 한 원천적 기술이라고 말할 수 있다. 신 농업기술의 출현과 확산으로 농업경제부문에 구조적인 변화가 일어나면서 그 후 정치 경제 및 사회 전반에 걸쳐서 근본적인 영향을 미치게 된 것이다.

최근 정보통신기술이 혁신적으로 발달함에 따라 새로운 산업혁명에 대한 관심이 증대되고 있으며 이에 대한 분석과 전망을 위한 연구 노력이 늘어나

고 있다. 새로운 첨단기술을 기반으로 한 신산업화 시대를 맞아 농업분야에서도 IT와 BT를 융합한 혁신적인 농업기술의 등장에 힘입어 농산업 경제 전반에 걸쳐 구조적인 개혁이 일어나고 있다. 이러한 미래의 농업에 대한 변화 추세를 분석하고 전망하고자 농업과학기술 R&D, 농업기술경제, 농업기술혁신 이론 등 새로운 학문분야가 등장하면서 이에 대한 연구와 관심이 증가하고 있다.

농업기술이 농업발전에 미치는 중요성이 인식되면서 농업경제학 분야에서 농업기술이 농산업과 일반산업에 미치는 경제적 파급효과에 대한 기술경제학적 연구방법의 체계화를 위한 노력이 있어 왔다.[4] 농업기술경제학(Economics of Agricultural Technology)은 크게 두 가지의 관점에서 접근할 수 있다. 농업거시경제적 관점에서 농업성장과 기술변화를 분석하는 접근이다. 즉 농업경제 전반의 기술수준, 연구개발구조나 총량적 기술투자 등을 농업경제의 총 공급을 결정하는 생산함수와 연계시켜 농업기술의 변화가 농업경제지표 즉 농업성장률, 농가 소득, 농산물 가격, 수급변동 등에 어떠한 영향을 미치는가를 분석하는 영역이다. 둘째는 농업미시경제적 관점에서 농업부문별 관련 산업과 기술변화의 관계를 분석하는 접근법이다. 개별 농산업이나 농기업의 구조와 규모, 기술투자, 제품구성 등과 같은 미시적 농업기술변수의 변화가 농업투자 수익율, 농업생산성, 농업경쟁력에 어떠한 영향을 미치는가를 분석하는 영역이다.

이를 구체적으로 정리해보면 첫째는 농업기술과 농업경제변수간의 상호관계를 고찰하는 양립적 접근방법(correspondence approach)이다. 기술변수와 경제변수를 대응시키는 체계화모형은 다시 양자간의 인과관계를 어떻게 보느냐에 따라 크게 두 가지 접근으로 나뉠 수 있다. 즉 기술변수를 독립변수로 설정하고 그에 따라 경제변수를 종속변수로 할 수 있고 반대로 경제변수를

4 권용대, (농업기술의 발전동향과 연구개발전략의 재조정문제, 1993)

원인으로 기술변수를 결과로 하여 접근할 수 있다.

둘째는 주제 중심적 접근방법(thematic approach)이다. 이러한 체계화는 농업기술의 변화를 기술 혁신(innovation)과 확산(diffusion)으로 구분한 후 주제별로 기술변수를 대응시켜 체계화하는 방법이다. 이러한 방법은 대부분 전통경제학의 학제적 주제들과 대응시키기 어려운 주제 중심적인 접근에 의해서 분석하고 있다. 예를 들어 기술과 농업조직, 기술과 농업무역, 기술과 수급문제, 기술과 농업생산 등을 중심으로 각 주제들과의 연계하여 분석하게 된다. 따라서 기존경제학의 틀을 사용하기보다는 시의적인 필요성에 의해 현실농업경제의 관심대상과 선별적으로 연계하여 주제별로 접근하게 된다.

셋째는 산업기술 경제적 접근방법(industry-specific approach)이다. 분석수준을 개별적 농업기술차원으로 제한하여 각각의 기술차원에서 경제변수를 연계시키는 방법이다. 예를 들어 경종기술은 경종농업경제를 대상으로 하고 축산기술은 축산경제를 대상으로 하는 식의 접근이다. 이러한 접근은 농업기술연구기관이나 해당 산업분야에서 경제학적 접근을 수용하면서 시작되었으므로 전통경제학의 확장에서 생겨난 기술경제학과 비교하여 특화 내지 전문화된 유사학제라고 할 수 있다. 산업기술경제적 접근의 장점은 분석대상 농업기술분야가 명확하게 설정됨으로써 보다 실질적이고 구체적인 분석을 할 수 있다는데 있다. 그러나 동시에 특정산업을 독립적인 분석대상으로 한정하거나 분야간의 경계를 설정하기가 어렵고, 개별 산업기술경제를 하나의 연구분야로 구성하기 어려운 단점도 있다.

2. 농업기술경제의 내용적 범위

농업기술의 발전은 영농규모, 농산물 수급, 농업생산성 등 농업경제구조의 변화에 근본적인 영향을 미치게 된다. 한편 역으로 농업경제구조의 변화는 농업 기술의 발전방향에 영향을 미치게 된다. 따라서 농업기술과 농업경제의 변화는 상호 양방향적으로 밀접한 관계를 가지고 있다고 할 수 있다. 농업기술이 농업경제의 구조변화에 미치는 영향이 지대했음에도 불구하고 그 동안 이를 경제학적으로 분석하려는 노력은 미흡했다고 할수 있다.

미국에서 20세기 초에 태동한 농업경제학은 2가지 접근법에 바탕을 두고 학문적으로 발전하여 왔다. 첫째는 농학기술분야에서 경영문제의 중요성을 깨닫고 1910년 미네소타 대학의 농업경제학 강의를 시초로 농업기술의 발달이 농가 경영에 미치는 영향을 분석하는 경영학적인 접근법이 있었다. 둘째는 1903년 하버드대학에서 일반경제학분야의 농업경제학 강좌에서 농업이 국민경제에서 차지하는 역할에 초점을 두고 연구하는 경제학적인 접근접이 그것이다.[5] 그러나 2가지 접근법 모두 기술을 경제시스템의 외생변수로 취급하는 신고전파적 경제학을 이어 받아 농업기술과 농업경제학을 분리하여 다루는 학문적 방법론에 관심을 두어 왔다고 할 수 있다.

우리나라에서 농업기술과 농업경제의 상호 관계에 대한 학문적 관심은 미국 학계의 영향을 받은 농업경제학자들이 1960년대 농촌지도사업에 대한 연구를 하는 과정에서 시발되었다. 서울대학교 왕인근 교수는 1961년 초에「농업기술혁신론」이란 강좌를 동대학 농경제학과에 개설하고, 1962년부터「권장농업기술의 농가수용과 그의 사회경제적 규제요인」이란 논문을 발표하기 시작해서, 1963년에는「농가의 사회경제적 지위와 권장기술수용」이란 논문을 농업경제학회에서 발표하였다.

뒤이어 1965년부터 정부에 의해서 본격적으로 추진된 벼의 다수확 신품종의 보급 · 확산노력은 농업기술혁신에 대한 연구활동의 범위를 넓혀나갔고 특히 1970년대에 들어서 전개된 새마을 운동의 추진은 연구주제의 영역을 더욱 확대시키는 계기가 되어 혁신확산의 과정, 매체 및 행정체계 등을 포괄적으로 다루게 되었다. 그리고 1980년대에 이르러서는 농업기술의 확산연구에

---

5 김문식, (농업경제학, 1989) pp.4~5

서 얻은 지식을 바탕으로, 공업기술 전파체계와의 비교 연구를 하기에까지 이르게 되었다.[6]

농업구조를 하드웨어적인 농업기술과 소프트웨어적인 경제시스템으로 구분한다면 농업경제현상은 수면 위에 떠있는 보이는 빙산에 비유할 수 있고 농업기술은 경제현상의 하부구조를 이루고 있는 수면 이하의 빙산이라고 할 수 있다. 따라서 전체적인 농업구조는 농업기술의 메커니즘과 농업경제현상을 잘 알아야 잘 규명할 수 있는 것이다. 이는 농업기술체계에 대한 폭넓은 지식 없이는 유기적인 생물의 생산을 다루는 농업경제현상을 제대로 이해하고 분석할 수 없음을 의미하는 것이다.

농업기술에 대한 경제학적인 분석 노력은 농업의 발전과정에 대한 이해와 연구 활성화의 관건이 된다. 농업기술의 목적이 인간에게 효용성을 높이는 농산물을 생산하는데 있다고 한다면 농업기술의 궁극적인 가치는 유용성 있는 기술 즉 인간의 경제적 욕망을 충족시킬 수 있는 수단으로서 발전할 때 농업기술의 역할과 가치는 인정받게 된다. 아무리 인간의 노력과 창의성을 발휘하여 개발된 농업기술이라도 사회 구성원들에게 그 필요성을 인정받지 못하면 그 기술의 경제성은 제대로 평가되지 못하고 농업경제의 발전에 기여할 수 없게 된다.

World Bank의 ARD(Agriculture and Rural Development)는 21세기 들어 세계 각국의 농업구조가 혁신적으로 변화하고 있다고 보고 그 현상을 다음과 같이 정리하였다.(World Bank, 2008)

첫째, 농업부가가치의 성장은 생산을 통한 공급이 아닌 시장수요가 주도하는 방향으로 발전하고 있으며 둘째, 농업관련 지식, 정보, 그리고 기술이 공공부문보다는 민간 부문을 통해 생성되고 전파되는데 그러한 정보와 기술이 다양한 목적으로 사용할 수 있는 역량이 크게 향상되고 있으며 셋째, 농업기술

6 전게서, 한영환외(1996) pp.71~73

의 혁신적 전파과정은 세계화된 농업경제 환경 속에서 이루어지고 있다는 것이다.

획기적인 농업과학기술의 발달로 기존 농업자원, 기술, 지식, 과정에 새로운 가치를 더하면서 농산물의 생산, 유통과정과 산업화 구조의 혁신을 만들어내는 환경을 제공하고 있다. 이러한 농업기술혁신 요소들이 농업경제를 둘러싼 사회적, 환경적 개선을 가져오면서 농업 발전의 핵심으로 간주되고 있는 것이다. 농업기술경제는 농업 관련 지식과 기술을 수요하고 공급하는 공공기관, 산업체, 그리고 생산 농민들로 구성되며, 이러한 행위 주체들이 상호작용하는 규칙과 메커니즘을 포함하는 개념이다. 즉 농업기술경제 현상은 농업의 산업 경제적 시스템에 관련된 주체들간의 상호작용을 통해 새로운 농업기술들을 개발하고, 이전하며, 확산시키는 네트워크를 의미한다.

미래의 농업발전은 더 이상 양적인 생산 확대를 통하여 달성되는 것이 아니고 새로운 농작물, 농식품, 그리고 새로운 시장이 생성되는 과정에서 기술혁신에 참여하는 주체들이 새로운 부가가치를 창출하는 산업화의 과정에서 더 많은 가능성을 가지게 된다. 농업기술혁신에 의한 농업발전은 농업인구의 감소, 산업화, 도시화 및 세계화된 시장에 의해 가속화되고 있고, 이러한 시장주도적 농업기술혁신은 농업과 다른 부문과의 상호작용에 의해 상승작용을 가져오게 된다. 따라서 농업기술경제의 대상 범위는 농업기술과 농업생산방식의 변화를 포함할 뿐만 아니라 농업을 보는 태도, 관행, 그리고 새로운 산업방식이라는 관점에서 농업관련조직, 농업경영관리, 그리고 마케팅전략에 대한 연구적 관심을 포함하게 된다.

현대는 과거와 달리 농업기술의 변화 속도가 빠르다. 따라서 기술혁신이 농업경제에 미치는 파급효과를 무시하고 기술 수준이 고정불변이라는 가정하에서 농업경제현상을 분석하는 방법론은 공허한 이론으로 그칠 가능성이 높다. 농업기술은 식량생산의 양적 발전과 그 질적인 가치의 변화에 복합적으로 영향을 미치고 있다. 따라서 농업의 산업화 현상을 연구함에 있어 농업기술의 속성과 그 작동 메커니즘을 파악하고 농업기술의 변화와 경제현상의 상호연계관계를 규명하고자 하는 기술경제적 접근법은 농업구조의 근본적인 개선과 발전을 지향하는 관점에서 그 필요성이 더욱 커지게 된다.

참고문헌

고석찬외(1999), 과학기술정책과 지역발전, 정책연구 99, 과학기술정책연구원.

권용대(1993), 농업기술의 발전동향과 연구개발전략의 재조정문제, 농업정책연구, 20권 2호.

권욱현외(2010), 연구개발 단계별 개념 정립에 관한 연구, 연구보고서 73, 한국과학기술한림원.

김문식(1989), 농업경제학, 서울대학교 출판부.

김정홍(2003), 기술혁신의 경제학, 시그마프레스.

네이버 지식백과(2009), 기술이란 무엇인가, ㈜살림출판사.

류수노외(2016), 농학원론, knou press.

배상건외(2015), 농업에 대한 오해와 올바른 이해, CEO Focus 365호.

서종혁(2007), 한국농업기술 이노베이션:성과와 전략, 연구총서 25, 한국농촌경제연구원.

왕인근(1983), 농업기술혁신론의 본질적 재정의화, 한국농업교육학회지 15권 1호.

이가종(1990), 기술혁신 전략, 나남신서.

이공래(2000), 기술혁신이론개관, 연구보고 2000-1, 과학기술정책연구원(STEPI).

이용환(1999), 농업과학개론, 교육과학사.

장권열(1992), 농업철학, 향문사.

조장환외(1990), 농학개론, 선진문화사.

지식경제부(2008), 기술가치 평가 실무요령.

한영환외(1996), 과학기술혁신을 위한 지방자치단체의 역할, 정책연구 95-10, 과학기술정책관리연구소(STEPI).

Pardey, Philip G, Alston, Julian M., Ruttan, Vernon W(2010) The Economics of Innovation and Technical Change in Agriculture, Handbook of the Economics of Innovation, Volume 2 Elsevier New York, NY.

World Bank(2008), Agriculture for Development.

02

농업기술의 유형과 발전과정

제1절 농업기술혁명의 역사

제2절 농업기술의 유형별 발전과정

제3절 한국 농업기술의 발전과정

02

농업기술의 유형과 발전과정

제1절 농업기술혁명의 역사

일반적으로 혁명은 정치 체제의 구조적인 변혁을 뜻하지만, 경제 및 사회제도적인 분야에서는 패러다임 수준의 획기적인 변화가 일어나는 경우를 말하기도 한다. 역사적으로 산업화 과정에서 경제사회구조의 급격한 변화를 지칭하는 용어로 혁명을 사용할 때는 그 대상에 따라 농업혁명, 산업혁명, 정보혁명 등으로 불리어져 왔다.

그중에서 농업 기술의 급격한 발전으로 인류가 안정적으로 식량을 확보할 수 있게 되면서 그 후 공산품의 대량 생산체제를 이끈 산업혁명이 일어날 수 있게 한 농업혁명이야말로 오늘날의 산업사회를 가능하게한 패러다임의 변화라고 볼 수 있다. 농업기술이 혁신적으로 발전하는 시대에는 대표적인 해심 농업기술의 출현과 그에 따른 농업구조의 급격한 변화가 선행적으로 일어나면서 정치경제 및 사회제도 전반에 걸쳐 근본적인 파급효과를 미치는 후속적인 과정이 발생한다. 이런 의미에서 농업기술의 혁신적인 발전은 인류 문명의 뿌리, 더 나아가 인류의 문명 그 자체의 변화를 가져온다는 의미에서 농업혁명으로까지 불리고 있는 것이다. 이하에서 농업기술혁명의 역사적 출현과정과 그에 따른 사회경제적 변화를 시대순으로 설명하기로 한다.

1. 1차 농업혁명[1]

인류가 지구상에 등장한 후 오랫동안 수렵, 채취 어로 생활을 영위해오다가 토지를 이용하여 식량을 생산하는 농경방식을 도입한 것은 1만 2천 년에서 1만 년 전부터이다. 농경을 시작하면서 목축도 함께 시작되었는데 이것은 인류가 자연 상태의 동식물을 이용하여 스스로 식량을 생산할 수 있는 지식과 기법을 갖추게 되었음을 의미한다. 구석기시대인 고대 이집트에서 이미 보리를 재배한 흔적을 찾아볼 수 있고 신석기시대인 기원전 5,000~4,000년경에는 밀 · 보리 · 조 · 아마 등의 작물이 재배되었으며, 중국에서는 기원전 2700년경인 신농시대에 이미 5곡이 재배되었다고 한다.

이 당시 농업은 처음에 삼림을 불태워 경작하는 화전농업으로 시작하였다. 이러한 화전농법은 경운만하고 시비를 하지 않으므로 지력을 감퇴시켜, 매년 수확이 감소되고 수년 후에는 새로운 경지로 이동하지 않을 수 없게 된다. 화전농업을 일명 shifting cultivation(이동 경작)이라고 부르는 것은 이 때문이며, 약탈농업이라고 부르는 것은 토지의 영양분을 약탈한다는 의미이다.

고대인들은 화전농업을 하면서 수목이 밀생한 산록이나 강 유역에 인접한 삼림을 수없이 베어내고 불태웠으며, 가축을 초원에 많이 방목하여 사막화시

1 인터넷 자료(http://blog.daum.net/organiconion/11789099)를 재정리하였음.

켰다. 이에 따라 경작에 적합한 생산성 높은 표토가 토양침식에 의해 박탈되었다. 침식된 토양은 하류에 충적되면서 강의 흐름을 막거나 바꾸는데, 종내에 관개 운하, 항구 등이 막히게 되면 고대문명이 쇠망했거나, 아니면 새로운 땅으로 이동하기도 하였다.

한편 쌀을 주식으로 했던 중국의 경우 현재까지도 그들 선조들의 고대문명과 문화를 계승하여 왔는데 이것은 수도작 중심의 논농사로써 농업생산성을 지금까지 유지할 수 있었기 때문이다. 고대 중국 국가들이 치산치수로서 농업생태계 보호에 진력하였고 두엄 등 자연의 유기물을 모아 비료로 논과 밭에 시용하는 것을 권장함으로써 토지의 지력을 지속하는 것이 가능하게 했다.

인류는 자연생태계에 어떤 균형이 있음을 인식하기 시작하면서 농업의 발견을 통해 고도의 문명과 문화를 발달시켜 나갔다. 이것은 인류가 있는 그대로의 자연에서 식량을 얻는 대신 자연을 이용하여 스스로 식량을 생산하게 되었음을 의미한다.

이 시기에 사람들의 삶은 획기적으로 바뀌었다. 삶이 안정되고 경제적 여유가 생기면서 수명이 길어지고 씨족 구성원이 늘어났다. 움집을 만들거나 옷감을 짜고 토기를 제작하는 기술이 점차 향상되어 씨족 구성원들 사이에 분업이 이루어졌다. 이러한 농경방식은 그때까지 없었던 새로운 생활의 문호를 개방하고 또 새로운 사회구조로 변화하는 전환점을 가져다주었다. 수렵, 어로, 채집 생활은 주로 먹이를 찾아서 이동하는 생활이었는데 농업을 하게 되면서 부터 안정된 정착생활을 하게 된다. 최초의 농경방식은 그때까지 없었던 새로운 생활의 문호를 개방하고 또 새로운 사회구조로 변화하는 전환점을 가져다주었다. 수렵, 어로, 채집 생활은 주로 먹이를 찾아서 이동하는 생활이었는데 농업을 하게 되면서부터 안정된 정착생활을 하게 된다. 영국의 고고학자 고든 차일드(Gordon Childe)는 농경과 목축이 시작된 이러한 농업시대를 인류의 문명사에서 획기적인 사건이라 보고 신석기 혁명 혹은 제1차 농업혁명이라 불렀다. 인류는 농업기술의 혁신적 발전으로 농업혁명을 겪으면서 비로소 집단 취락을 형성하고 그 문명의 여명기를 맞이한다.

정착식 농경 문화가 먼저 발달한 곳은 티그리스-유프라테스 강 유역의 메소포타미아, 나일 강변의 이집트, 인도의 인더스 강 유역 그리고 중국의 황하 유역이었다. 그 후 이것은 동서로 퍼져 기원전 3,000년경에는 구대륙 각지에 농경 문화가 성립하였으며, 뒤이어 아메리카 대륙에까지 전파되었다. 또 토기도 발명이 되는데, 이것은 일종의 저장용기가 생기게 되는 것이고, 잉여농산물이 저장할 수 있는 근거가 된다. 농업생산활동은 구성원 간의 역할 분담과 잉여 생활을 가능하게 만들었고, 그것은 자연히 그 사회 구성원들 중 일부만 식량획득에 종사하게 만들었다. 나머지 사람들은 다른 일에 종사하게 되면서 노동의 전문화가 이루어지고, 거기에 따라 교육도 이루어지며, 도시까지도 나타나게 되어 고대 인류문명의 시발점이 되었다.

그림 2-1 농업 기원지 분포

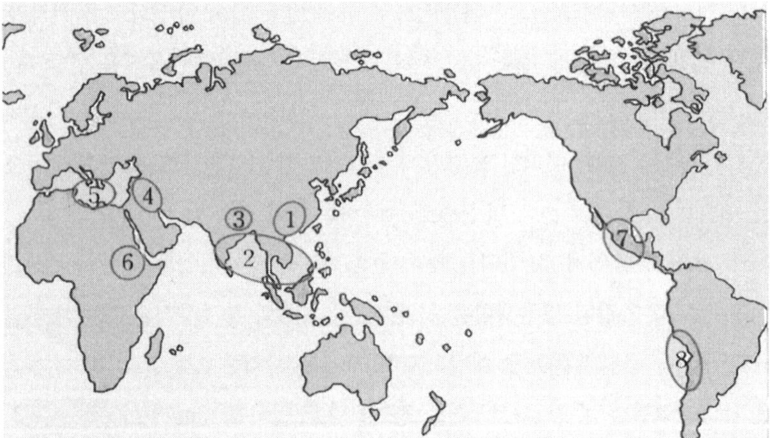

자료: Vavilov(1926)

주: ①중국지구 ②인도 · 동남아지구 ③중앙아시아지구 ④근동지구 ⑤지중해 연안지구 ⑥에티오피아지구 ⑦중앙아메리카지구 ⑧남아메리카지구

농업의 발달은 어떤 단일 작물 또는 단일 가축을 중심으로 이루어진 것이 아니고, 여러 가지 작물이 결합되고 가축이 그것에 곁들어져 하나의 문화 복합을 이루고 있다. 농업에 관한 문화 복합의 전파도 자연환경의 차이, 그리고 그곳에 사는 주민들의 역사적 배경에 따라서 선택적인 도입이 이루어졌다. 예를 들어 동양에서는 소가 곡물농업에 사역에만 이용되는 일소일 뿐이고, 서양처럼 우유의 이용용으로는 보급되지 않았다. 또한 시대에 따라 농업의 형태가 공간적으로 전파되는 속도가 달라 구대륙의 밀, 보리, 벼 등이 신대륙에 전파된 것은 콜럼버스 이후의 일이고, 동시에 옥수수, 감자, 코코아, 담배 고추 등이 구대륙으로 전파되었다.

이러한 농업혁명은 인류의 생활 조건에 근본적인 변혁을 가져와 사회의 모든 분야에 영향을 끼치게 된다. 사회구성원들의 상호 관계뿐만 아니라 자연환경과의 관계, 나아가서는 다른 인간 집단과의 관계까지도 영향을 끼치게 된다. 농업혁명으로 인한 식량생산의 효율성 증대는 사회발전에 직접적인 영향을 끼쳤다. 잉여 식량을 생산하고 채집할 수 있는 능력이 커진 것은 복합사회로의 이정표가 되었는데, 이에 따라 많은 사람들이 식량생산에 직접 개입하지 않아도 되었다. 개량된 작물과 가축, 새로운 기술, 재분배 경제의 효율성과 이에 대한 통제 등의 조건에 따라 이용할 수 있는 농산물의 잉여량이 증대되었다.

풍부한 식량과 신뢰할 수 있는 식량으로 인해 나타나는 효과는 안정된 인구 증가를 가져왔다. 농경생활의 정착과 인구의 증가로 인해 기원전 3,000년경부터 근동지방에서는 도시국가, 도시 연맹체, 강력한 군사 통치자의 지배 아래 민족국가가 발전했다. 메소포타미아 초기 왕소의 물실 문화 내에는 전문 장인을 부양하고 장거리 무역을 유지하는데 필요한 잉여농산물을 생산하였던 효율적인 경제체제가 존재하였다.

식량생산과 저장기술의 발달을 통해 공동체 사회는 1년 내내 안정적으로 식량을 조달할 수 있었다. 새로운 가축 품종들과 곡물 변종들이 농업 생산성을 더 높였고, 단순 관개 농법이 도입됨에 따라 경작이 불가능했던 지역을 경작 가능하게 해주었다. 이러한 관개기술과 여타 집약농법은 부의 차별화와 생산자원의 통제를 촉진시켰다. 이것은 계층화한 사회가 성장하게 되는 한 요인이 되었고 농업생산의 중앙집권적 통제라는 국가체계를 낳게 했다.

농경 이전시대의 사회들은 연령이나 성에 따라 정해지는 것을 빼고는 대체로 전문화란 거의 없는 평등사회였다. 반면에 농경시대에 들어서면서 중앙집권적 국가와 도시화는 직무에 대한 극도의 전문화와 부의 분포가 극심한 불균형을 이루는 가운데 발전하였다. 이러한 사회구조의 변화 과정에 바탕이 된 것은 전문화한 활동에 투자될 수 있고 부유한 계급을 부양할 수 있는 농산물의 잉여가치였다. 그러한 농산물 잉여를 축적하기 위해서는 농업생산자들이 상당한 양의 잉여농산물을 생산하도록 유도되어야 하고, 중앙 집권력은 그 축적을 감독해야하며, 공동체의 규범이 바뀌어 잉여생산물의 재분배에 의한 평등주의가 생겨나지 않도록 해야 하였다.

2. 2차 농업혁명

인류는 식물 및 동물을 인위적으로 육성 가공하는 농경기술을 지속적으로 발전시켜 나가면서 잉여농산물의 생산이 증가했지만 부양해야 할 인구도 계속 늘어났기 때문에 더 많은 동식물의 생산에 필요한 토지와 농업기술의 발전이 요구되었다. 역사적으로 기상적인 재해와 농업성장의 정체 등으로 식량자원의 부족 문제가 빈번히 발생해 왔기 때문에 인류는 안정적인 식량 확보를 위하여 수많은 노력을 해왔다.

식량 증산을 위한 핵심적 역할은 먼저 재배기술과 작부체계의 발달을 통해서였는데 동 · 서양에 있어 많은 차이를 보이고 있다. 동양에서는 동식물의 단순채취 기술단계에서 경종농업의 형태로 발달하였는데 화전농업(火田農業)→ 휴한농업(休閑農業)→ 두과작물(豆科作物)의 순서로 작부체계가 발전되어 왔으며 이들 재배기술은 대부분 토지를 집약적으로 이용하는 기술로서 제한된 경지에서 보다 많은 수확을 가능하게 해 주었다.

서양에서는 초기부터 양축농업을 위주로 하는 토지 조방적인 농업기술이 발달하여 왔는데 유목을 하는 유랑농업(流浪農業)→ 삼포식(三圃式) 농법 → 두과작물(豆科作物)을 재배하는 개량삼포식(改良三圃式)→ 윤작식(輪作式) 순환농법으로 작부체계가 발전해 왔다. 중세 이후 근대에 이르기까지(9세기-12세기) 유럽에서의 십자쟁기, 삼포식 농법, 마력이용 및 수차와 풍차 사용에 의한 자연동력 이용 등 같은 혁신적인 농업기술의 발달로 농작물 생산의 증가, 새로운 경작지 개척과 더불어 많은 잉여농산물을 생산할 수 있었다. 그 결과 인구의 급증을 가져오게 되며 농촌의 남아도는 유휴 노동력이 도시로 옮아가 상공업을 일으키게 되었다.

2차 농업혁명은 농업용 기계의 발명과 동력화 기술의 변혁을 통한 농업 관련분야의 근대적 제도의 성립과 농업생산성의 증대가 주요한 내용이라고 볼 수 있다. 영국의 경우를 예로 들면 다음과 같다. 2차 농업혁명의 서두를 연 영국은 이미 18세기 초부터 경작용(쟁기, 가래), 파종용(파종기), 곡물수확용(낫기계), 곡물처리용(탈곡기, 정선기) 등의 용도별로 농기계를 제조하는 기계공업이 성립됨으로써 농기계 기술이 발달하기 시작했다. 18세기 중반까지 손으로 파종하던 방식은 1730년대 영국의 J. 털(Jethro Tull)에 의해 개량된 파종기가 출현함으로써 사라지기 시작했다. 그 후 실제로 농업현장에 보급되어 사용된 것은 1785년 영국의 쿡이 발명한 파종기였다.

그림 2-2 영국의 18세기 파종기

자료: 김병갑외 (농촌진흥청,2011)

이 시기 영국의 농업혁명은 증가하는 인구, 특히 공업중심지의 인구를 먹여 살렸고, 공업제품에 대한 구매력을 증가시켰고, 공업화에 소요되는 자본의 상당 부분을 마련해주었으며, 공업부문으로 잉여 노동력을 배출케 해주었다. 1750-1850년을 산업혁명기라하면 농업혁명은 이보다 약 2배의 긴 기간 동안 일어났다. 관행적 농업기술의 실질적인 개선은 1650-1750년의 기간 동안 일어났고 기계기술, 인조 비료, 배수 및 관개 시설 사업을 통한 농업의 근대화는 1800년대 이후에 진전되었다. 1826년 스코틀랜드의 벨이 발명한 기계낫이 19세기 말까지 여러 나라로 전파되어 두루 사용되었다. 18세기 초 말이 끄는 목제 쟁기가 제조된 이후 1830년대까지 쟁기질의 효율을 높이기 위한 쟁기의 개량작업이 이루어졌다. 쟁기가 개량되자 그사이 목제 쟁기로는 10cm 정도밖에 갈 수 없었던 것을 30-40cm까지 한층 더 깊게 갈고 흙을 훨씬 잘 뒤집어 부술 수 있게 되었다. 탈곡장치를 만들려는 시도도 18세기 후반에 이루어져 1785년 스코틀랜드인 미클에 의해 실용적인 탈곡기가 개발되었다. 이러한 영국의 농업혁명은 토지소유 관계의 변혁과 농촌의 제계층 및 사회경제적인 구조의 급격한 변동을 가져와서 농업국에서 공업국으로 전환하고, 산업자본주의를 확립할 전제를 준비할 수 있게 해 주었다.[2]

미국에서도 18세기 말 곡물 수확기인 기계낫이 최초로 나타났고 이후 많은 개량이 이루어졌으며 1791년에서 1794년 사이에 탈곡기가 발명되었다. 또한 19세기 중반에 이르러서는 증기기관을 이용한 쟁기가 만들어짐으로써 노동생산성이 크게 향상되어 단위시간에 경작할 수 있는 면적이 크게 늘어나게 되었다. 그 결과 소맥, 대맥 등의 평균수확량이 20-30% 정도 늘어났다. 이와 같은 경지의 확대, 과학적 농법의 이용과 함께 농업 기계화 기술의 발전으로 인해 전세계적으로 농업생산은 급격하게 증대되었다. 미국의 예를 보면 1860-1910년 동안에 경작지 면적은 2배, 밀 생산은 4배, 옥수수 생산은 3.5배, 면화생산은 3배 증가하였다.

농업기술이 혁명적으로 발전되고 있던 지역은 대체로 북유럽이었고, 농업혁명은 산업혁명을 유발시켜 기계화 농경시대가 도래함으로써 대형기계에 의한 대면적 농경지를 개척하고, 관개, 배수에 의한 농지의 개량과 확대가 촉진되었다. 기계화 농경시대에는 태양에너지와 인간의 식량에너지 외에도 저장된 태양에너지인 석탄, 석유에너지 등이 경지에 투입되어 식량의 생산량이 더욱 증대되어 급속한 인구 증가를 가져왔다. 이즈음 유럽에서 근대과학문명의 시발과 함께, 합리성과 과학적 근거에 의거한 근대적인 농업과학이 태동될 수 있었다.

영국에서 일어난 농업기술혁신으로 인한 제도적 변혁은 16세기의 엔클로저 운동(Enclosure Movement)으로부터 시작되었으나, 근대적 토지제도가 확립된 것은 18세기 후반부터 19세기 초의 제2차 엔클로저 운동부터였다. 이 시기의 엔클로저 운동은 경지 확대와 경지의 효율적 이용을 목적으로 수행되었고, 그 결과로써 중소농이 몰락하고, 대토지 소유제와 대농장 체계가 확립되

2 김종현, (영국 산업혁명의 재조명, 2006)의 내용을 참조함

는 변화를 낳게 되었다. 영국의 농업혁명의 결과 나타난 구조적이며 제도적인 변화는 첫째 중세의 개방경지에서의 분산된 지조형태의 경작 대신 대규모로 통합된 단위의 토지에서 농사를 짓게 되었다. 둘째, 가경농지가 황무지와 공동지까지 확장되었다. 셋째, 자급자족적인 소농민 촌락공동체는 국내 및 국제시장의 조건에 따라 농업노동자의 공동체로 변질되었다. 넷째, 농업생산성, 즉 노동력 한 단위가 생산하는 산출량이 크게 증대되었다. 이렇듯 영국의 농업혁명은 (1)새로운 생산기술의 채용, (2)엔클로저 (3)기업가적 태도의 변화에 크게 의존하게 되었다.

영국 농업은 토지제도의 변혁과 함께 새로운 작물의 도입과 휴한제의 폐지라는 재배기술의 혁신을 통해 농업 생산성을 증대시킬수 있었다. 중세 이래 지력의 쇠퇴와 노화를 방지하기 위해 시행되었던 휴한제는 경지이용에 커다란 제약조건으로 작용했을 뿐 아니라 생산성을 낮춤으로써 농업발전을 저해하는 요소가 되었다. 타운쉔드(Charles Townshend, 1674~1728)의 노력으로 보급되기 시작한 윤작방법은 순무와 클로버 같은 새로운 사료작물의 도입과 함께 두과작물을 윤작시키고 목초를 재배함에 따라 유효경작면적은 늘어나고, 가축의 겨울 사료가 확보됨으로써 가축 사육규모의 확대에 힘입어 농업의 생산성은 가속적으로 증가하게 된다. 휴한지였던 토지에 사료작물을 재배함으로써 지력 회복의 효과와 더불어 '사료증대 → 가축 증대 → 비료증가 → 곡물증산'이라는 최종 효과를 거두게 되었던 것이다.

농업기술의 혁명적 발전의 결과 다수의 농민 및 농촌의 수공업자는 토지와 일터를 잃고, 근대적인 화폐 노동자로서 산업혁명기의 노동 시장에 유출되었다. 2차 농업혁명이 끼친 사회 경제적 영향에는 비관적인 견해와 낙관적인 견해의 대립이 있어 왔다. 전자는 대지주들이 그들의 토지지배를 강화하려는 엔클로저의 결과로 소농이 몰락하고, 관습적 토지 소유의 거점인 공동지와 공동 경작지에서 추방되어 산업예비군이 된 사실을 강조함에 반하여, 후자는 엔클로저의 과정이 대체로 농민측의 격심한 반대를 무시하고 억압적으로 감행된 것이 아닌 농업발전의 자연스런 과정임을 입증하고자 하였다. 이 당시 신농법의 발전과 농작업의 기계화, 동력화 및 농업자본 투하의 증대에 의해서 농업 생산력이 크게 증대하였으며 그 결과 1801년에 1,500만 명이었던 영국의 인구가 1841년에는 2,700만 명으로 팽창했음에도 불구하고, 식량 수요의 90%를 감당함으로써 산업혁명기 영국의 인구 부양력을 높여 나갈 수 있었던 것이다.

유럽대륙에서도 영국의 뒤를 이어 농업 혁명기를 맞이하면서 3포식 개방경지제도를 폐기하는 대신 혁신적인 윤작식 경작방법을 도입하여 농업생산력이 비약적으로 발전하게 되었다. 이러한 농업혁명 덕분에 급속한 인구의 증가와 늘어난 도시 인구를 부양하기 위한 식량 생산이 가능하게 되였으며 농업부문에서 공업발달에 필요한 노동력과 자본을 공급하게 되었고, 또한 제조산업시장의 확대와 상품수요의 증가를 가져옴으로써 산업혁명의 밑바탕이 되었다.

3. 3차 농업혁명

농업기술의 발달사를 살펴보면 하나의 혁명적인 농업기술개발에 의한 식량 생산량이 포화점에 달한 다음은, 또 다른 새로운 농경기술이 개발되어 식량증산을 가능케 했고 이로써 인류의 식량을 기근으로부터 구해왔다는 것을 알 수 있다. 농업기술의 발달과 세계 인구증가 추이를 보면 인구가 급작히 증가하는 시기는 새로운 농경시대가 시작되는 시기이다. 그것을 다시 생산요소의 두입 측면에서 고찰하면 일관된 경향을 볼 수 있는데, 어떻게 하면 다량의 생산요소를 농지에 투입할 것이냐 라는 점이다. 생산요소 · 투입형태의 변화는 바로 농업기술의 변화-발달과 병행하여 왔으며, 고투입(high input)에 의한 높은 생산성 증가의 방향이다. 투입된 생산요소는 경운, 관개, 배수, 시비, 약제 처리 등 토지와 작물 환경조건을 조절하기 위해서 소비되고 있다. 이렇게 투입된 다량의 생산자재는 자연생태계로부터 이탈하여 새로운 농업생태계 내지는 경지생태계를 만들어 가면서 식량증산에 더욱 기여하게 된 것이다.

그림 2-3 농업의 시대별 발달과정

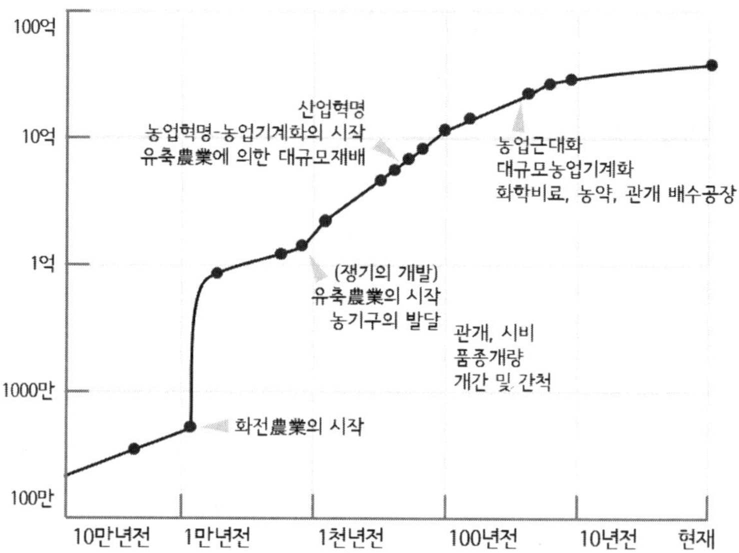

1960년경부터 시작된 녹색혁명이라 일컬어지는 3차 농업혁명은 농작물의 증산은 다량의 화학비료, 살충제, 제초제 투입 등에 의존해 왔으며, 유전공학 등 첨단생물과학의 발전이 특징이라 할 수 있다. 3차 농업혁명은 화학농업시대라고도 불리는데 인공 비료뿐만 아니라, 병-해충-잡초 방제를 위해 농약을 사용함으로써 화학적-생물학적 환경개선을 도모하여 경지를 집약적으로 활용하여 농업생산성을 높일 수 있게 되어 식량증산에 큰 기여를 하게 된다.

표 2-1 세계 곡물의 수급 추이(1970년~2007년)

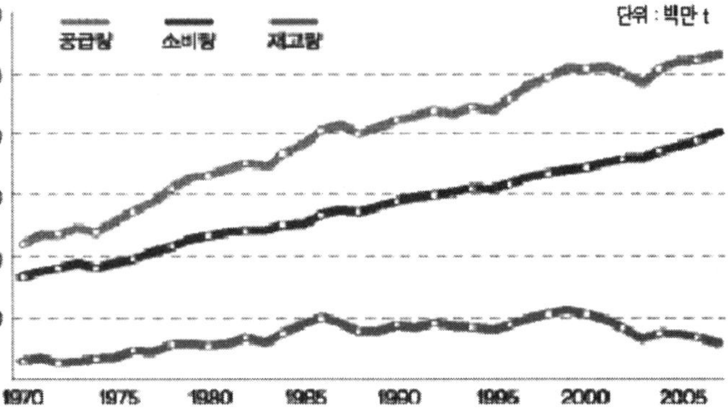

※전체 곡물은 옥수수, 대두, 밀, 쌀 포함. (자료 : 해외농업개발포럼)

1950년대에 세계의 경지면적은 약 6억ha이었으며 1981년에는 경지 면적이 7억 3천 500만ha로 약간 증가하였으나 2000년대에는 전 세계적으로 5,000만ha의 경지 면적이 감소하여 6억 8천만ha 수준으로 줄어들었다. 하지만 1980년대 이후 세계의 년 평균 식량생산 증가율은 2.6%로서 급속하게 증가하였는데 이는 경지면적의 증가보다는 농업기술의 진보에 따른 농업생산성의 향상에 기인하고 있다. 2000년대 이후에도 세계 곡물 생산량은 꾸준히 증가하여 25억 톤을 넘어서는 추세인데 이는 농업기술의 진보 때문이라고 할 수 있다.

이렇듯 농업기술 진보의 결과로 19세기 초기 농민 1인이 4인 몫의 식량을 생산했으나 20세기 초에는 1인이 8인 몫을, 20세기 중반 1인이 16인 몫을 생산할 수 있게 되고 1980년대 들어 1인이 60인 몫의 식량을 생산할 수 있는 능력을 가지게 되었다. 미국 상업농의 경우 1인이 200명분의 식량까지 생산할 수 있다. 1960년대 이후 녹색혁명과 농업기계화 기술의 발전은 농업 생산성에 많은 영향을 미쳤다. 미국의 경우 옥수수 100부셸의 생산에 필요한 노동력은 기계화 이전인 1890년대까지는 50~80시간이 필요하였으나, 기계화, 화학 제초제 및 종묘 개신 등으로 지속적인 생산성 증가를 가져와서 1990년대에 들어서 5시간 이내로 줄어들었다. 그리고 토양관리 및 정밀 기상 예측 기술 등은 농업의 과학화를 촉진시켰다. 또한 이를 활용하여 농약을 효율적으로 사용하게 되어 경비 절감과 함께 환경오염도 줄일 수 있게 되었다.

이러한 고도의 농업 생산성은 다른 연계기술인 관개이용, 종자개량, 농업의 기계화 및 농업 생산 수확물의 급속한 수송과 저장, 유통구조로 인해 더욱 촉진될 수 있었다. 그 결과 3차 농업혁명은 식량 생산량의 한계기술을 넘어서게 하였고 미국의 경우 전체 인구의 2% 정도만이 농업생산에 종사하고 있지만 식량을 자급하고도 남아 잉여 농산물의 수출이 충분히 가능해지게 된 것이다.

어떤 사회가 경제적으로 발전하려면 농업이 먼저 개발되어 있어야한다. 이것을 우리는 19세기 영국의 산업혁명에서 경험할 수 있다. 풍족한 식량사정은 또한 그에 부수되는 여러 가지 산업체의 풍부함과 같이 한다. 산업혁명은 효율적인 농업이 있을 때만 가능하다. 농작업이 보다 생력화되어야 농촌의 잉여 노동력이 도시로 이동할 수 있고 또한 산업노동력의 공급이 가능해지기 때문이다.

농업이 발전하더라도 기본적인 활동 양식은 씨를 뿌리며, 작물을 돌보고, 거두며, 그것을 소비하는 것으로 인류가 처음 농업을 시작했을 때와 똑같은 과정을 거친다. 하지만 산업혁명 이후 서양의 농업기술은 동식물의 재배 사육기술만을 의미하는 생산기술의 개념에서 벗어나 잉여 농산물을 바탕으로 한 농업관련기술 분야 예를 들어 수송, 저장, 가공 등 유통기술 그리고 생산성과 수익성을 중시하는 경영기술 등 전후방적으로 연계된 기술이 다양하게 발전해 왔다.

이들 기술은 작물의 생산과정에서 출발하여 최종 소비단계에 이르기까지 각 분야별로 관련된 농업기술들의 산업적 결합이라고 할 수 있으며 농업의 산업화 과정을 가능케 한 기술이라고 할 수 있다. 20세기 중반 이후 농업기술은 농산물 가공, 유통판매업, 그리고 종자, 비료 및 농약, 농기계 등 전후방 기술 간에 가치사슬적으로 연관된 종합기술 산업군으로 성장하고 있다. 넓은 의미의 농업은 농작물의 생산활동뿐만 아니라 그것의 가공 및 유통활동까지 포함하기 때문이다. 여기에다 식품제조, 수송, 식품영양, 의약품, 에너지관리, 분야기술이 농업기술의 영역에 포함되면서 농업기술의 관심영역은 농업기술 관련 제도 및 서비스 활동, 농업연구개발, 지도, 교육, 그리고 시장 정보, 정부의 농정활동 등으로 확대되고 있다.

4. 4차 농업혁명의 도래

21세기 들어 세계농업은 또 다른 농업혁명시대를 맞이하고 있으며 그 중심은 컴퓨터와 ICT 기술이다. 4차 농업혁명은 자동화시스템과 전자공학 및 컴퓨터의 급속한 발달과 보급에 편승한 농업시설 환경조절공학의 발전에 의해 노지재배의 한계성을 극복하고 유리온실, 양액재배, 컴퓨터와 연결된 전자기계 자동화 환경컨트롤시스템에 의한 공업적 생산방식에서 가능성을 찾고 있다. 그리고 정보화 기술의 발달로 병해충방제에 있어도 농약 의존형 영농체계에서 정보 의존형 영농체계로 변화되고 있는 추세다. 이는 보다 균형 있는 작물보호와 농작물의 안정 생산에 기여한다. 최근 정밀농업의 트렌드로 떠오르는 스마트 팜도 ICT 기술을 기반으로 각종 센서를 통해 환경 정보, 생육 정보, 에너지 정보, 농작업 정보 등을 통합적으로 수집하고 분석하여 최적의 생육 환경하에서 농작물을 재배하는 기술이다. 스마트 팜은 복잡한 생육환경의 조건을 빅데이터 기술을 활용하여 농작물의 생산량 및 작물 품질의 향상을 가능하게 해 주고 있다.

또한 농업생명공학기술도 농업과 식품분야에서 커다란 기술적 진보가 시작되고 있다. 농업생명공학기술은 농산물의 생산증가를 가져오는 효과적인 기술로서 영농의 본질적 방식, 농식품의 정체성, 농산물 시장의 특성을 변화시키는 잠재적인 능력을 가지고 있다. 농업생명기술은 농업생산성 향상, 식품시스템, 농업제도와 조직에 근본적인 변화를 가져 올 것이다. 농업생명 공학기술은 이미 지적재산권, 이익의 공정한 분배, 소비자 수용, 식품 라벨링 요구, 차별화, 무역장벽, 생물다양성 같은 분야에 영향을 미치고 있다.

농업생명공학기술은 유전물질의 결합, 종자생산, 농화학분야 농기업들의 구조를 근본적으로 변혁시킬 것이다. 최근에는 유전체학을 통해 여러 유형의 작물, 가축 등을 대상으로 유전체 특성을 파악한 뒤 다양한 방식으로 새로운 품종을 개발해나가고 있다. 유전체학이란 유전체 염기 서열 판독(sequencing)을 통해 염색체 지도와 유전자 지도를 비교 분석하면서 DNA 구조 결정 등을 연구하는 것을 말한다. 유전체학이 등장한 것은 유전자 진단과 치료에 대한 기대 때문이다. 이같이 생명공학기술은 정밀농업(컴퓨터, 인공위성, GPS) 같은 기술혁신과 결합하여 세계의 농식품 시스템, 농식품의 생산과 유통, 농가경제구조를 근본적으로 변화시킬 수 있는 잠재성을 가지고 있다.

미래의 농업기술은 분야별로 다음과 같은 추세로 변화될 전망이다. 첫째 부족한 노동력은 자동화 · 로봇 기술로 대체되고 작물재배에서 유통단계까지 모든 단계가 네트워크로 연결되어 농산물에 대한 생산이력정보가 소비자에게 제공될 것이다. 나아가 모든 농업기계는 고유번호를 가지게 되고 GPS센서와 무선통신 기능을 내장함으로써, 어떤 기계가 어느 토양에 어떤 씨를 뿌려 언제 얼마만큼의 비료와 농약을 살포해서 얼마나 수확되었나에 대한 작업기록이 컴퓨터에 기록될 것이다. 이렇게 재배된 농산물은 고유번호와 이력정보를 가지고 선별, 포장, 유통단계를 거쳐 소비자에게 전달될 것이다. 최근에는 드론, 빅데이터 분석 기술 등 농업 분야에 첨단 기술이 대거 도입되면서 노지농업 현장에서도 구조적인 변화가 일어나고 있다.

그림 2-4 대형 농장을 순회하고 있는 농업용 드론

둘째, 온실은 식물공장으로 변신하여 기후변화에 영향을 받지 않고 연중 안정적으로 농산물이 공급될 것이다. 식물공장은 LED 등 인공광과 자동화된 환경제어장치에 의해 작물재배에 알맞은 최적의 상태로 관리되어 각종 농산물을 연속 생산할 수 있게 될 것이다. 또한 식물공장은 지열, 태양에너지, 바이오연료, 풍력 등 신재생에너지를 이용하여 최적의 상태로 온습도를 관리함으로써 화석에너지를 전혀 사용하지 않는 기술로 발전되어 나갈 것이다. 사물인터넷 (Internet of Things) 기반의 온실 및 시설 농업기술의 개발을 통하여 자동화 무인화 농업시대를 열어갈 것이다. 사물인터넷이란 각종 사물(가전제품, 모바일 장비, 웨어러블 컴퓨터 등 다양한 임베디드 시스템(embedded system)에 센서와 통신 기능을 내장하여 인터넷에 연결하는 기술을 의미한다.

그림 2-5 IoT 기반의 식물공장 개념도

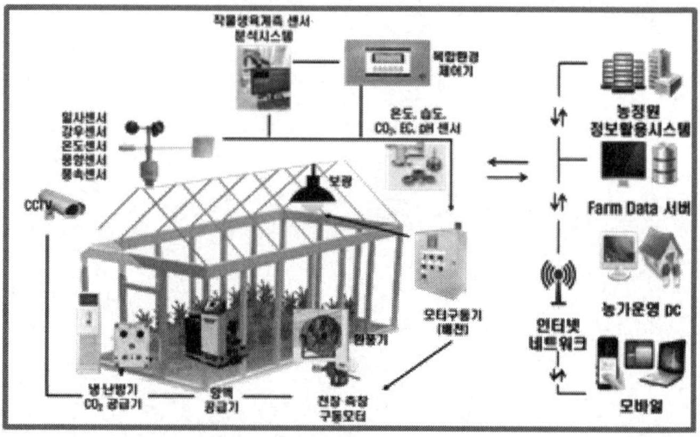

셋째, 축산분야에서 동물복지의 인식이 보편화되어감에 따라 가축은 거의 자유로운 상태로 관리될 것이다. 가축은 고삐를 매지 않고 축사는 자연환기 시스템을 이용할 것이다. 가축의 먹이, 착유 및 건강관리는 고정로봇, 점점 나아가 이동로봇에 의해 관리되어 가축의 출생에서 판매까지의 모든 생산이력 정보가 소비자에게 제공될 것이다.

그림 2-6 미래 농업의 대상 분야

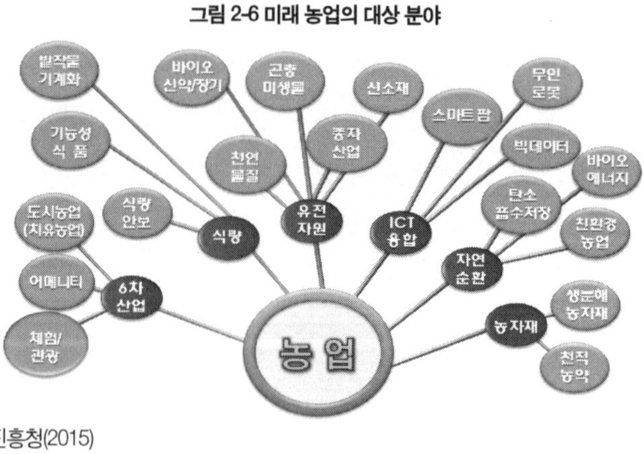

자료: 농촌진흥청(2015)

미래의 농업은 농작물 재배, 가축사육에 한정 하지 않고 종자, 농기계, 유통, 식품, 서비스 등을 포괄하는 복합산업(Complex Industry)으로 성장하여 고도의 기술과 서비스가 결합된 융 · 복합의 영역으로 확대될 것이다. 따라서 농업기술개발의 대상 분야도 의료, 환경, 식품안전 등 다양한 분야에서 응용, 활용되는 기초 · 원천 기술의 성격으로 진화될 것이다. 농업생명공학기술은 IT, NT, ET 등과 융 · 복합되면서 식량, 환경, 에너지 등 인류의 당면 현안 문제를 해결할 수 있는 유망기술로 인식되고 있고 식의약, 기능성, 바이오 에너지 등 다양한 분야로 영역이 확대될 전망이다.(그림 2-6)

제2절 농업기술의 유형별 발전과정

산업혁명이후 20세기에 들어서서 농업기술의 범위는 동식물의 재배 사육 기술만을 의미하는 좁은 개념에서 벗어나 농업생산을 둘러싼 전후방산업과 관련된 기술을 포함하는 추세로 발전하였다. 농업기술의 범위가 작물생산기술뿐만 아니라 농자재, 저장, 가공, 수송 등 유통기술 그리고 생산성과 수익성이 연계된 경영기술 등 농산업 전반에 걸쳐 확대되고 있는 것이다. 농업기술의 범위는 넓은 의미에서 종자, 비료, 농약, 농기계 같은 후방 투입물에서부터 식품제조 및 판매, 외식산업, 등과 같은 최종적 소비자에게 이루어지는 서비스까지를 그 범위로 포함하고 있다. 좁은 의미에서의 농업기술의 범위는 1차 농축산 생산물부터 최종적 유통서비스까지를 보고 있다. 이렇듯 현대의 농업기술은 작물의 파종, 재배, 수확, 판매 등 일련의 연속적인 생산과정에서 출발하여 최종 소비단계에 이르기까지 각 분야별로 관련된 기술들의 집합적인 결합이라고 할 수 있다.

그림 2-7 농업단계별 관련기술의 종류

자료: 김상태(우리나라 농식품 R&D 추진체계 현황과 향후 개선방향, 2013)

우리나라 정부는 농업기술의 통합적 관리와 정책대상으로서의 분류상 편의를 위하여 2014년 12월에 농림식품과학기술분류체계를 제정 · 고시한 바 있다. 그 동안 농림수산기술기획평가원, 농촌진흥청, 산림청의 농업과학기술 분류체계가 상이하여 농식품분야 R&D 정보에 대한 총괄적인 파악이 곤란하였기 때문이다. 농업과학기술 분류체계의 기본방향은 국가과학기술표준분류체계와 연계성을 강화하고, 농림식품 정책방향 및 과학기술 특성을 반영하며 농림식품과학기술의 대표성을 확보하는데 두었다.

다양한 농업기술을 산업분류체계에 따라 유형화 할 때 양적 물리적 성장과 관련된 농업기술과 질적 화폐적 가치와 관련된 기술로 크게 구분할 수 있다. 생산기술은 원천적으로 식량공급의 확대를 가져오는 양적인 식량증가와 관련된 기술로 볼 수 있고 경영기술은 시장 환경의 변화에 따라 달라지는 화폐적 가치와 관련된 기술로 볼 수 있다. 농업기술을 양적 물질적인 기술과 질적

화폐적인 기술로 구분할 때 인류 역사의 대부분은 양적으로 부족한 식량의 확보 및 배분을 위한 생산과 유통기술의 발전에 중점을 두어진 기간이었다.

그러나 최근에는 수요를 초과한 농산물의 공급과잉 현상이 자주 발생하면서 농산물의 양적 확대보다는 농산물의 경제적 가치를 높일 수 있는 품질관련 기술의 개발에 관심이 높아지고 있다. 여기서는 여러 다양한 농업기술들을 양적 물리적 기술과 질적 가치적 기술의 관점에서 파악하여 이들 농업기술이 산업부문별로 어떻게 발전해 왔나를 살펴보기로 한다.

1. 농업기계화 기술

농사일에 노동력을 보다 효율적으로 투입하기 위하여 이용되는 기구 및 기계를 농기구(Farm implement and machinery)라 말한다. 농사를 지으려면 먼저 농기구가 필요한데 원시적인 농사에서도 땅을 파서 작물을 심기 위해서는 따비라는 간단한 농기구가 필요하였다. 따비가 있는 것과 없는 것은 농작업의 능률면에서 큰 차이가 나기 때문이다. 이 따비가 발전하여 쟁기로 되고 나무로 된 쟁기는 철제 쟁기로 변하고 이 쟁기를 인력이 아닌 소와 말 등 축력을 이용하면서 농기구를 이용하는 기술이 크게 발전하였다. 현대에 와서는 동력경운기에 부착하는 쟁기와 각종 형태의 플라우로 발전하여 원판 플라우, 로타리 플라우 등으로 발전하게 된다.

그림 2-8 쟁기의 유형

따비 (Small Plow)　　　　선쟁기 (plow))

자료: 박원규외(2006)

중세기까지 거의 대부분의 씨앗 뿌리기는 손으로 하였다. 그런데 1700년 영국의 제트로 튤(Jethro Tull)이 쟁기로 다듬어진 밭에 일렬로 씨앗을 뿌릴 수 있는 조파기(seed drill)를 발명하였다. 그리고 뒤에 씨앗을 뿌린 골과 골 사이를 기계로 제초할 수 있는 기계도 발명하였다. 전통적으로 곡식을 수확하기 위하여 베는 작업을 하는데 낫을 사용하였으며 겨와 알곡을 분리하는 탈곡작업은 두드리거나 바람에 날리는 방법을 사용하였다. 1850년 이후에는 수확과 탈곡을 하는데 작업과정이 분리된 기계를 사용하다가 그 후 수확과 탈곡을 한 번에 할 수 있는 콤바인이 개발되어 이용하게 되었다.

동력원으로서 처음에는 사람의 힘으로 농기구를 사용하다가 중세에 들어서 농기구를 소나 말 등 축력을 이용하여 끌게 하였는데 19세기 말까지 가축이 주요 동력원이었다. 가축이 끌던 농기구는 스팀엔진을 가진 기계로 대체하였다가 그 후 내연기관으로 대체되었으며 1890년에는 트랙터가 처음 사용되기 시작하였다. 농기구의 자재도 농경시대의 초기에 나무, 짐승의 뼈, 돌 등으로 만들어 사용하다가 점차 철제로 만든 농기구를 사용하게 되었다. 이러한 농기구의 발달은 힘든 농사일의 부담을 크게 덜어주고 노동투입시간을 크게 줄여주게 된다. 농기계 기술의 발달은 생력화를 통하여 노동 생산성 향상에 크게 기여하였으며 영농규모의 제약을 벗어나 규모화를 가능하게 하는데 주요한 기여를 하게 된다. 가축을 이용한 경작방법은 인력 수요를 3분의 1이하로 줄여 주었으며 물을 공급하는 관개수리 시설의 보급은 경작 가능한 토지를 늘릴 수 있어 그 결과 식량 생산량이 크게 늘어나게 되었다.

18세기 산업혁명시대에 들어서서 농기구는 복잡하고 더욱 정교한 농기계로 발전하면서 경지 면적당 노동력 투입시간을 더욱 단축시킬 수 있게 되고 노동생산성이 비약적으로 증가하였다. 농업기계화는 인간의 노동력을 대체할 수 있을 뿐만 아니라 축력의 이용부담을 덜어주어 역우를 비육우로 대체할 수 있게 되면서 가축용 초지를 식량작물재배용 경지로 전환할 수 있게 됨에 따라 경지의 효율적인 이용도 가능하게 되었다.

미국에서 수확기계기술의 발전과정을 보면 1840년대까지 사용된 전통적인 예취(刈取)기구인 낫(Sickle)을 사용할 경우 농부 일인당 하루 작업면적이 3분의 1에서 2분의 1 에이커(acre)에 불과 했으나 말이 끄는 자동예취기가 발명되고 1880년대에 콤바인이 발명되면서 1인당 작업가능 면적이 18 에이커(acre)까지 증가하게 되었다. 농업기계화 기술의 발전은 미국 농업의 생산성에 많은 영향을 미쳤다. 미국의 옥수수 100부셀의 생산에 필요한 노동력은 기계화 이전인 1890년대까지는 50~80시간이 필요하였으나, 아래 표 2-2에서 보듯이 기계화 기술의 발달과 품종개량 등으로 콩농업의 생산성이 지속적으로 증가하면서 2000년대 이후 5시간 이내로 줄어들어 100여 년 전에 비하여 10배 이상의 노동생산성 증가를 가져왔다.

표 2-2 미국 콩 농업의 영농시간 변화

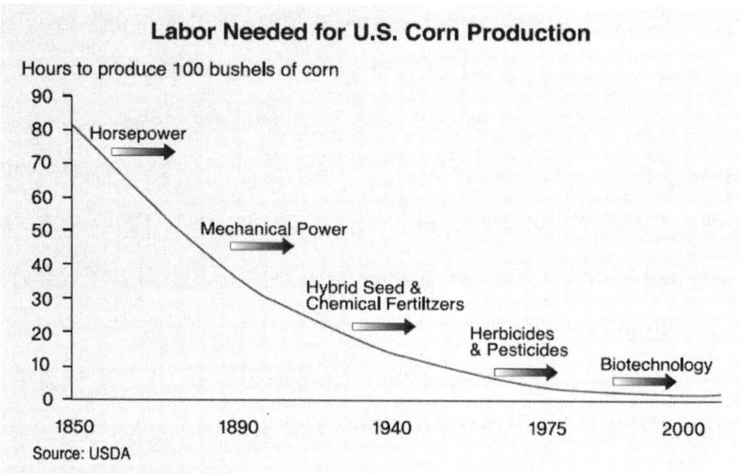

출처 : Jason Henderson (Federal Reserve Bank of Kansas City, USA) Looking to the Future: The Agriculture Economy, 2007

농업기계의 동력도 축력에서 1890년에 가솔린엔진으로 대체되고 예취기(刈取機), 탈곡기(脫穀機), 트랙터의 3가지를 결합한 콤바인이 나와 곡물생산이 비약적으로 증가하게 되었다. 1950년대부터는 농업기계가 견인형에서 자주형으로 바뀌고 마력수가 커지면서 총 농기계보급대수는 감소하였으나 농가 호당 기계마력수는 증가하였다. 현재 미국에서 가장 많이 보급되고 있는 트랙터의 규모는 130-140마력으로 작게는 20마력, 크게는 400마력으로 규모의 종류가 다양하다.

이렇듯 농업기계화는 영농규모의 확대에 크게 기여하고 있으며, 농민 1인당 노동 생산성 즉 1인당 작물생산량을 크게 증가시켰다. 그리고 농업기계화는 다양한 영농수요에 대응하여 노동력의 계절적 수요분산, 농작업의 효율화를 통하여 농업노동을 기계로 대체해주어 농업생산요소의 투입구조변화에도 영향을 미쳤다.

21세기 들어 농업기계화 기술은 전자와 기계공학이 결합된 메카트로닉스 기술이 이용되면서 농업작업의 자동화, 무인화, 로봇화를 추구하고 있다. 또한 전자공학기술을 이용하여 생체정보에 기초한 최적 작물의 재배, 가축 사양관리가 가능하며 농작업, 식품 가공공정 및 물관리의 자동화가 기대되고 있다. 컴퓨터 시스템에 의한 고감도 센서와 계측기술의 발전은 농작물의 생육진단과 토양진단 등 전문가 시스템의 개발을 가능케 하며, 이러한 기술은 농업시설 · 가축관리 · 물관리 등 자동제어기술로 실용화되어 정밀농업이 실현될 것으로 예상된다.

농업기계화가 진전됨에 따라 농업에 투입되는 인력감소는 앞으로도 계속될 전망으로 전자와 기계공학 기술의 결합을 통해 영농의 자동화로 정밀농업을 실현하는데 중점이 주어지게 될 것이다. 즉 컴퓨터화된 전문가 시스템(computerized expert systems)이 농장에 설치된 센서(sensor)들을 통해 기후변화, 토양조건, 기타 변수들의 데이터를 수집하고, 이들 정보를 사용하여 농민에게 구체적인 권고를 하면, 이를 고도로 특화된 로봇이 실행할 수 있도록 지시할 수 있게 될 것이다.

한 예로서 이스라엘 농기계연구소는 미국 퍼듀 대학과 공동으로 메론 수확로봇을 개발하였다. 이 로봇수확기는 이식 · 경운 그리고 호박 · 수박 · 양배추 · 상추 수확에도 활용될 수 있다. 이 로봇에는 카메라가 장착되어 있어 이랑을 탐지하고, 잎 뒤에 숨어 있는 과실은 바람을 불어 찾아낸 다음, 컴퓨터가 형상을 분석하여 수확여부를 확인하며, 냄새로 작물의 숙도(熟度)를 판단하고 특수 센서로 에틸렌 농도를 측정하여 수확 여부를 결정토록 되어 있다

자동화 로봇의 개발로 인해 농작업에 필요한 많은 인력이 로봇으로 대체되거나 무인자동 농장의 등장으로 인해 전통적인 옥외농업이 크게 위축될 전망이다. 따라서 농업에 필요한 노동력에 대한 수요가 크게 줄어들면서 농업인구수는 급격히 감소하여 극히 적은 수의 농민들만이 농사를 짓는 세상이 수

십년 내에 도래할 가능성이 높다.[3]

미래의 농기계는 다목적(Multi), 전천후(All-weather), 누구든지(Common), 인간중심(Human), 인공지능(Intelligence), 수요자 중심(Needs), 친환경(Eco)의 7가지로 특징 지을 수 있다. 첫째, 다목적농기계 하나로 다양한 작업을 수행하여 번거로움으로부터 농업인을 자유롭게 할 것이다. 둘째, 농기계는 기상여건에 관계없이 전천후로 농산물을 생산 할 수 있게 할 것이다. 셋째, 미래의 농기계는 누구든지 손쉽게 조작할 수 있어 힘든 일로부터 인간을 해방시킬 것이며, 넷째, 인간중심의 농기계는 작업의 위험으로부터 우리를 안전하게 할 것이다. 다섯째, 인공지능이 적용된 농기계가 스스로 작업하여 작업 관리에서 벗어나게 할 것이며, 여섯째, 식품 위험으로부터 인류를 자유롭게 할 수요자 중심 농기계가 우리를 맞이할 것이다. 일곱째, 마지막으로 대체에너지를 사용하는 친환경 농기계가 출현하여 환경오염으로부터 인류를 구원할 것이다.[4]

2. 농업생명과학기술

생명과학은 생명현상을 과학적인 방법론으로 연구하는 것을 말하며 비생물을 다루는 물상과학과 대조되는 개념이다. 생명과학기술의 하위 분류체계에는 생물학, 의학, 농학, 생화학, 생명공학기술이 포함되어 있다. 농학 또는 농업생명과학기술은 생명과학기술의 하위체계로서 주로 육종과 품종개량에 관련된 기술이다. 현재의 작물은 오랜 세월에 걸쳐서 특정 품종을 선발하여 개발하는 과정에서 인위적으로 생육조건에 맞게끔 재배법을 발달시켜 온 품종들이다. 전통적 농업생명과학기술은 우수한 형질을 가진 작물로 개량하기

3 제레미 리프킨(노동의 종말, 2005)

4 김병갑외(농업혁명을 이끈 농기계, 2011)

위해서 이용가치가 높은 작물을 가려서 재배하고 또한 같은 품종의 작물이라 하더라도 좋은 것을 골라 씨를 받아 재배하는 기술을 발전시켜 왔다. 농업생명과학기술의 발전으로 1761년에는 교잡으로 우수한 잡종을 얻을 수 있는 기술이 개발되었고 Darwin의 진화론과 Mendel의 유전법칙 등 유전학의 발달로 작물을 인위적으로 개량할 수 있는 육종(育種)기술의 발전이 한층 가속화하게 되었다. 1960년대 새로운 우량품종의 개발을 통한 획기적인 식량증산을 가능케 한 녹색혁명의 주역이라 할 수 있다.

그림 2-9 생명공학 및 유전공학기술의 범위

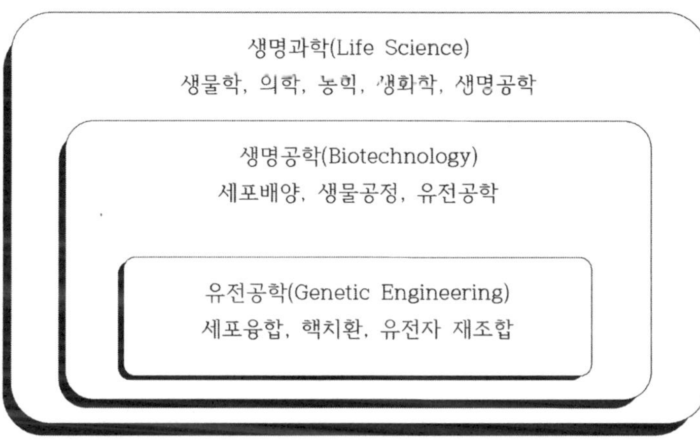

최근에 급격히 발전하고 있는 생명공학기술 또는 바이오테크놀로지(biotechnology, BT)는 생물체가 가지는 유전·번식·성장·사기제어 및 물질대사 등의 기능과 정보를 이용해 인류에게 필요한 물질과 서비스를 가공·생산하는 기술을 말한다. 1960년대 들어 농업생명공학기술을 이용하여 개발된 신품종은 많은 수확량을 가져오는 반면에 추가적인 생산비용은 별로 들어가지 않아서 전 세계에 걸쳐 다수확 신품종의 보급이 급속하게 확산된 계기가 되었다. 개발된 신품종은 대부분 화학비료, 세초제, 농약 등에 민감하게 반응하는 특성이 있어 화학적 농업기술도 같이 발달하였다. 궁극적으로 농업생물공학기술은 농업생산의 제약요인인 토지라는 생산요소를 대체하는 효과를 가져 옴으로써 토지절약적 기술진보 즉 토지생산성의 향상을 가능케 하였다. 그밖에 농업분야에서 활용되고 있는 전통적 생명공학기술은 가축 및 식물의 육종, 동식물 수정란 이식기술, 발효식품제조기술로서 주류, 발효유 제품 등이 있다.

1973년 유전자 재조합기술의 도입을 계기로 기존의 생명공학기술로부터 유전공학기술, 세포배양기술, 생물공정기술 등이 발전하고 있다. 유전공학기술(genetic engineering technology)이란 생명공학기술 중에서 생물체의 유전형질을 인위적으로 변형. 개조시켜 새로운 형질을 가진 생물체를 만들어 내는 기술을 말한다. 그중 유전자 재조합기술(Recombinant DNA technology)은 특정유전자를 운반체(Vector)에 담아서 미생물의 세포내에 이식하고 그 유전자를 가동발현 시키는 기술을 말한다.

유전공학기술은 유전자를 조작해서 생명체의 기능을 보강하거나 전혀 새로운 생명체를 만드는 생체개조기술이라고 할 수 있다. 유전자 염기배열의 일부에 다른 생물의 특정 유전자를 편입시켜 유전자를 변환시키는 유전자변형농산물(GMO)을 개발하는 등 유전공학기술이 급진적으로 발달하고 있다. 유전공학기술은 유용한 유전자를 재조합하여 보다 싸고 유익한 물질을 생산할 수 있는 기술로 금세기 4대 난제인 식량, 에너지, 의학 및 환경보전 문제를 해결할 수 있는 첨단기술로 기대되고 있다.

유전공학기술은 하나의 세포에 새로운 유전자를 첨가 · 삭제 · 재결합 · 조정함으로써 농축산물의 생산방법을 근본적으로 바꾸어놓고 있다. 유전자 조작을 통해 병충해에 강하고 생산성을 증대시키는 새로운 품종을 만들어 낼 뿐만 아니라, 전혀 다른 종(species) 간에 유전자를 이식 또는 재결합함으로써 수많은 새로운 종을 탄생시킬 가능성이 있으며, 종의 기존 개념을 변화시키고 있다.

최근 개발된 유전자변형 농산물은 생산자 측면에서 재배상의 편리를 위해 개발된 상품이 주류를 이루었으나, 앞으로는 소비자측면에서 영양을 강화하거나 특수성분을 가진 기능성 상품의 개발이 주를 이룰 것으로 예상된다. 이러한 기술혁신은 세계사에서 유례를 찾아볼 수 없는 농업 생산성의 향상과 투입노동력 절감을 가져 올 것이며, 앞으로 실험실에서도 분자조작에 의해 작물을 재배하는 실내영농이 크게 발전될 것으로 전망되고 있다.

최근 생명공학기술의 발전 추세를 보면 의약분야의 Red Bio-Tech, 농식품분야의 Green Bio-Tech, 바이오에너지 등의 White Bio-Tech로 나누어져 있다. (그림 2-10) Red Bio-Tech 분야는 동물바이오 장기 · 신약은 사람의 장기를 대체하는 바이오 장기의 생산과 동물의 몸에서 유용 물질을 생산해내는 바이오 의약품 산업으로 발전하고 있다. 동물 유전체 육종 분야는 인간에게 유용한 형질을 지닌 맞춤형 가축을 단기간에 육성하는 방향으로 연구가 이루어지고 있고, 곤충을 이용한 신물질 소재산업으로도 발전하고 있다.[5]

Green Bio-Tech 분야는 전통육종에 생명공학기술을 적용한 식물 분자육종 기술로서 무궁한 가치를 지닌 종자산업의 발전을 가속화하는 기술로 부각되고 있으며, 형질전환 작물의 실용화 분야는 특정 유전자를 도입하여 유용형질을 나타내는 GM작물의 개발을 통해 고부가가치 창출에 기여할 전망이다. 농생명 공학기술을 이용한 식의약 소재의 활용이 증가되고, 식사만으로도 병을 예방하고 치료하는 패러다임이 도래하고 있다. White Bio-Tech는 차세대 유전체 (게놈) 분야에서는 DNA 염기서열을 파악하여 생명의 기본 설계도를 밝히려는 연구가 활발히 진행되고 있으며, 시스템 합성 생물학은 체내 기능의 연관관계를 밝히기 위하여, 통합적이고 체계적 접근을 통해 개별 유전자 수준이 아닌 집합 시스템 수준의 생명현상을 설명하고자 한다.

5 김도선(농업생명공학 이야기, 농촌진흥청, 2012)

그림 2-10 Bio 자원의 활용영역

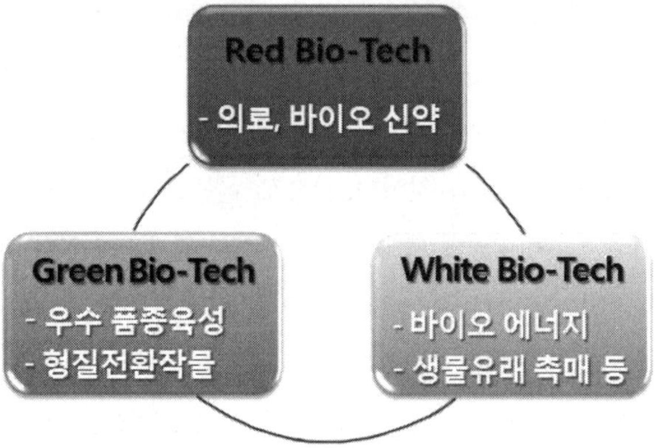

자료: 김도선(2012)

생명공학기술은 소량 다품종의 고부가가치제품이 가능하고 두뇌기술 집약형, 탈공해형, 자원 및 에너지 절약형으로 의약 및 농업에 미치는 파급효과가 클 것으로 전망되고 있다. 앞으로 수십 년 내에 생명공학과 정보 및 유통 기술 분야는 과학적인 지식을 실제 농업분야에 광범위하게 적용함으로서 농업을 제조업등과 같이 기업적 생산활동의 한 분야로 이끄는데 주요한 역할을 하게 될 것이다.

생명공학기술은 이렇듯 농업뿐만 아니라, 의학, 보건, 환경, 에너지 등의 분야등 다양한 분야에 걸쳐 응용범위가 넓어지고 있다. 농업 생명공학 기술은 Bio 자원을 중심으로 타 분야 기술과의 융합이 활발해지며 의약, 식품 중심에서 화학, 농업, 에너지, 전자, 환경 등으로 응용분야가 확대 되고 있다.

3. 화학적 농업기술

화학적 농업기술은 단위 면적당 농작물의 생산량 증가를 가져오는데 주요한 영향을 미친 기술로서 화학비료, 농약, 생장조절제 등이 관련 기술제품이다. 화학적 농업기술은 농업환경의 조절과 축산물 생산의 집약효과도 가져왔으며 고품질 작물사료의 생산과 질병치료제의 개발로 가축의 질병이 크게 감소하였고 그 결과 경종농업과 축산업의 전문적인 분화를 가능케 하였다.

농산물의 증산을 위해서는 토양의 어떤 성분이 식물의 생장에 이용되고 있는가를 알아내는 기술이 중요한데 비료는 이러한 기술지식을 이용하여 작물의 생육을 조장하기 위하여 토양이나 작물체에게 공급하는 기술제품이다. 초기에는 식물의 영양분이 토양 중의 유기물로부터 얻는다고 하는 유기질(有機質說; 腐植說, humus theory)이 주장되다가 리히비히(Von Liebig, 1840)가 식물의 필수 영양분이 부식(腐植)보다는 무기질이라고 하는 소위 무기영양설(無機營養說;鑛物質說, mineral theory)을 주장하게 되면서 식물의 생육에 필요한 영양분을 인위적으로 조정하는 기술이 개발되었다. 무기영양설에 따라 1843년 과린산석회(過燐酸石灰)의 제조, 1913년 암모니아비료의 제조 등 화학비료의 발전을 가져오게 되었다. 리히비히(Liebig)는 작물의 생육은 필요한 인자 중에서 최소로 존재하는 인자에 의하여 지배된다는 최소율(最少律; law of minimum)의 원리를 제창하여 미량요소 비료의 개발과 사용이 전파되게 되었다.

농약은 작물의 성장과정에서 기상, 잡초, 병충해 등 불리한 환경요소를 배제하여 농작물이 안전하게 생육을 할 수 있도록 하는, 작물보호가 목적인 기술제품이다. 1665년 현미경의 발명으로 병원미생물(病原微生物)을 발견하여 병원균설(病原菌說;germ theory)이 제창되고 병원균의 발견으로 작물병학이 1860년경부터 발전하여 방제기술이 발전하게 된다. 식물을 해충으로부터 보호하려는 응용곤충학이 1870년대부터 발전하면서 해충의 방제를 위한 살충제가 발명되었고, 잡초의 발생 억제 기술에 있어서 2-4D 등 농약 제조기술의 발전을 가져 왔다. 그러나 농약사용량의 증가가 경지의 농약오염 및 생태계의 교란을 가져와 종합적인 방제기술의 필요성이 높아지면서 물리적 방제법,

화학적 방제법, 생물적 방제법, 법적 방제법 등을 다양하게 활용하고 있다. 예를 들면 잔류성 농약 분해 유전자를 지닌 작물개발, 천적 미생물이나 페르몬을 이용한 병충해 방제기술이 개발되고 있다.

작물체 내에는 미량으로도 형태적 생리적인 특수 변화를 일으키는 화학물질이 있는데 이것을 식물호르몬이라고 한다. 식물호르몬은 화학기술의 발달로 인공적으로 합성할 수 있게 되면서 1920년대에 일장효과 발견 이후 춘화처리를 통한 작물의 성장 조절기술이 발전하여 식물의 생장이나 개화시기를 조정할 수 있게 되었다.

4. 수확후 기술

농작물의 생산량이 늘어나고 농산물 판매를 위한 상업적 영농활동이 활발해지면서 농산물의 수확후 유통과정에서 농산물의 품질과 상품성을 높이기 위하여 가공, 선별, 포장, 저장 등 수확후 기술의 발전이 중요하게 되었다.

식품가공기술은 원료인 동식물체의 특성을 유지하면서 물리, 화학적 변화를 주어 영양가, 저장성과 기호성을 높여 식생활에 도움을 주는 식품의 제조기술을 말한다. 식품기술을 가공되는 농산물의 종류별로 구분하면 곡물가공, 과일채소가공, 우유가공, 육가공, 수산가공, 유지가공, 조미료, 음료 등으로 나눌 수 있다. 식품가공기술은 원료를 직접 가공하는 1차 가공, 1차 가공품을 다시 가공하는 2차 가공 등 가공의 정도가 높아질수록 상품가치가 상승하게 된다.

식품가공기술 분야는 원료전처리기술, 식품위생기술, 가공기술, 포장기술이 있다. 식품 원료의 전처리기술과정은 수송, 세척, 선별, 검사 등의 단계를 거치며, 식품의 중요한 구비요건인 안전성 확보를 위해 필수적으로 요구되는 기술이다. 원료처리단계의 기술의 예로서 강력한 산화력을 가진 가스상의 물질인 오존을 이용한 오존수 기술이 있다. 식품위생관리 기술은 생산에서 소비에 이르기까지 전과정에 걸쳐 식품을 포함한 첨가물, 기구 또는 용기, 포장을 대상으로 안전성, 건전성, 완전성, 악화방지 등 위생적인 관리와 안전성 확보에 중점을 두는 기술을 말한다. 식품가공기술에는 분쇄, 혼합, 가열, 추출, 분리, 농축, 건조, 성형, 동결 및 해동 등의 공정이 적용된다. 포장기술은 식품의 유통과정에서 품질을 보존하고 위생적인 안전성을 유지하기 위하여 알맞은 재료나 용기를 사용하여 식품에 적절한 처리를 하는 기술이다. 포장의 종류나 방법의 대표적인 예를 들면, 진공포장, 가스치환포장, 레토르트(retort) 살균포장, 무균화 포장(aseptic processing and packaging), 전자렌지 포장, 환경조절포장, 방사선을 이용한 식품포장, 변조방지 포장, 방충포장, 선도유지 포장, 냉동식품 포장 등이 있다.

표 2-3 식품 가공기술의 분류

가공기술	가공식품류
곡류가공(cereal processing)	도정, 제분, 제빵, 제과, 제면
과일채소가공(fruit and vegetable processing)	과일쥬스, 잼, 과일통조림
우유가공(milk processing)	액상우유, 아이스크림, 치즈
육가공(meat processing)	햄, 소시지, 베이컨, 고기통조림
수산가공(fishery processing)	생선통조림, 젓갈류, 수산연제품
유지가공(oil and fat processing)	식용유, 쇼트닝, 버터
조미료제조(manufacturing of seasonings)	장류, 마요네즈, 소스, 설탕
음료제조(beverage manufacturing)	주류, 청량음료, 젖산균 음료, 다류

식품가공기술의 필요성과 장점으로는 첫째, 식품의 맛, 영양가를 향상시키고 소화를 촉진한다

둘째, 수송과 저장이 용이하다. 셋째, 농산물의 용도를 다양하게 할 수 있다. 넷째, 식량의 시기별 공급조절이 가능하다. 다섯째, 직접 소비할 수 없는 농산물을 식품으로 만들고 외관을 좋게 한다. 여섯째, 부산물을 효율적으로 이용할 수 있다. 일곱째, 새로운 식품의 개발이 용이하다는 점이다.

식품가공기술은 기술의 산업화에 오랜 기간이 필요한 것이 특징이다. 가공식품은 원래 자가소비목적으로 만들어졌는데 이를 기업적으로 생산하는 과정에서 원료의 수집, 수송, 판로의 불확실성이 크기 때문이다. 통조림 제조 기술은 1809년에 발명되었으나 기업적으로 이용된 것은 1800년대 후반에 들어서서이다. 20세기 들어 도시인구의 비율이 커지고 소득수준이 높아짐에 따라 식품의 산업화가 빠르게 진행되면서 식품가공산업도 가내공업수준에서 대량생산 체제의 대기업으로 발전하게 되었다. 최근 식품가공기술은 대규모 제조업으로 변화하면서 응용 화학, 생화학, 미생물학, 기계공학의 복합적인 발전에 바탕을 두고 있으며 기술개발의 방향은 식품안전성이 높은 식품, 원료 가공과정의 효율성제고, 제조비용의 감소, 시장성과 상품성 높은 제품, 저장, 수송, 물류비용의 절감효과를 높일 수 있는 기술개발에 중점을 두고 있다.

농산물 저장기술은 농산물의 품질이 변치 않도록 유지하는 기술을 말하며 농산물 공급의 시기를 조절함으로서 식품소비기간을 안정적으로 유지하는 기능을 가지고 있다. 저장기술은 건조, 살균, 제균, 포장, 살충 등으로 구분할 수 있다. 식품저장은 인스턴트식품이나 통조림식품처럼 가공의 의미를 가진 보장(preservation)기술과 저온이나 냉동기법으로 천연의 식품을 그대로 저장하는 방법을 의미하는 저장(storage)기술이 있다. 농산물의 저장에 이용되는 전통적 기술로서 햇빛에 말림(Sun drying), 훈연(smoked drying), 소금에 절임(brining)이 19세기 전반까지 3대 저장기술로 이용되어 왔다. 그 후 19세기 후반 들어 통조림, 인공건조, 냉동의 3가지 신기술이 개발되었는데 이로 인해 기후나 기상에 의하여 좌우되던 저장법이 인공적으로 조정할 수 있는 저장기술의 혁신적인 발전을 가져왔다. 특히 냉동저장기술의 발달은 국가간의 원거리 농산물 교역을 가능하게 하면서 잉여농산물의 수출로 북미대륙이 세계의 곡물생산기지로 자리 잡게 하는데 결정적으로 기여하게 되었다.

통조림기술은 1804년 프랑스인 Nicolas Appert에 의하여 고안된 이래 1810년 주석을 자재로 이용하고 1874년에 살균솥이 개발됨으로서 산업화가 가능하게 되었다. 인공건조기술인 건조과실, 건조채소기술은 1800년대부터 사용되기 시작하였고 그 후 고기추출물의 건조기술, 분말우유기술로 발전하게 되었다. 식품 냉동은 1875년에 독일인 린데(Linde)가 암모니아를 이용한 가스압축식 냉동기를 발명하여 식품의 인공적인 냉동이 가능하게 되었다. 이 같은 저장기술의 발달로 농산물을 어느 때나 대규모 저장이 가능하게 되어 식량자원의 효율적인 이용과 소비범위가 지역에 구애받지 않고 크게 확대되게 되었다. 20세기에 들어서 동결건조와 가스저장기술, 플라스틱 필름을 이용한 포장, 방사선이용기술, 방부제의 발전으로 발효(Fermentation), 저온살균(Pasteurization), 화학방부제(Chemical preserves), 방사선 쬐기(irradiation), 무균포장(aseptic packaging) 등 새로운 기술혁명시대를 맞이하고 있다.

5. 재배기술[6]

농작물 재배기술에는 육묘와 재식, 작부체계기술 등이 있다. 작물은 종류별로 특성이 있으므로 각각의 생육환경에 맞추어 씨를 뿌리고 거름을 주거나 계절에 맞도록 시기를 조정하는 재배기술이 필요하다. 육묘기술은 씨를 뿌린 후 자라나는 어린 식물인 묘를 양성하여 번식시키는 기술을 말한다. 육묘기술은 고구마, 딸기와 같이 직파할 수 없는 경우, 채소, 담배, 벼 등과 같이 유식물 시내에 관리가 필요한 경우, 집약적으로 토지를 이용할 필요가 있을 때 씨 없는 수박과 같이 종자값이 비싸고 귀할 경우에 필요한 기술이다.

6 조장환외(농학개론, 1990) 5장의 내용을 참조하였음.

재식기술(栽植技術)이란 작물을 재배하는 과정에서 필요한 정지(整地), 시비(施肥), 파종(播種), 관리(管理) 등과 관련된 기술을 말한다. 정지(整地)는 파종 또는 이식에 앞서 토양의 이화학적 성질을 개선할 목적으로 곡식을 심기 위하여 땅을 갈아 일으키는 경기(耕起), 덩이가 된 흙을 부스러뜨리는 쇄토(碎土), 이랑을 만드는 작휴(作畦), 땅을 다지는 진압(鎭壓) 등과 같은 작업을 말한다. 시비(施肥)는 비료를 주는 기술로 부식 또는 필요한 무기원소를 포함하는 물질을 작물의 생육을 조장하기 위하여 토양 또는 작물체에 공급하는 방법을 말한다. 파종(播種)시와 이식(移植)할 때 주는 비료를 기비(基肥) 또는 밑거름이라고 하고 생육도중에 주는 비료를 추비(追肥) 또는 중거름, 최후에 주는 비료를 지비(止肥) 또는 마지막 거름이라고 한다. 작물을 파종할 때는 파종시기, 종자의 떨어진 간격, 파종량의 적정, 알맞는 복토, 관리를 위하여 조파나 세조파, 기계화 파종 등이 있고 파종의 종류는 흩어 뿌리는 산파(散播), 밭에 일정한 거리를 두고 평행하게 고랑을 내어 한 줄로 씨를 뿌리고 흙을 덮는 조파(條播), 호두, 밤, 은행 같이 일정한 간격으로 한 개 또는 한 무더기씩 띄어 뿌리는 점파(點播), 씨앗을 몇 알씩 모아 여러 군데에 뿌리는 적파(摘播) 등이 있다. 이러한 재배기술은 작물의 특성과 지역여건에 따라 다양하게 분화되어 왔으며 오랫동안 농민들이 현장에서 농사를 지어오면서 시행착오를 통한 재배법의 개선으로 점진적으로 발전해왔다.

동일 작물을 같은 땅에서 계속 재배하면 점점 더 수확량이 떨어지게 된다. 토양의 비옥도를 회복하기 위하여 농민들이 사용하던 방법은 휴경하는 방법, 동물의 배설물을 이용하는 방법을 사용하다가 근대에 들어서 근류작물과 클로버와 보리, 밀같은 작물을 돌려가며 짓는 윤작법을 발전시키게 된다.

작부체계는 일정한 포장에서 순차적으로 작물종류를 계획적으로 변천시키거나 동시적으로 작물을 조합 배열하는 방식을 말한다. 구미에서 고대 그리스 · 로마 시대의 가장 일반적인 작부체계는 2포식(二圃式) 농법으로서 경지를 2등분하여 하나는 겨울 밭, 다른 하나는 휴경지로 하고, 2년을 주기로 순환하며 경작하는 농법이었다. 그러다가 8~9세기부터 3포식농업(三圃式 農業)으로 작부체계가 발전하였는데 이는 토지를 3등분하여 동곡(冬穀)-하곡(夏穀)- 휴한(休閑)의 방법으로 농사를 짓는 새로운 농법이 등장하였다. 삼포식농법은 전 포장이 3년에 1번 휴한하는 방법으로서 윤작의 시초이며 주로 지력 유지를 위하여 행해져 왔다.

그 후 토지의 지력증진과 사료용 작물을 동시에 해결할 수 있는 윤작식농법(輪作式 農法)이 개발 이용되어 왔다. 이 농법은 경지를 4등분하여 순무, 보리, 클로버, 밀을 4년 단위로 순환시키는 작부체계로서 Norfolk식 윤작법이 대표적인 농법으로서 1730년 영국의 타운센드(Townshend)경이 제창하여 큰 성공을 거둔 바 있다. 윤작농법은 연작의 한 형태로 볼 수 있는데 한 포장에서 연작을 하지 않고 몇 가지 작물을 조합하여 특정한 순서로 반복하여 재배해 나가는 농법이다.

18~19세기에 윤작농법의 광범위하게 도입되면서 사료의 증산→ 가축 수의 증가→ 퇴비증산→ 곡물증산의 사이클이 확대 재생산되면서 농업의 상업화 시대를 열게 되면서 농업생산력이 획기적으로 증가하였고 이는 산업혁명의 중요한 선행 지표가 된다. 즉 농업생산물의 증가로 늘어나는 도시인구를 부양할 수 있고 산업화에 필요한 인력의 공급과 원료 농산물을 제공할 수 있었기 때문이다. 유럽에서 제일 먼저 농업혁명시대를 겪은 영국은 종래의 휴한지 농법을 지양하고 윤재식 농법을 일찍 도입하여 자급적 농업을 벗어나 본격적인 상업농 시대로 이끌어 갔고 이 과정에서 농업은 생계수단보다는 산업적 개념으로 발전하여 농업발전과 농법개발에 관심을 가진 학자들이 나오기 시작했다.

데이(Albrecht Daniel Thaer(1752-1828))는 농학의 개념을 경영 즉 이익추구의 학문으로 파악하여 농업생산의 구성요소를 노동, 자본, 토지, 지력에 의하여 결정된다고 보고 상업적 농업발전을 위하여 윤작농법을 지지하였다. 튜넨(Von Thünen(1783-1850))은 1810년부터 농장경영을 하면서 고립국이라는 책을 쓰고 농업경영이론을 세워 농업경영조직은 농산물 시장으로부터의 거리에 따라 달라진다고 하였다. 윤작농업의 절대주의 이론을 개선시키고 농업경영조직은 경제적인 조건에 따라 달라진다는 것을 증명하였다.

19세기 중엽에 이르러 북미대륙에서 크게 늘어난 농산물이 대량으로 유럽지역에 유입됨에 따라 유럽농업은 농산물 가격이 폭락하는 대공황을 경험하게 된다. 유럽은 1876~78년 당시에 평균 곡물가격이 1893~95년에 절반정도로 하락하게 되었다. 이에 골츠(Theodor Vonder Goltz(1836-1905))는 농산물 가격과 수익과의 관계를 중시한 농업경영이론을 주창하였고 애레보우(Friedrich Aereboe(1865-1943))는 경영내부의 규모의 한계와 유기적 연관관계를 강조하였으며 브링크만(Anton Heinrich Brinkmann(1877-1951))은 국민경제의 입장에서 농업경영이론을 세웠다. 또한 농업의 목적이 경영이익을 추구함에 따라 대규모 자본을 투입하는 자본제적 농업제도가 도입되었는데 대표적인 예가 신대륙의 곡물 농업과 기업적 방목, 열대지방의 재식농업을 들 수 있다.

우리나라에서도 토지의 지력유지와 작물의 안정적인 생산을 위하여 지역환경에 맞추어 다양한 작부체계기술이 발달하여 왔는데 작부체계의 종류 및 용어들을 보면 다음과 같다.

(1) 연작(連作): 동일 작물을 같은 포장에 연속적으로 재배하는 것으로 연작을 할 때에 작물의 생육이 뚜렷하게 나빠지는 일이 있는데 이를 기지현상(忌地現象:soil scikness)이라고 한다. 콩과 작물, 박과 작물, 가지과, 국화과 작물은 연작에 약하다. 기지현상의 주원인은 토양전염을 하는 병원균, 토양선충, 작물유체와 뿌리 분비물, 특수한 비료성분의 결함 등을 들 수 있다.

(2) 윤작(輪作): 한 포장에 작물을 연작하지 않고 몇 가지 작물을 조합하여 특정한 순서로 규칙적으로 반복해서 재배하는 방법으로 지력을 유지증가, 기지현상(忌地現象)을 회피, 병충해, 잡초발생 억제, 토양보호, 토양이용도 향상, 노력분배의 합리화, 작물의 수량 증가, 농업경영의 안정성 증대를 목적으로 하고 있다.

(3) 간작(間作): 한 작물이 생육하고 있는 골 사이 또는 포기 사이에 다른 작물을 재배하는 방법으로서 이미 생작하고 있는 작물을 상작(上作)이라고 하고 나중 골 사이에 파종 또는 이식하는 작물을 하작(下作)이라고 한다.

(4) 혼작(混作): 생육기간이 거의 같은 두 종류 이상의 작물을 동시에 같은 포장에 섞어 재배하는 방법으로 규칙적으로 점점이 혼작하는 점 혼작, 일정한 규칙이 없이 혼작하는 난 혼작이 있다.

(5) 혼파(混播): 화본과 목초와 콩과 목초의 종자를 3:1 정도로 혼합하여 파종하는 경우가 많으며 채소에서도 상치, 쑥갓, 아욱등을 혼파하는 경우가 있다.

(6) 주위작(周圍作): 밭이나 논 주위에 다른 작물을 재배하는 방법으로 논두렁 콩의 재배가 대표적인 예가 된다.

(7) 교호작(交互作): 생육기간이 서로 비슷한 작물을 일정한 이랑씩 서로 건너서 교호로 재배하는 경우이고 간작 혼작 교호작과 달리 한가지 작물만 재배할 때 단작이라고 한다.

(8) 답전윤환재배(畓田輪換栽培): 논을 논상태와 밭상태로 몇 해씩 돌려가며 이용하는 재배방법으로 논에서 벼의 생육기간외의 기간에 다른 작물을 재배하는 답리작(畓裏作)과는 다르다. 논 재배기간과 밭작물 재배기간을 2-3년씩 교체하는 것이 좋다. 답전윤환재배는 지력을 높여주고 잡초를 감소시키고 기지현상을 회피하고 벼의 수량증가를 기대할 수 있다.

(9) 자유작(自由作): 시장의 형편에 따라 유리하다고 생각되는 작물을 기지현상이 나타나지 않게 조절하면서 일정한 순서없이 자유로이 재배하는 방식이다.

제3절 한국 농업기술의 발전과정

우리나라에서 근대적인 농업과학기술은 1906년에 설립된 권업모범장을 효시로 하여 주곡인 벼를 중심으로 단편적인 시험연구를 실시하여 오다가, 1962년 농촌진흥청이 발족됨으로써 본격적인 농업과학기술 연구개발 사업이 체계적으로 수행되었다고 볼 수 있다. 우리의 농업과학기술의 개발은 식량이 절대적으로 부족하였던 1970년대 초반까지는 기술선진국의 연구결과를 도입하여 우리의 기술로 개량하였으며 그 후 기술개발에 대한 Do-How와 Know-How를 가진 연구역량을 갖추게 되었다.

표 2-4 한국 농업기술의 발달과정

시 대	1970년대	1980년대	1990년대	2000년대
농업여건	식량부족	소비 다양화	개방화	세계화, 지방화
주요기술개발	주곡자급 녹색혁명	전 작목의 증산 계절성 극복 백색혁명	경쟁력 확보 기술. 자본집약형 제 2 녹색혁명	농업생물산업화 지역별 특산화 지속농업
농업기술의 수준	전통기술단계	이화학기술단계	이화학기술단계	첨단기술단계

1960년대 이후 우리나라의 농업기술 개발 전략은 부족한 식량을 확보하기 위하여 생물화학적 기술을 발달시켜왔으며 그 결과 경종작물, 특작물의 경우 단위면적당 수량은 세계적인 수준에 달하였다. 1970년대에는 다수확 신품종 통일벼 육성과 재배기술개발로 녹색혁명을 성취하여 주곡의 자급을 가져왔다. 1970년대까지 생물화학적 농업기술의 발달에 의해 우리 농업은 연간 2% 이상 성장하였으며 1980년대 들어 농산물의 소비가 다양화함에 따라 비닐재

배법으로 과일이나 신선한 채소를 계절에 관계없이 생산할 수 있게 되었다. 1990년대에는 국가경쟁력에 기여할 수 있는 고품질·생력화 기술개발에 주력하고 작목별 경쟁력 확보기술 확립에 집중하고 있다.

2000년대 이후 고부가가치 상품화 기술개발 단계를 거치면서 우리나라의 농업기술은 선진국 평균의 중간 수준까지 빠르게 성장하였다. 하지만 선별·포장, 저장기술, 가공기술 등 수확후 관리기술에 있어선 세계 평균 저위 수준에 머물고 있는 실정이다. 이는 지금까지 농업기술 개발목표를 연구개발 단계부터 기술보급 단계까지 이어지는 선형적인 모델에 중점을 두어 왔기 때문이다. 최근 들어 생명공학기술(BT), 정보기술(IT), 환경기술(ET), 나노기술(NT) 등을 응용하여 새로운 성장 동력원을 창출할 수 있는 농업기술을 개발해 나가고 있다. 분야별 농업기술의 발달과정과 전망을 정리하면 다음과 같다.

1. 농업 기계화기술

우리나라의 농업기계화 기술은 1960년대 초반부터 재해대책기종인 양수기 및 동력분무기를 공급하면서 단계별로 기술이 발전하였다. 1단계에서는 1972년에 수립된 농업기계화 5개년 계획에 따라 농업기계기술 개발을 위한 연구개발사업이 시작되었다. 1980년대 들어 농산물의 수입개방화에 대응하여 벼농사용 기계뿐 아니라 전작, 원예, 과수, 축산분야의 기계화를 추진하였다.

농업기계분야의 기술은 경종용 농업기계와 농산가공기계로 분류된다. 경종용 농업기계는 벼, 맥류를 중심으로 인력 및 축력용 농업기구 개발이 중심이었다. 1970년대는 노동피크를 경감시키기 위한 기계화기술 개발과 경운기 이용도를 높이기 위한 부착작업기 개발이 주된 기술개발이었다. 그 결과 소로 경운할 경우는 10a당 4시간 17분, 써레작업은 2시간 8분, 총 6시간 25분이 소요되지만 동력경운기로 작업할 경우는 경운 2시간 8분, 써레 44분, 총 2시간 52분이 소요되어 경운 · 쇄토 작업소요시간을 55%나 줄일 수 있게 되어 노동생산성이 크게 향상되었다.[7] 1980년대 이후에는 채소, 과수, 축산 등 각 분야에 다양한 농업기계화 기술이 개발되었다. 1990년대 이후에는 벼 직파재배를 위한 기계기술과 미곡 종합처리 기계화기술이 개발되었다.

농산가공 기계분야는 초기에는 건조기가 중심이었으나 1980년대 이후에는 수확 및 수확 후 처리 작업의 기계화기술이 개발되었다. 1990년대 이후 미곡 종합처리장에서 사용되는 물벼 정선기, 사료 건조기, 벼 품위 자동판정기, 벼 도정수율 판정기가 개발 보급되었다. 또한 세라믹스 정미기, 비닐하우스용 농산물 건조장치도 개발되었다. 또 중량식 및 형상식 과일 선별기 이외에도 비파괴 과일 당도선별기를 개발하고 채소 자동 결속기, 화훼 자동 결속기도 개발 보급되었다. 또한 농산물 저온저장고 환경관리 자동화 시스템, 원적외선 건조기와 마이크로파 건조기가 개발되었다.

이렇듯 농업 기계화 기술의 발전에 힘입어 농민들의 노동생산성이 높아지고 식량생산량도 크게 증가했지만 영농시간은 오히려 줄어들면서 농촌주민들은 과거보다 더 여유시간이 생기게 되었다. 표 2-5에서 보면 2015년 우리나라의 농가 호당 연간 영농시간은 1,108시간으로서 1964년의 2,116시간에 비해 47.6%가 감소했으며 농촌의 여유 노동인력이 도시의 다른 산업으로 취업하면서 산업경제의 고도화와 국가경제의 성장에 기여할 수 있었다. 2000년대 이후 농기계 산업은 주요 수요처인 쌀 농업의 성장이 정체되면서 저성장 침체 상태에 놓여있다.

7 박원규외(2006)

표 2-5 농가 호당영농시간의 변화 (단위: 시간/호)

자료: 농림통계연보 각년도

2. 농업생명공학 기술

생명공학 기술은 생명체 및 그 기능을 이용하는 물질생산 기술을 말하는데 크게 유전자 조작, 조직배양, 세포융합, 수정란 이식 등 4가지 기술로 나눌 수 있다. 생명공학 기술은 산업적 활용 가능성에 의해 의학, 농업, 식품, 환경 등의 분야로 분류되는데 농업분야에 적용된 생명공학 기술을 농업생명공학 기술이라고 한다.

우리나라의 전통 농업생명공학 기술은 김치, 된장, 젓갈 등이 있으며 1980년대 이후부터 농축산물의 유전자의 조작 및 발현의 조절을 통한 생명체의 형질을 변형시키는 현대 농업생명공학기술에 대한 연구가 본격적으로 시작하였다. 농업생명공학 기술 수준은 비록 아직 선진국 수준에 이르지 못할 지라도 국가주도의 연구수행과 지원에 따라 꾸준히 기술수준을 높여가고 있다. 농업 생명공학기술의 초기 성과로서 1991년 생명공학연구소에서 세계 최초로 인공 씨감자 대량생산기술을 개발하여 국제적인 특허를 얻은 바 있다. 농촌진흥청은 농생물 유전체 해독연구, 생명공학기술을 이용한 유전자 변형 농생물체 개발연구, 식품개발연구 등 여러 분야에서 연구를 진행하고 있다. 생명공학기술을 이용한 식품개발은 국내에서 상품화한 실적은 없으나 농촌진흥청을 중심으로 한 정부주도의 연구개발 사업을 추진하고 있다.

국가과학기술심의회에서는 2013년에 제3차 농업생명공학육성 중장기 기본계획(2013~2022)을 수립하고 농업생명공학 기초 인프라, 원천기술 및 산업적 응용기술, GMO 안전성 분야 등에 관한 기술개발정책을 추진하기로 하였다. 2차 농업생명공학육성 중장기 기본계획(2007~2016)에서 농림축산업의 미래성장 산업화, 안정적 식량수급체계 구축 등을 연구개발 목표로 하였으나 3차 중장기 계획에서는 급변하는 생명공학기술 및 활용여건 변화에 따라 농축산업의 글로벌 경쟁력 확보 및 지식 기반형 미래성장산업화를 위한 R&D 투자 확대에 중점을 두고 있다. 이에 따른 주요 기술개발 내용은 유전체, 합성생물, 후성유전, 나노바이오, 대사체 공학, 페노믹스 등이며 3차 농업생명공학 중장기 연구개발의 3대 목표는 농업생명공학 과학력 지수, 투자대비 총 생산 유발액 증가율, 전문인력 양성에 두고 있다.

표 2-6 3차 농업생명공학 기본계획

구분	2차 계획(2007~2016년)	3차 계획(2013~2022년)
추진 방향	· 농업생명공학 인프라 구축	· 글로벌 기술 경쟁력 확보
	· 식량안보 및 안전농산물 생산	· 지식 기반형 고부가 농산업 전환
투자 사업	· 기관고유 생명공학사업	· 기관고유 생명공학사업
		· 차세대바이오그린21사업
	· 바이오그린21사업	· 포스트 게놈 다부처 유전체사업
		· 골든시드 프로젝트 연계

연구 영역	· 농업생물자원 수집확대 및 활용	· IT, 나노기술 등 융복합 분야
	· 유전체해독 · 생물정보 기술 도입	· 유전체 대량분석 및 생물정보 인프라
	· 생물안전성 확보 연구	· 산업 및 식의약 신소재 개발
	· 바이오에너지 생산기술 개발	· 친환경 작물보호, 저에너지 투입 기술
인프라 확충	· 농업유전자원 양적 확대 · 유전체 해독기술 도입 확보 · GMO 개발의 양적 확대	· 농업유전자원 특성 평가 및 활용 · 유전체 분석 및 활용기반 확대 · 유전형질-표현형질 연계 기술 · 글로벌 GM작물 개발 상용화 전략
	· 유전체 연구 · 생물정보 지원 강화 · 생물안전성 연구 인프라 도입	· 유전체분석 시스템, 페노믹스, 대사체센터 등 시설 · 장비 · 시스템 인프라 확충

자료: 농촌진흥청(제3차 농업생명공학육성 중장기 기본계획, 2013)

농업생명공학기술을 이용한 개발 결과물의 산업화를 촉진하기 위해서는 첫째, 국내외 유전자원의 체계적 수집, 분석 및 보존, 둘째, 유용농업 형질관련 유전자의 지속적 탐색 및 대량확보, 셋째, 각종 기능성유전자의 개발 및 이를 이용한 대량생산 시스템 정립, 넷째, 조절유전자의 효율적인 개발, 다섯째, 효과적인 형질전환 및 안정적 발현 시스템 확립 등이 요구되고 있다. 최근에는 웰빙문화 확산 및 고령인구 증가에 따라 기능성을 갖춘 농산물 원료의 제품을 선호하는 추세에 따라 이를 활용한 기능성 식품, 의약품, 천연물 및 한약재제, 바이오 의약품을 생산할 수 있는 생명공학기술이 발전할 전망이다.

3. 화학적 농업기술

우리나라 같이 제한된 경지면적을 가진 조건하에서 토지를 효율적으로 관리함으로써 면적당 수확량을 늘려 토지생산성을 높일 수 있기 위해서는 토양, 비료, 농약 등 화학적 농업기술의 발전이 중요하다. 정부는 1960년대부터 농업생산성을 향상시키는데 비료의 중요성을 인식하여 일찍부터 비료산업의 기술개발을 지원해 왔다. 비료는 비료 효능시험과 시비법, 비료자원의 탐색, 새로운 비료개발, 산업폐기물의 비료화에 관한 연구를 중심으로 기술개발이 이루어졌다. 노동력 부족과 환경문제의 대두에 따라 시비 횟수감소에 의한 노동력 절감과 환경오염 경감을 위한 완효성 비료개발, 유기성 폐기물의 비료화, 전작농 완효성 복비 개발 등이 이루어졌다. 최근에 친환경농업의 성장과 농업경영의 다각화 추세로 비료 종류별로 수요의 변화가 달라지는 것을 감안하여 맞춤형 비료의 수급조정과 비료성분의 적정화를 위한 기술개발의 필요성이 커지고 있다.

농약기술은 초기에 병해충 방제효과 개발이 주를 이루었으나 1980년대 이후에는 병해충 방제작업을 생력화하기 위한 새로운 농약제형 개발연구, 농약 안전성연구, 저독 안전성 농약개발이 이루어졌다. 1990년대 이후에는 병해충종합방제(Integrated Pest Management, IPM)를 위한 기술개발과 안전 생력방제용 제형개발에 주력하였다. 최근 농약의 안전성에 대한 소비자들의 관심이 높아지면서 시장규모는 계속 줄어들고 있으며 농약의 단위 면적당 사용량을 보면 2012년 9.9kg/ha 으로 2000년 대비 농약사용량이 20% 정도 감소하고 있다.

국내의 농약 기술수준이 낮아 외국으로부터 원제를 수입해 사용하고 있는 실정이다. 선진 농약업체의 기술개발에 대한 R&D 투자비율이 매출액의 8~10%이나 국내 농약업체의 연구개발비 비중은 1% 수준에 불과하다. 국내 농약업체의 기술수준을 높이기 위해서는 영세한 국내 업체의 환경을 감안할 때 공동연구 개발 협의체를 구성하여 농약 기술개발투자비 부담을 낮추어 주어야 할 것이다.

토양은 동식물이 살아가는 터전으로서 재배에 있어 가장 기본이 되며, 물질 순환 과정에서 받아들인 많은 종류의 유해 성분을 흡착, 고정 또는 분해하는 정화 기능을 갖고 있다. 우리나라는 토양의 비옥도를 높이기 위하여 1964 1969년에 걸쳐 토양유형에 따른 3요소 적량시험을 실시하였으며 지역별, 작물별 시비적량을 파악하고 산성토양개량에 기여하는 기술을 개발하였다. 1970년대에는 야산개발, 간척지의 생산성 제고를 위한 토양개량과 고급 채소류의 재배 가능성과 수량성 제고를 위한 토양지도 자료를 완성하였다. 1990년대 중반부터 토양 오염에 대한 사회적 관심이 증가함에 따라 토양 환경 관리와 복원을 위해 복원 기술의 개발과 오염토양 복원 사업을 추진하고 있다.

4. 경종작물기술

경종작물부문의 기술은 품종개발과 재배기술을 통하여 발전하였다. 벼의 경우 1970년 인디카나와 자포니카의 원연 교잡육종에 의한 내도복성과 내병성을 겸비한 다수성 통일 품종의 육성으로 식량자급을 달성할 수 있는 기틀을 세웠다. 벼 재배기술은 통일형 품종의 육성과 재배기술에 따른 비닐보온절충못자리 기술이 발전되고 이앙시기가 빨라지면서 크게 발전하였다.

경종작물의 노동생산성을 높이는데 기여한 기계 및 시설기술은 경운기나 벼 이앙기, 벼 수확기, 다목적 트랙터의 개발과 미곡종합처리장(RPC)도정 시스템 등이다. 특히 노동력 부족을 해결하기 위하여 벼 어린모 자동화 육묘기술이 개발 보급되었다. 또한 육묘단계를 생략할 수 있는 벼 직파 재배기술이 보급되어 직파재배를 위한 파종기 등이 개발되었다.

경종작물은 농업인구 감소 및 고령화에 따라 부족한 농업 인력을 대체할 수 있는 자동화, 로봇화, 무인화 관련 농기계가 점차 확산될 전망이며, 첨단기술의 발전과 융합화로 인해 정밀농업(precision agriculture)기술의 발전이 가속화될 것으로 예상된다. 또한 친환경 농산물의 수요가 증가하면서 생물농약, 유기질비료, 천적 등을 포함한 친환경 농업재배기술이 발전할 것이다.

5. 원예작물기술

채소의 품종육종기술은 원예작물재배가 1970년대 이후 본격화 되면서 각종 채소의 주년생산기술을 체계적으로 확립시켰다. 시설재배에서는 다양한 작형에 적응하는 고성능 F1품종, 농자재 및 재배기술의 개발보급으로 비닐하우스 재배로 인한 백색혁명이 달성되었다.

과수기술개발은 육종기술로서 자생과수 및 가공용 품종을 선발 하는데 중점을 두었다. 1980년대 이후에는 농산물 개방화에 따라 외국도입품종 의존에서 벗어나 과수품종의 국산화를 위한 육종이 활발해졌다. 화훼육종기술은 1970년대 초 무궁화 품종개량과 자생철쭉 품종육성에서 출발하여 1980년대 이후 절화용 국화, 화단용 국화가 개발되고 1990년대 이후 접목선인장, 카네이션, 나리, 난류 등에 대한 신품종 육성, 우량종묘생산 등에 대한 기술이 개발되었다.

원예 기술 분야에서 농약, 화학비료의 과다 시용에 따른 환경오염 문제가 제기되면서 생물농약 및 유기질 비료 제조기술이 발전하고 내병성 형질전환 작물 재배를 위한 형질전환 종자육종기술이 성장하는 추세이다. 지구온난화 및 고유가 지속으로 농산물을 이용한 바이오에너지 산업기술이 빠르게 성장하고, 기후변화에 대응 가능한 스트레스 저항성 작물육종기술의 개발도 증가할 전망이다. 안전한 원예작물 생산 및 관리를 위한 이력관리 체계, 작물의 질병 신속 진단, 친환경 재배시설 등에 대한 수요가 증가하고 고유가 지속으로 에너지 절약형 재배기술 개발이 활발하게 진행될 것이다.

6. 축산수의기술

축산분야의 가축개량과 사양기술은 1980년대 한우의 우수종축 선발을 위하여 국내 최초로 농가암소의 인공수정용 한우 보증국모우가 탄생되었다.

1990년대에는 우량종축을 수정란이식기술을 통하여 선발하였다. 돼지는 1970년대 이후 3원교잡종의 이용이 일반화되었고 1980년대에는 종돈 선발에 과학적 기능을 추구하여 멸종상태의 재래종 복원사업에 착수하였다. 양돈소비 증가에 따라 지방축적이 없는 사양기술 개발과 고품질 안전돼지고기 생산을 위하여 7일령 이전에 젖을 떼어 질병이 거의 없는 종돈 생산기술이 개발되었다.

닭의 육종기술은 산란계의 계통간 교잡에 의하여 고품질 닭품종을 육성하여 보급하였다. 또한 재래 닭 고품질 육용화 사업을 수행하여 실용계 사양관리기술 체계를 확립하였다. 축산기술에서는 인공수정발달과 낙농의 자동착유기술, 위생적 우유냉각기술과 첨가세 등에 의하여 균형적 가축배합사료기술, 콘포사일레지 시스템 개발이 중요한 혁신 기술이다. 한편 양계공장에서 이용되는 사료급여, 계란수집, 계분의 비료화 가공과정 등 모든 사육활동의 전자동화가 가능한 기계의 개발이 달성되었다.

노인인구의 급격한 증가로 노화 및 질환으로부터 건강한 삶을 보장하기 위한 의료, 의약기술은 동물육종 번식기술과의 접목을 통해 발전하는 추세이다. 특히 조류 인플루엔자(AI), 사스(SARS) 등 고병원성 인수공통 전염병이 발생하고 인간에게 전파됨으로써 동물 질병과 관련한 사전예방 및 사후처방에 관한 기술개발 수요가 증가할 것이다.

7. 유통 · 가공 · 정보기술

농산물 유통기술은 저급적 영농에서 시장중심으로 전환하면서 농산물의 표준화와 규격화, 수확후 기술의 발달에 따라 같이 발전하였다. 수확후 관리기술은 수확한 농산물이 최종 소비자에게 도달되는 과정에서 신선도와 품질을 유지하고 손실을 줄이기 위한 기술로서 구체적으로 숙기판정과 선별, 저장전 처리기술(큐어링, 예냉, 예조, 미생물방제) 저장, 포장 및 물류, 운송작업 등이 있다. 전처리, 저장, 유통관리 기술은 선진국의 70% 수준으로, 고품질 신선식품 유통체계와 연계하여 지속적인 기술개발이 필요한 실정이다. 포장기술 분야는 온도감지형 잉크(thermochromic inks), 생체반응센서(bio-sensors), 전자태그(Radio Frequency Identification, RFID), 반도체 플라스틱(plastic semi-conductors)을 이용한 여러 형태의 기술 개발이 추진되고 있다. 무선인식/유비쿼터스센서네트워크(RFID/USN)를 적용한 기술수준은 현장에 적용될 수 있는 산업화된 기술은 아직 미비한 실정이다.[8]

인구의 고령화가 심화됨에 따라 건강한 수명 연장을 위한 기능성 식품, 질병 예방용 식품 등 고기능성 식품에 대한 수요증가로 기능성 식품가공기술이 발전하고 있다. 웰빙(Well-being), 로하스(LOHAS) 트렌드의 확산을 통해 환경친화적이고 건강한 식품에 대한 수요가 증가하고, 식품 맛을 즐기는 소비패턴이 일반화되면서 고품질 고부가가치형 가공식품기술이 발전할 것이다. 농식품 시장이 급속히 개방되고 있는 가운데 농식품의 경쟁력 제고를 위한 비용절감형 가공기술의 개발노력이 더욱 요구될 것이다.

농업정보시스템은 1980년대에 지역적응시험을 전산화하여 지역의 시험연구에 대한 설계, 실험배치, 결과분석을 처리하면서 발전하였다. 그 후 농사 시험연구결과를 데이터베이스화하기 위한 여러 농업기술정보시스템을 종합하여 농업기술종합정보시스템을 구성하였으며 농업기술 화상정보서비스 시스템(www.rda.go.kr)을 개통하여 인터넷을 이용한 다양한 화상정보를 제공할 수 있도록 하였다.

8 이상현외(2011)

참고문헌

김도선외(2012), 농업생명공학 이야기, Interrobang 46호, 농촌진흥청.

김두호(2015), 농업 R&D로 농업생명산업의 지속적 발전과 변화 선도, science and technology policy, 농촌진흥청.

김준호(2008), 농업기술과 IT, TTA Journal No.115.

김병갑외(2011), 농업혁명을 이끈 농기계, Interrobang 46호, 농촌진흥청.

김상태(2013), 우리나라 농식품 R&D 추진체계 현황과 향후 개선방향, 과학기술정책 23권 1호, 과학기술정책연구원.

김종현(2006), 영국산업혁명의 재조명, 서울대출판부.

농림수산기술기획평가원(2015), 농림식품과학기술분류체계 설명 자료.

농촌진흥청(2013), 제3차 농업생명공학육성(2013~2022년) 중장기 기본계획(안).

박원규외(2006), 농업기계 기술의 도입과 발전, 농업사연구 제5권 2호, 한국농업사학회.

이상현외(2011), 농림축수산물 품질관리 · 유통기술 R&D 동향 및 시사점, 과학기술 및 연구개발사업 동향브리프, 한국과학기술기획평가원.

이진만(2008), 식품산업의 가공기술현황과 전망, Bioin 스페셜 WebZine 2008년 2호.

제레미 리프킨(2009), 노동의 종말, 민음사.

조장환외(1990), 농학개론, 선진문화사.

Hinasahar Muneeuddin(2010), The Three Agricultural Revolutions, MIMEO.

Jason Henderson(2007), Looking to the Future: The Agriculture Economy, Federal Reserve Bank of Kansas City, USA.

James C Collins(2016), Agricultural and the Fourth Industrial Revolution:Building a Smarter, More Sustainable Food System, MIMEO.

Vavilov, N. I.(1926). The centers of origin of cultivated plants. Works of Applied Botany and Plant Breeding 16(2), 248p

인터넷 자료

농업의 역사, http://blog.daum.net/organiconion/11789099

03

기술경제의 이론

03

기술경제의 이론

제1절 기술경제이론의 동향

근세 들어 기술 변화가 경제 및 사회구조에 미치는 영향이 커짐에 따라 과학기술의 문제를 경제적 관점에서 다루려는 학문적 노력이 증가해 왔다. 특히 18세기의 산업혁명 이후 기술 변화가 경제의 질적 변화에 커다란 파급효과를 미치면서 기술변화를 경제적 입장에서 고찰하려는 개념 설정과 방법론이 다양하게 변화해 왔다. 기술발전이 경제발전에 기여한다는 주장은 당연한 것으로 받아들여지고 있으나 문제는 이들 양자 간에 어느 정도로 상호관계가 있으며 그 파급효과의 크기는 어느 정도인가가 논의의 초점이 되었다.

기술의 변화를 경제 사회학적 관점에서 설명하려는 노력이 1960년대부터 본격적으로 시작되면서 기술경제학이라는 학문분야가 본격적으로 대두되었다. 기술경제학은 경제현상의 분석에 있어 기술변화(technological change)와 그에 따른 구조변화를 외생변수로 취급하는 전통경제학의 방법론에 대한 비판으로부터 출발하였다. 즉 기술변화는 경제구조의 전환을 견인하는 내생적 원동력이라는 전제하에 기술변화가 경제의 균형 상태를 파괴하는 원인과 그 결과로 야기된 불균형상태에 경제구조가 적응하는 과정의 분석에 초점을 맞추는 것이다.

기술경제학에 대한 정의는 다양하나 가장 포괄적이고 보편적인 정의는 기술변화에 대한 경제학적 분석과 경제적 변화에 대한 기술적 관점에서의 분석을 모두 포함하자는 시각이다.[1] 따라서 기술경제학은 경제학자들에 의해 이루어지는 경제학의 한 분야로만 존재하는 것이 아니라 과학자들이나 기술자들에 의한 경제학적 분석과 관심도 포함하는 포괄적 학제로 정의할 수 있다. 이하에서 기술경제이론의 발전 동향에 대해서 서술하기로 한다.

1. 고전학파의 기술경제이론

19세기의 경제학자들은 산업혁명의 과정에서 케이의 방직기, 증기엔진, 뮬의 정방기 등 신기술의 출현이 경제성장의 가속인자라는 것을 인지하고 있었으나 실제적으로 경제발전에 어떻게 공헌하였는지에 대하여 구체적으로 설명하지 못하였다. 따라서 기술은 그 자체가 블랙박스로서 경제시스템과 관계없는 외생적 존재로 취급되어 왔다. 아담스미스는 그의 저서 국부론(The Wealth of Nations, 1776)에서 국가경제의 성장은 분업, 자유로운 시장, 기계와 함께 나타나는 기술변화를 중요한 원인으로 규정했으나 구체적으로 어떤 과정을 거쳐서 기술의 진보가 경제성장에 영향을 미치고 있는지 설명하지 않았다.

1 Granstrand (1999)

한편 말더스(Thomas R. Malthus, An Essay on the Principle of Population, 1798)와 리카르도(David Ricardo, 1772-1823)는 농업부문의 기술진보는 사용 가능한 토지의 한계에 의하여 제한을 받게 되며 수확체감의 법칙에 의해 생산요소의 한계생산성이 감소한다고 보았다. Malthus는 식량의 생산증가에 대한 기술진보의 기여도가 소멸하게 되면 식량의 부족현상이 발생하여 궁극적으로 인구증가는 농업생산성에 의해 제약을 받게 된다고 보았다. 그러나 Ricardo는 기술진보로 인한 농업부문의 생산성 향상은 토지의 근본적인 제약으로 한계가 있으나 제조업에서의 기술진보의 역할과 중요성을 인정하고 있었다. 마르크스(Karl Marx, 1818-1883)는 기술의 진보는 자본주의 경제의 생산성을 높이는데 중요한 역할을 할 것으로 보아 기술의 중요성을 인식하고 있었다. 그는 기술진보는 기계의 사용을 높이는 자본집약적인 생산방식으로 변화하는데 기여할 것이나 이는 자본의 유기적 구성(organic composition of capital)이라고 부르는 불변자본(C:자본재, 건물등)과 가변자본(V:임금)의 비율인 $\frac{C}{V}$의 계속적인 증가로 인해 궁극적으로 이윤율 저하의 법칙이 작용하여 자본주의 체제가 붕괴할 것으로 보았다.

2. 신고전학파의 기술경제이론[2]

신고전학파는 고전파 경제이론의 전통을 중시한 알프레드 마셜(Alfred Marshall, 1842-1924)의 경제이론을 중심으로 하며 일반적으로는 한계혁명 이후의 효용 이론과 시장균형 분석을 받아들인 경제이론을 가리킨다. 신고전학파 이론에서 기술을 파악하는 핵심적인 이론은 생산함수이다. 생산함수는 Q=f(K,L)이라는 등식으로 나타낼 수 있다. 여기서 Q는 산출량, K는 자본, L은 노동을 나타낸다. 기술발전이란 종전보다 적은 자본과 노동을 투입하여 동일

2　권원기(기술혁신의 경제학, 1990) 6장의 일부 내용을 요약 정리하였음.

한 산출량을 얻을 수 있는 것을 말하는데 이는 기술이 생산함수에 외생변수로 작용하고 있음을 보여주고 있다.

다음 그림 3-1은 3가지 유형의 기술진보를 보여주고 있으며 등생산량곡선의 형태로 표시한 생산함수의 이동으로 기술의 진보를 나타내고 있다. 먼저 중립적 기술진보란 생산에 투입되는 자본과 노동의 감소비율이 동등한 변동을 말하며 그림 3-1에서 등생산량 곡선 Q_1이 Q_2로 이동한 경우이다. 자본과 노동의 상대가격의 변동이 없다고 가정할 경우 기술 진보 이전의 균형점 Q_1과 기술 진보 이후의 균형점Q_2에서의 자본 K와 노동 L의 감소 비율은 같게 된다.

노동절약적(자본집약적) 기술진보는 생산에 투입되는 노동의 감소비율이 자본의 감소비율보다 더 큰 기술진보를 말하며 그림에서 등생산량 곡선 Q_1이 Q_3로 이동한 경우이다. 노동절약적 기술진보로 등생산량곡선이 Q_1에서 Q_3로 이동하면서 노동 L의 감소비율이 자본보다 더 커진 것을 알 수 있다. 이는 기술진보의 과정에서 노동을 상대적으로 적게 사용하고 자본을 상대적으로 많이 사용하기 때문이다. 한편 등생산량 곡선이 Q_1에서 Q_4로 이동한 것은 자본절약적(노동집약적) 기술진보로서 지본을 상대적으로 적게 투입한 경우의 기술진보이다.

그림 3-1 기술진보의 3가지 방향

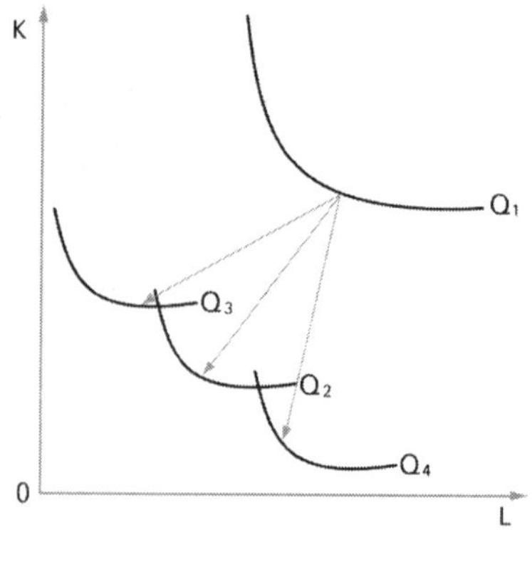

솔로우(Robert M. Solow, 1957)는 기술진보가 생산함수를 변화시킬 수 있다는 모형을 제시하였다.[3] 생산함수란 주어진 양의 투입을 가지고 최대의 산출을 가져오는 것인데 이는 기술적 지식에 의하여 결정된다고 하였다. 그는 기술진보가 경제의 성장에 기여하는 부분을 나타내고자 1인당 생산성의 변동을 기술변화에 의한 변수와 일인당 자본의 양적인 변화에 의한 변화분을 상대적으로 분리하여 분석하고자 하였다. 이를 식으로 표현하면 Q=f(K,L,t) 또는 Q=A(t).F(K,L)로 나타낼 수 있다. 이 경우 기술변화는 생산요소를 이동시키는 모든 요소를 종합한 것이 되는데 기술변화가 중립적이라고 가정하고 Q= f(K,L,t)이 규모에 따라 수확이 일정하다면 생산증가율은 $\triangle Q/Q = \triangle A/A + W_k \triangle K/K + W_l \triangle L/L$로 표시할 수 있다. 이는 산출 증가율이 기술진보율에 총 투입증가율의 합계와 같다는 것을 말한다. 여기서 Q/L을 q (노동생산성)로 K/L을 k (자본생산성)로 표시하면 일인당 노동생산성 증가율은 $\frac{\dot{q}}{q} = \frac{\dot{A}}{A} + W_k \frac{\dot{k}}{k}$으로 표시 할 수 있다.

여기서 점(·)은 시간에 대한 미분을 나타내고 있으며 W_k 은 산출량 전체에 있어서 자본의 투입비율을 나타낸다. 이는 일인당 산출량 $\frac{\dot{q}}{q}$의 시계열적인 증가율은 기술변화율 $\frac{\dot{A}}{A}$와 일인당 자본생산성의 비율의 합계로 표시된다. A는 생산조직의 향상(Better organization), 기술적 지식(technical knowledge), 노동인력의 교육화(better education of labor force)라고 할 수 있다. 결론적으로 $\frac{\dot{A}}{A}$는 일인당 산출증가율($\frac{\dot{q}}{q}$)과 일인당 자본증가율($W_k \frac{\dot{k}}{k}$)과의 차이로 나타낼 수 있게 된다. 이 같은 이론하에 Solow는 1909년부터 1949년까지 미국의 근로자 일인당 생산성을 분석하였는데 동기간 중 2배로 증가한 일당 노동생산성의 8분의 1은 자본의 증가에 의한 것이고 8분의

3 Solow(1957)

7이 기술변화에 의한 것이라고 분석하였다. 한편 마셀(Massell, 1960)은 이 식을 미국의 제조업 분야에 적용하여 노동생산성의 90%가 기술향상에 기인하고 있다고 주장하였다.

그러나 신고전학파의 기술진보이론에 대하여 많은 비판이 있어 왔다 이론의 문제점을 종합하여 설명하면 첫째, 기술을 외생변수로 취급하여 기술요소에 노동과 자본에 체화되어 있는 현상을 간과함으로써 자본과 노동의 질적 향상과 자본의 노동대체가능성을 고려하지 않았다. 둘째, 기술변화가 중립적이고 규모에 대한 수확체감이 일정하다는 가설은 현실적으로 증명되지 않은 가설이다 셋째, 신고전학파의 기술은 비용을 들이지 않고 누구에게나 알려져 있다고 가정하고 있다. 넷째, 생산주체가 요소가격의 변화에 따라 생산기법이나 기술을 수동적으로 변화시키는 것으로 보아 기업의 능동적인 기술혁신의 역할을 무시하고 있다. 다섯째, 동일생산곡선상의 요소투입량의 변화를 기술변화로 보지 않고 있다는 점이다.

데니슨(Denison,1962)은 이와 같은 문제점을 해결하기 위하여 1929년부터 1957년까지 미국의 경제성장요인을 질적인 요소와 양적인 요소로 구분하였는데 교육의 향상(22%), 고용의 증가(34%), 투입자본의 증가(15%), 지식의 진보(20%), 규모의 경제(9%) 등 5개로 구분하여 기술이 경제성장에 미치는 기여도는 20%, 요소 투입량의 증가는 71%, 규모의 경제는 9%로 추정하였다. 그러나 여기서도 기술진보의 기여도는 나머지로서 얻어졌다.

이같이 1960년대 이전까지 대부분의 신고전파 경제학자들은 생산요소 단위당 산출의 증가와 기술변화를 연관시키어 기술혁신과 관련된 경제문제를 분석하고자 하였다. 즉 생산함수를 이용하여 성장요인을 분석하는 방법을 이용하여 생산함수의 이동으로 정의하였고, 기술변화를 생산함수에 포함된 생산요소의 증가로는 설명될 수 없는 이른바 나머지 부분(residual)으로 측정하였다.

그런데 이러한 연구들은 기술변화를 단지 비용감소적인 측면에서 취급하였다는 비판을 받고 있다. 기술진보를 생산비용을 감소시킬 수 있는 새로운 공정의 도입으로 간주하였기 때문에 신제품개발과 기존제품의 질적 개선을 무시하는 결과를 가져왔다. 따라서 신고전학파적 접근방법의 틀에서 벗어나, 과학기술 및 기술적 지식의 투입이 경제체제 안에서 활용되는 메커니즘 자체를 이해하려는 노력에 따라 1960년대 이후 기술혁신을 중심으로 새로운 경제이론이 본격적으로 등장하기 시작하였다.

3. 슘페터주의의 기술경제이론[4]

신고전학파의 경제학자들이 경제 분석의 대상을 주로 재정금융정책 등 총수요문제에 치중했던 반면에 기술진보와 경제발전의 관계, 즉 기술진보가 경제에 미치는 영향, 그리고 경제적 환경이 기술진보에 미치는 영향에 등에 대한 분석은 상대적으로 소홀하였다. 이러한 현상에 대한 이유를 보면 첫째 현실적으로 경제학자들은 과학과 기술의 내용을 언급하는데 익숙하지 않았으며 둘째, 경제 분석의 편의상 또는 분석을 단순화 시키는 과정에서 계속적인 기술의 변화를 외생적으로 주어지는 것으로 보는 전통이 있었으며 셋째, 실업이나 인플레이션 등 단기적인 경제문제의 처방 필요성 때문에 기술변화와 같은 장기적인 요소를 무시하는 경향이 있었고, 넷째, 기술에 대한 정확한 정의 및 측정의 어려움으로 기술변화현상을 경제적 분석에 적용하는 것이 어렵다는 점이다.

이상과 같은 신고전학파적인 사고에 의해서 기술과 경제의 상호관계를 파악하는데 한계성이 들어나면서 새로운 관점에서 기술진보에 관한 이론을 제시한 사람은 죠셉 슘페터(Josep Schumpeter, 1942)이었다. 그는 경제발전에 있어서 물적인 생산요소의 투입증가보다는 기술진보가 핵심적인 역할을 한

4 슘페터(Joseph A, Schumpeter, Capitalism, Socialism, and Democracy, 1976)

다고 주장하여 기술의 변화가 경제성장에 미치는 영향이 중요하다는 사실을 강조하였다.

슘페터(Schumpeter)는 기술혁신의 의미와 과정을 체계적으로 분석하였는데 그의 기술혁신에 대한 정의를 보면 경제, 사회에 현저한 이익을 초래하는 신기술의 출현을 말하며 (1)새로운 상품의 도입, (2)새로운 생산방법의 도입, (3)새로운 시장의 개척, (4)새로운 원자재 공급원의 획득, (5)산업조직의 변경 등을 기술혁신의 범주로 보았다. 경제적 관점에서 본 기술혁신의 개념을 보면 기술혁신은 기술 개발 과정상 새로운 제품, 공정 등이 처음 상업적으로 사용 혹은 거래되는 것을 의미하기도 한다.

슘페터는 기술혁신을 기술의 발전뿐만 아니라, 새로운 시장의 개척, 상품 공급 방식의 변경 등에 의해 경제에 충격을 주어 경기변동을 야기시키고, 이것에 의해 동태적 이윤이 발생한다고 주장하였다. 슘페터에 의하면 기술혁신은 시대에 따라 불규칙하게 발생하며, 한번 일어나기 시작하면 마치 메뚜기 떼처럼 왕성하게 군집을 형성하면서 경제활동에 크나큰 영향을 미친다고 하였으며, 자본주의의 기본적 동력은 바로 기업가의 혁신에 의한 창조적 파괴이고 새로운 기업의 등장과 소멸이 자본주의 경제의 발전과정에 불연속성을 가져온다고 분석하였다. 새로운 혁신을 달성한 선도적 기업가는 당분간 독점이윤을 누릴 수 있는데 이 독점이윤에 의하여 유인된 사업가들의 모방운동으로 그들 사이의 격렬한 자유경쟁이 시작되고 자본주의 경제는 상승국면과 하강국면의 과정을 밟아 발전하게 된다고 보고 경기변동 그 자체를 기술혁신의 도입과 그 흡수과정이라고 보았다.

슘페터는 첫 번째 콘트라티에프(Nikolai D. Kondratieff, 1892-1938) 호황은 18세기 후반에 석탄, 철강산업의 출현을 통한 산업혁명기에 나타났고 두번째 호황은 1850-70년의 철도기술의 발전, 세번째는 제 1차 세계대전 20년전 동안의 자동차, 전기, 라디오, 화학산업의 발전에 기인하였다고 주장하였다. 그는 앞서의 5가지 기술혁신의 새로운 조합을 도입하는 기능을 가진 사람을 기업가(entrepreneur), 그리고 그 기업가가 창조해 내는 것을 기술혁신(innovation)이라고 정의하였다.

슘페터는 기술혁신의 새로운 파장효과로서 나타나는 장기 경제순환이론의 기반위에서 지배적인 산업 또는 기술의 라이프 사이클(life cycle)을 정리하여 장기 침체 국면에 나타나는 산업 또는 기술의 생존 형태를 혁신되어 새롭게 부상하는 것, 현재의 현상을 유지하면서 당분간 생존할 수 있는 것, 현재의 현상을 유지하지만 곧 퇴조할 수 있는 것의 3가지로 분류하였다. 여기서 그는 경제가 성장하기 위해서는 혁신되어 새롭게 부상하는 기술이나 산업을 집중적으로 개발하여야 한다고 주장하였다.

1970년대에 들어서 Richard Nelson(1974), Sindney Winter(1974), Dosi(1981) 등이 슘페터의 기술변화이론을 생물의 진화에 비유하고 기업의 행동이론에 초섬을 맞춰 기술발전과정을 분석하였다. 새로운 기술이 기업에 도입되어 적용되는 과정을 기업의 혁신과정이라고 보아 이 과정에서 사회내에서 수용되는 기술을 선택한 기업은 살아남고 이러한 현상이 지속되면 새로운 기술패러다임에 의하여 기술발전이 현상적으로 나타나게 된다고 보았다. 그러나 설정된 기술패러다임이 영구한 것은 아니고 새로운 기술이 출현하게 되면 전자의 과정을 다시 밟게 된다는 것이다.

제2절 기술혁신의 경제 이론[5]

1. 기술혁신의 개념

기술혁신이란 용어는 슘페터(Schumpeter, 1943)가 처음으로 사용했던 혁신(innovation)개념으로부터 유래한다. 슘페터가 사용했던 혁신개념은 기술의 진보를 전제로 하고 있는 현대의 기술혁신개념보다 훨씬 폭넓은 경제활동과 그 변화를 의미한다. 현재 보편적으로 통용되는 기술혁신의 정의에 따른다면 기술혁신이란 기술이 체화된 제품 혹은 생산공정의 출현과 발전과정을 포함하는 개념이라고 이해되고 있다. 이같은 관점에서 기술혁신의 정의는 다음과 같이 크게 두 가지로 구분해 볼 수 있다.

첫째, 좁은 의미의 정의이다. 이에 따르면 기술혁신이란 신제품이나 공정을 시장 또는 사회적 이용의 상태로까지 맨 처음 도입하는 행위를 가리킨다. 이와 같은 정의를 내린 예로서는 Mansfield(1968)를 들 수 있는데, 그에 따르면 기술혁신이란 '발명의 첫 번째 적용'이라고 정의된다는 것이다.

둘째는 보다 넓은 의미의 정의인데, 기술혁신을 기술이 일단 발명된 이후에 거치게 되는 생산 · 개량 · 이용 등의 제반 과정 전체를 가리키는 개념으로 파악하는 것이다. 혁신 개념의 창시자인 Schumpeter의 정의에 따르면 기술혁신이란 '최종사건으로서 새로운 도구 또는 기술의 집행'이라고 간주된다. 이때 상대적으로 발명이란 '초기사건으로서 새로운 도구나 기술(technique)의 발견'이라고 정의된다. 또한 프리만(Freeman,1982)은 기술혁신을 '경제학적 관점에서 신제품, 공정, 시스템 또는 장치들의 첫 번째 상업적 이용과 관련된 일련의 과정'이라고 정의하고 있다. 국가 정책적 견지에서 볼 때 기술혁산은

5 이공래(기술혁신이론개관, 2000)의 저술 내용을 요약 정리하였음.

협의로 보다는 광의로 정의하는 것이 더욱 타당하다는 것이 최근의 논의이다. 그 이유는 현대의 기술혁신정책은 발명(invention)과 디자인, 생산 및 응용 그리고 환경과의 상호작용이 포함되는 모든 과정과 밀접히 연계되어 있는 것으로 이해되고 있기 때문이다.

기술혁신 문제를 논의할 때 그 중심이 되는 개념은 기술과 혁신의 2가지 개념이다. 혁신이란 어떤 일을 수행함에 있어서 새로운 방법이나 도구를 소개함으로서 기존의 방법에 변화를 가져오는 것을 말한다. 기술은 과학 이론을 실제로 적용하여 자연의 사물을 인간 생활에 유용하도록 가공하는 수단을 의미한다. 기술을 정의하는 과정에서 가장 먼저 접하게 되는 문제는 과학과 기술의 구분 문제이다. 과학은 자연현상(또는 사회현상)의 이해 그 자체를 목적으로 삼는 반면 기술은 산업 또는 경제적 응용을 전제로 한다는 점을 정의 할 수 있을 것이다. 즉 기술의 핵심은 응용에 있는 반면, 과학은 순수한 지식의 산출에 관여하며 실질적인 활용 -즉 투입과 산출- 에는 무관한 것으로 정의된다. 결국 과학 활동의 목표는 진리의 규명과 발견에 있고, 상대적으로 기술 활동의 목표는 생산적인 결과에 있다고 본다.

경제학적인 관점에서 본다면, 과학과 기술 사이에는 이론 및 실제적인 면에서 분명한 구분이 존재한다고 논의된다. 제일 중요한 차이로 지적되는 것은 공공재와 사유재의 차이이다. 즉 과학적 지식은 공공재인 반면에 기술적 지식은 사유재라는 점이다. 즉 과학적 발견은 그 사실이 알려지는 순간부터 공공재의 성격을 띠게 되기 때문에 독점적일 수가 없다고 간주된다. 따라서 과학적 지식은 전유될 수 없으며, 이와 아울러 시장에서 거래될 수도 없는 특성을 지닌다.

이와는 대조적으로 기술적 지식의 경우에는 전유의 가능성이 분명히 전제되고 있다는 점이다. 이는 기업이나 자본가가 기술혁신활동에 자원을 배분하려는 동기는 경제적 이윤에 대한 기대 때문이며, 현실적으로는 특허제도를 통한 지적소유권의 보장이 그 좋은 실례라고 할 수 있다. 따라서 경제학이 관점에서 기술을 정의한다면 '생산에 응용되는 인간의 지식'이라고 표현할 수 있을 것이다.

이러한 기술적 지식이란 결국 투입요소를 어떠한 방법으로 산출로 변환시키는가 하는 정보를 의미하며, 크게 나누어 두 가지의 유형이 존재한다. 첫 번째 유형은 설계도, 디자인, 제품 및 사용설명서, 관계 기술문헌 및 기타 관련 서류 등과 같이 생산에 대해 유형상태로 존재하는 기록상의 정보이다. 둘째 유형은 이와 같은 유형적 정보를 효율적으로 활용하는 무형의 노하우(know-how)이다. 따라서 기술은 생산수단의 일부이면서 동시에 전체 생산수단의 '질'-즉 생산성-을 결정하는 핵심적 요소로서 그 기능을 수행한다는 것이다. 결국 경제학적으로 볼 때 기술이란 주어진 물리적 생산요소(즉 노동, 토지, 자본 등)로부터 어떠한, 그리고 얼마만큼의 산출량을 획득할 수 있는가를 결정하는 관계로서 이해된다고 하겠다.

과학기술은 연구개발을 통해서 새롭게 혁신되어 신기술의 형태로 존재하기도 하고 진부화되어 사라지기도 한다. 기존의 과학기술 지식은 연구개발이라고 하는 체계적인 활동에 의하여 끊임없이 종합되거나, 변경되고 또 추가되면서 진화하게 된다. 과학기술의 변화는 이론의 형태로서 진화하기도 하지만 인간이 사용하는 도구나 일에 스며들어 제품이나 서비스의 형태로서 진화한다. 과학기술 지식을 활용하여 제품이나 서비스를 창출하는 기업은 생산활동의 과정에서 예기치 않는 기술적 문제들을 직면하게 된다. 이런 문제들을 해결하기 위해 기업은 인간의 지능을 조직적으로 적용하여 문제를 해결하기도 하고, 새로운 사실을 발견하기도 하며, 때로는 기존의 방식과는 전혀 다른 생산방식을 도입하기도 한다. 이 과정에서 처음으로 기존 기술지식을 변화시키는 주체를 혁신자 (innovator) 혹은 혁신기업이라 부르고 이런 활동을 기술혁신(technological innovation)이라고 부른다.

기술혁신이 이같이 정의되지만 이와 유사한 의미를 갖는 용어도 많다. 기술혁신과 가장 유사한 의미를 갖는 용어는 발명 (invention)이다. 특허법에서는 발명을 특정한 지식이나 공정 및 도구의 새로운 창안으로 정의하고 있는데, 이 정의로는 기술혁신과 쉽게 구별되지 않는다.

기술혁신과 마찬가지로 발명은 기초 연구나 응용 연구의 결과로서 이루어지며, 발명의 결과는 특허제도를 통해 보호받게 된다. 발명은 지식을 창의적으로 활용하여 특수한 재화나 공정을 창출해내는 활동으로서 기술혁신에 비해 훨씬 더 좁은 의미를 표현하는 용어로 이해하여야 하겠다.

발명의 결과를 상품화하는 과정을 의미하는 개발(development)이라는 용어가 있다. 개발은 기술혁신의 과정에서 가장 중요한 단계이다. 개발을 거쳐 새로운 상품과 서비스가 탄생된다는 점에서 개발은 연구개발의 가장 핵심적인 과정에 속하게 된다. 발명의 결과가 개발을 통해 상품화되지 못하면 아무리 특허권을 획득했다 하더라도 부가가치 창출에 기여하지 못한다. 개발과정을 거친 발명은 비로소 기술혁신이라고 불리게 된다.

기술혁신의 의미와 깊은 관련을 갖는 또 하나의 용어는 모방(imitation)이다. 기술혁신을 이룩한 기업은 새로운 공정이나 제품을 시장에 팔아 이익을 획득하려고 한다. 신상품이 출현하고 시장에서 성공적으로 판매될 경우 대개는 타 기업의 모방 현상이 나타난다. 모방기업은 선도기업의 제품을 정확하게 모방할 수도 있고 경우에 따라서는 오히려 더 좋은 제품을 개발할 수도 있다. 모방기업은 일반적으로 기술혁신기업보다 저렴한 비용을 투자하여 혁신된 제품과 동질적이거나 유사한 제품을 개발하게 된다.

모방은 경제적 관점에서는 후생을 증가시킬 수도 있지만, 모방이 용이하다면 선도기업에 대한 기술혁신의 보상이 적어짐으로서 기술혁신 의욕을 저하시키는 문제점을 가지고 있다. 모든 기술혁신에 대하여 모방이 허용된다면, 사회후생은 당연히 증가될 수 있다. 그러나 기술혁신에 대한 모방이 허용된다면 누구도 기술혁신에 투자하려고 하지 않을 것이다. 기술을 혁신하는 기업들에게 돌아가는 보상이 기대보다 적거나 없을 것이므로 기술혁신에 대한 인센티브가 없기 때문이다. 따라서 모방은 기술혁신 활동을 오히려 약화시켜 궁극적으로는 사회적 후생을 감소하는 결과를 낳게 한다.

기술혁신에 나타나는 또 하나의 현상은 혁신된 기술의 확산 (diffusion)이다. 기술확산은 모방과 같은 부정적 의미가 아니라 혁신되어 나타난 신기술이 전 산업 부문에 확대 보급되는 것을 뜻한다. 신기술은 모방에 의해서도 확산되지만 기술혁신자의 자발적인 의지에 의해서도 확산된다. 그러나 확산과정이 너무 신속하게 이루어지면 기술혁신을 선도한 기업이 누리는 기술우위 기간이 짧아져서 기술혁신에 의한 인센티브가 감소될 수 있다.

기술혁신과 함께 일어나는 이런 여러 가지 현상은 일련의 경기변동 현상을 유발하는 기폭제가 됨과 아울러 생산성 향상의 원천이 된다는 점에서 많은 주목을 받기 시작했다. 기술을 오랫동안 무시해왔던 신고전파 경제학자들도 이제 다각적인 측면에서 기술혁신이 나타내는 특성과 기술혁신이 유발하는 영향을 관찰하기 시작했다. 기술혁신은 이제 더 이상 별것 아닌 현상이 아니라 중요한 경제현상의 하나로 대접받게 된 것이다.

2. 기술혁신의 유형

복잡하고 다원적인 특성을 가지는 기술혁신은 다양하게 구분된다. 기술혁신의 속도나 폭에 따라 급진적(radical)혁신과 점진적 (incremental)혁신 또는 대폭(major)혁신과 소폭(minor)혁신으로 구분되거나 혹은 기본적(basic) 혁신과 부수적(sub)혁신으로 구분된다. 기술혁신의 대상이 무엇이냐에 따라 공정혁신(process innovation)과 제품혁신(product innovation)으로 구분된다.

2.1. 급진적 혁신과 점진적 혁신

급진적 혁신은 기존의 기술시스템이 다른 시스템으로 전환되는 근본적인 변화를 의미한다. 예컨대, 전기엔진의 실용화가 가능해짐으로써 자동차의 가솔린엔진을 전기엔진으로 대체하거나, 선반의 기계식제어장치를 수치제어

식 제어장치로 대체하는 등 작동원리가 전혀 다른 기술시스템을 채용하는 경우를 급진적인 혁신이라 할 수 있다. 급진적 혁신의 특징은 기술이 과학적 지식에 바탕을 두면서 주로 기술주도(technology push)에 의하여 혁신되는 점이다. 따라서 급진적 혁신은 고급 과학자나 기술자들의 조직적인 연구개발에 의하여 추진되며, 불확실성이 높고 불연속적으로 일어나는 특성을 지니고 있다. 그리고 기술학습이 일상적 활동에 근거하는 경우 점진적 혁신으로 연결되나, 불확실성이 높은 과학연구는 예상치 못한 급진적 혁신으로 연결되는 경우가 있다.

반면에 점진적 혁신은 기술시스템의 근본적인 변화가 아닌 기존기술시스템의 개선, 혹은 급진적인 기술혁신 이후의 보완적인 혁신 등 많은 수의 작은 기술변화들을 지칭한다. 급진적 혁신이라 할 수 있는 수치제어장치는 과거 기계식 제어장치와 함께 사용된 선반부품을 그대로 사용할 수 없으므로 수치제어장치에 적합한 베드, 공구, 모터 등 여러 부속품의 혁신이 동반되어야 한다. 점진적 기술혁신은 급진적 기술혁신과는 달리 주로 생산경험을 바탕으로 한 현장 기술자들의 비공식적인 연구개발에 의해 이루어지는 특성을 갖는다. 기술수요의 변화에 밀접하게 연관된다는 점에서 점진적 기술혁신은 기술주도 보다는 수요견인(demand pull)에 의한 혁신특성이 강하다. 점진적 혁신은 개발도상국에서는 외국기술을 자국의 경제환경에 맞게 개선하고 적용해 가는 과정에서 활발하며, 선진국에서는 신제품이 개발된 이후 표준화된 제품을 생산하는 공정혁신 단계에서 활발하다. 그리고 선진국이나 개도국 공히가격경쟁이 치열한 경쟁적 시장구조하에서 점진적 혁신은 더 많이 유발된다고 할 수 있겠다.

한편, 멘쉬(Mensch, 1979)는 1930년대 세계 불황기 속에서 급진적 혁신이 일련의 군집을 이루면서 나타났음을 실증분석을 통하여 보임으로써 급진적 혁신이 당시 경기회복의 기폭제였음을 밝혔다. 자동차, 레이더, 형광등, 디젤 기관차, 헬리콥터, 마그네틱 테이프, 나일론, 폴리에틸렌 등 수많은 급진적 혁신들이 1930년대에 일어났다는 것이다.

그는 새롭게 발명된 제품의 상업화가 특히 불황기하에서 빠르게 진행되기 때문에 이 같은 군집현상이 일어난 것이라고 설명하였다. 급진적 혁신과 점진적 혁신은 이상과 같이 구분되지만 경제활동에는 다 같이 중요한 영향을 미친다. 경제학자들은 장기파동과 같은 경기순환과 연관되어 급진적 혁신을 오랫동안 주목하였다. 경제의 창조적 파괴를 유발하는 기술혁신은 바로 이 급진적 혁신을 염두에 두고 슘페터가 주장한 것이다. 또한 기술측면에서는 점진적인 혁신이나 경제적으로 획기적인 영향을 미칠 수 있는 반면, 기술측면에서는 획기적이나 경제적인 영향은 아주 적은 경우도 존재한다.

점진적 기술혁신은 급진적 혁신처럼 혁명적이거나 급격한 경제적 변화를 초래하지는 않지만 기존제품이나 급진적 혁신을 대상으로 꾸준하게 품질을 개선하고 생산비용을 절감함으로써 중요한 경제적 의미를 갖는다. 표준화된 제품을 대량 생산하는 기업들은 많은 수의 점진적 혁신에 주력하여 생산비 절감효과를 얻게 되며, 신제품을 생산하는 기업은 미비한 제품 성능이나 품질을 보완하기 위한 점진적인 기술개선에 주력하여 판매증대효과를 얻게 된다.

Enos(1988)는 레이온 생산에 대한 실증분석을 통해서 점진적 기술혁신에 의한 기업의 생산성 증가나 이윤 증가가 주목할만한 것임을 발견했다. 또 Sahal(1981)은 트랙터, 원자로, 항공기, 선박 등 기계설비에 대한 실증분석을 통해서 급진적 혁신에 뒤이어 일어나는 점진적 혁신이 매우 중요한 기술 경제적 효과를 수반함을 발견했다.

한국의 경우 2000년대 이전까지 외국기술을 도입하고 학습 · 소화하면서 주로 점진적 기술혁신에 주력하여 높은 경제성장을 이룩했다고 할 수 있다. 선진국에서 혁신된 기술이나 제품을 수입하여 한국 실정에 맞게 개선하고, 공정을 조금씩 혁신함으로써 생산비를 절감하는 점진적 기술혁신을 통하여 한국 기업들은 시장경쟁에서 우위를 점할 수 있었다. 하지만 2000년대 이후 한국 경제는 이같은 점진적 기술혁신에 의한 성장이 더 이상 쉽지 않은 환경을 맞이하고 있다.

이제 한국 경제는 독자적인 기술로 개발한 신제품을 가지고 시장경쟁에 임해야 비로소 진정한 의미의 국제경쟁력과 발전이 가능한 시대를 맞이할 수 있는 것이다. 이를 위해서는 급진적인 기술혁신을 위한 새로운 전략의 수립이 필요하다. 무엇보다도 급진적 기술혁신을 가져올 수 있는 과학기술의 저변확대에 기업과 정부의 정책적 노력이 강화되어야 할 것이다.

2.2. 공정혁신과 제품혁신

기술혁신은 공정혁신(process innovation)의 형태로 일어나기도 하고 제품혁신(product innovation)의 형태로 일어나기도 한다. 공정혁신은 제품을 생산하는 과정에서 비용을 감소시킬 수 있는 신 공정을 채택하거나 제품 품질의 변화 없이 공정의 수를 감소하거나 동일한 공정 하에서도 제품의 품질을 개선할 수 있는 새로운 기법을 채용하는 등 기존 공정을 개선하는 것을 의미한다.

공정혁신은 생산설비에 체화되는 경우가 많다. 예를 들어 기존 설비의 자동화를 확대하여 작업자의 수를 감축하기 위한 기술혁신을 계획한다면 기존 설비에 자동화 관련 장치를 추가하여 장치하거나 자동화의 정도가 획기적으로 증가된 새로운 설비를 채택하게 된다. 이 때 자동화를 증가하게 하는 기술지식은 설비에 체화하여 나타나게 된다. 공정혁신은 이렇게 설비에 체화되는 경우가 많지만, 그렇지 않고 기존 설비를 재배치하는 등 생산방식을 달리하는 혁신도 일어날 수 있다.

생산 공정과 관련된 기술의 변화를 지칭하여 공정혁신이라고 하지만 생산설비를 주로 생산하는 기업의 입장에서 본다면 이러한 공정혁신이 곧 제품혁신이 될 수 있다. 예를 들어 자동차 생산라인에 설치되는 전용설비를 제작하고 있는 설비 제작업체가 새로운 전용설비를 개발했다면 이 업체에게는 제품혁신이 된다 하겠으나 이 설비를 구입하여 설치하는 자동차업체에게는 공정혁신이 된다. 섬유업체와 섬유기계업체, 철강생산업체와 철강설비 제작업체, 반도체 생산업체와 반도체장비 생산업체 등의 관계에서는 공정혁신과 제품혁신의 개념의 역전이 일어나게 된다.

표 3-1 공정혁신과 제품혁신의 비교

기술혁신의 유형	공정혁신	제품혁신
초점	신공정개발	신물질.신제품개발
기술의 내용	공정개량.개선	제품창출
혁신의 목적	생산성 향상	신기능성 창조
최종목표	완전 공정개발	기능창출 및 향상
혁신의 속도	점진적	급진적
핵심기술	공정개발 및 설계	구조.기능설계
기술보호방법	특허.영업비밀	특허.영업비밀
기술체화대상	주로설비	제품자체 및 인력

제품혁신은 말 그대로 새로운 제품을 개발했거나 기존의 제품의 성능이나 기능을 향상하여 생산했다면 제품혁신이 된다. 예컨대 256메가 DRAM급 반도체를 생산하던 업체가 1기가 DRAM을 개발하여 생산하게 되었다면 제품혁신을 한 것으로 취급할 수 있다. 제품혁신은 달라진 제품의 모습으로 소비자의 눈에 나타나기 때문에 쉽게 발견된다. 그리고 기술혁신이 최종적으로 상업적 효과를 유발하기 위해서는 구체적인 제품의 모습으로 소비자에게 다가가야 하기 때문에 우리에게 제품혁신은 비교적 이해하기 쉽고 친숙해져 있을 것이다.

그런 반면에 공정혁신은 기업의 내부에서 일어나고, 경쟁기업의 모방 가능성이 높다는 점에서 비밀로 취급되는 경우가 많다. 경쟁기업이 공정혁신의 내용을 알게 될 경우 모방하게 될 것이고, 이에 따라 시장에서의 가격경쟁력을 잃게 될 가능성이 높기 때문이다. 이와 함께 생산설비는 사용자 특수적인 기술지식을 체화하고 있기 때문에 다른 제품과는 달리 전문생산업체에 의하여 쉽게 혁신되기가 어렵다는 점에서 사용자업체가 주도하여 생산설비를 자체적으로 설계하여 제작하기도 한다. 달리 말한다면 사용자업체가 자신의 공정을 혁신하는 경우가 많다는 것이다. 생산효율을 향상하거나 공정의 문제를 해결과정에서 공정혁신이 활발하게 되어 생산 공정이 부분적으로 자동화된다. 그리고 이 단계는 기업이 신기술의 인식에 의하여 기술혁신이 일어난다. 그리고 생산비를 절감하는 과정에서 기술혁신이 일어나는데 이 영역을 비용절감을 위해 기술혁신이 일어난다.

공정혁신과 제품혁신이 지향하는 경제적 목표는 최종적으로 이윤창출이지만 그것을 성취하는 방법에 있어서는 상당히 다르다. 공정혁신은 생산공정을 합리화하고 재료비와 인건비를 절약하며 단시간에 설계상에서 지시하는 품질의 제품을 생산함으로서 생산성을 극대화하여 이윤을 높인다. 공정혁신은 따라서 제품이 안정화되었거나 표준화된 이후에 대량생산 단계에서 많이 나타나게 된다(Utterback and Abernathy, 1975). 표준화된 제품이 시장에서 잘 팔리기 위해서는 가격경쟁력이 핵심인데 이를 확보하는데 공정혁신이 중요한 역할을 하게 된다.

이에 반해 제품혁신은 기존 제품과 여러 면에서 차별화된 신제품을 개발하여 시장에 내놓음으로서 새로운 시장을 얻고 매출을 늘려 이윤을 창출하는 경로를 갖는다. 기술혁신의 전파과정은 수요인식→ 아이디어 형성 → 아이디어 구체화 → 신제품아이디어 → 기술적 목표 → 제작방법 선택 → 시작품 설계 / 제작 → 시제품완성의 단계를 거치고 신제품 판매 후 고객불만 제기 → 제품사양 변경이 반복되기 때문에 제품혁신이 주류를 이루게 된다. 제품혁신은 기존 제품의 시장 대체적 기능을 수행함과 동시에 소비자들의 구매 욕구를 자극하여 매출을 늘림으로서 기업이 영업활동을 지속적으로 영위하게 한다.

기업은 제품혁신만으로 이윤을 창출하는 데는 공간적으로 한계를 맞이하게 되거나 공정혁신만으로 이윤을 창출하는 데는 시간적으로 한계를 갖게 된다. 따라서 기업이 영속적으로 사업을 지속하기 위해서는 공정혁신과 제품혁신을 끊임없이 추진해야 한다.

2.3. 기술혁신의 주체

기술혁신은 누가 일으키는가? 슘페터는 선견지명을 갖고, 매사에 창조적이며 기존의 관행과 습관을 탈피하여 새로운 것을 시도하려는 강한 동기를 갖는 기업가가 기술을 혁신한다고 주장하였다. 이런 기업가를 혁신가라고 칭한다면 혁신가는 자주 탄생되지 않고 드물게 나타날 것이다. 따라서 기술혁신은 혁신가가 드물게 존재하기 때문에 드물고 불규칙하게 일어날 것이라는 예상을 할 수 있다.

과거의 기술혁신을 보면 슘페터의 주장이 설득력이 있는 것 같다. 오늘날 인류에게 무한한 효용을 가져다 준 전기는 에디슨에 의하여 혁신되었고, 산업혁명을 일으킨 계기가 되었던 증기기관은 와트에 의하여 혁신되었다. 또한 무선통신은 마르코니에 의하여 혁신되었으며, 비행기도 라이트 형제에 의하여 혁신되었다. 이처럼 수많은 과거의 기술혁신들은 누구에 의하여 혁신되었는가가 비교적 잘 알려지고 있다. 기술발전의 역사 속에서 이렇게 이름을 길이 남긴 혁신가들은 슘페터의 설명처럼 선견지명을 갖고, 창조적이었으며 기존의 관행과 습관을 탈피하여 새로운 것을 창조하기 위하여 불굴의 노력을 경주한 것으로 여겨지고 있다.

그러나 20세기에 들어와서 기술혁신이 헤아릴 수 없을 만큼 많이 일어나기 시작하자 그런 기술혁신이 과연 누구에 의하여 일어났는가를 알 길이 없게 되었다. 기업들도 많은 과학자를 고용하여 새로운 제품을 쉴 새 없이 내놓았다. 기업의 규모가 커지면서 대규모 생산이 이루어지기 시작했고 생산시스템도 혁신되기 시작했다. 우연히 또는 불규칙하게 일어났던 기술혁신이 규칙적으로 그리고 계획적으로 일어나는 현상을 보이기 시작했다. 이런 현상을 관찰한 학자는 슘페터의 주장이 잘못된 것이라고 비판하기 시작했다.

슘페터는 이런 기술혁신 추세의 변화를 이해하고 1943년에 첫 출판된 그의 저서 Capitalism, Socialism and Democracy(1943)을 1976년 제5판에서는 첫 번째 저서에서 주장했던 내용을 수정하였다. 그는 기술혁신이 창조적이고 선견지명을 가진 혁신기업가에 의해 일어나는 것이 아니라 거대기업에 의하여 고용된, 고도로 훈련된 과학기술자 집단에 의하여 거의 일상생활처럼 일어날 것이라고 주장하였다. 기술혁신학자들은 슘페터의 먼저 주장을 Schumpeter I 이라 부르고 나중에 주장했던 내용을 'Schumpeter II'라고 부르고 두 주장을 구별하였다(Freeman, 1982).

슘페터가 나중에 주장한 것처럼 오늘날의 기술혁신은 어느 뛰어난 혁신가에 의해서보다는 잘 조직된 우수한 과학기술자 집단에 의해 조직적으로 그리고 계획적으로 일어나고 있다. 수십만 명의 종업원을 고용하는 거대 기업들은 수만 명의 연구개발 인력을 고용하여 연구개발을 중요한 업무로 취급하고 많은 예산을 투입하고 있으면서 매년 새로운 기술혁신을 마치 공장에서 물건을 생산하는 것처럼 내놓고 있다.

슘페터가 예견한 바와 같이 기술혁신이 일상생활처럼 일어나고 있는 것이다. 이와 같이 기술혁신을 일으키는 주체가 과거의 창조적인 소수로부터 현대에 이르러 연구개발 집단으로 변화한 것 이외에 많은 새로운 현상들이 나타나고 있다. 과거에는 제품을 생산하고 공급하는 공급자가 주로 기술을 혁신하는 것으로 알고 있었는데 사실은 기술을 사용하는 사용자가 더 많은 기술혁신을 수행하고 있다는 조사결과가 나오고 있다. 최근에는 어느 특정 기업이나 연구기관이 아니라 대학, 기업, 연구기관, 정부, 은행 등 거의 모든 경제주체가 기술혁신에 관련된다는 연구결과가 나오고 있다.

2.4. 기술혁신, 학습 및 제도

기술혁신은 지식을 증진시키는 학습이론과 밀접한 관계를 맺고 있다. 조직학습 이론에서는 환경의 변화에 따라 조직의 반응이 달라지면서 조직내의 반응 옵션이 증대하게 되고 이로 인해 조직내의 지식이 증가하는 과정을 학습이라고 파악하고 있다(Huber, 1991). 기술혁신에서 일어나는 학습도 이러한 맥락에서 이해할 수 있는데 조직뿐만 아니라 더욱 포괄적인 제도 차원의 학습까지도 관련된다고 하겠다. 학습이 이루어지는 유형은 여러 가지가 있다(Argyris, 1977). 아지리스는 학습을 단일회로 학습(single-loop learning)과 이중회로 학습(double-loop learning)으로 유형화하였다. 단일회로 학습은 기존의 목표와 축적된 지식기반을 바탕으로 해서 문제를 해결하고 지식을 축적하는 것이라면 이중회로 학습은 기존의 목표와 지식기반에 대해 의문을 제기하면서 새로운 지식을 축적해 가는 것이다. 일반적으로 이중회로 학습이 이루어지기는 매우 어려운데 이는 조직원들이 기존에 사용하던 이론이나 사고(theory-in-use)에 매몰되어있기 때문이다.

한편 죤슨 (Johnson, 1992)은 기술학습에 초점을 맞추어 기술학습의 유형을 학습의 의도성 여부에 따라, 그리고 창출되는 지식의 성격에 따라 학습을 다음의 세 가지 유형으로 구분하고 있다. 첫 번째는 생산과정에서 이루어지는 학습과 같이 생산에 목표가 주어진 생산 활동의 수행 과정에서 부산물로서 이루어지는 학습이다. 이러한 학습의 유형으로는 실행을 통한 학습(learning-by-doing), 사용을 통한 학습 (learning-by-using), 상호작용을 통한 학습 (learningby-interacting)을 들 수 있다.

두 번째 유형은 탐색을 통한 학습(learning-by-searching 또는 searching)이다. 이는 생산활동과 밀접하게 관계를 맺으면서도 새로운 지식을 창출하겠다는 의도 하에 이루어지는 학습이다. 기업의 연구개발 부서나 기획 부서에서 이루어지는 학습이 바로 이러한 유형에 속한다.

세 번째 유형은 탐구를 통한 학습(learning-by-exploring 또는 exploring)이

다. 이 유형의 학습도 새로운 지식의 창출이라는 의도 하에서 이루어지는 학습이다. 주로 대학이나 공공연구소에서 이루어지는 학습 유형이라고 할 수 있는데 이러한 학습 과정은 종종 기존의 기술발전의 누적적인 궤적을 단절시키면서 새로운 궤적을 형성하는 역할을 하기도 한다.

학습과 관련하여 중요하게 고려되어야 할 개념은 학습기각(unlearning), 또는 망각(forgetting)이다(Levinthal, 1991; Johnson, 1992). 이러한 개념은 기존에 축적한 기술 지식들을 조직이나 제도 내에서 소거한다는 의미를 지닌 것으로서 과거에 축적된 지식이 새로운 환경에 적응하는 것을 저해할 수도 있다는 점을 염두에 두고 있다. 기술 환경의 변화는 어떤 경우에는 기존에 축적된 기술 지식을 더욱 강화(capability-enhancing)시키는 것을 요구하기도 하지만 다른 경우에는 그것을 파괴(capability-destroying)시키는 것을 요구하기도 한다(Tushman and Anderson, 1986). 후자와 같은 기술 환경의 변화가 나타날 경우 이에 적응하기 위해서는 기존의 기술지식을 망각(learning-by-forgetting)하는 것이 필요하다.

그렇지만 기술지식은 기본적으로 누적적인 성격을 지니고 있기 때문에 특정 방향으로 기술지식의 토대가 정해지면 계속해서 그것을 기반으로 지식이 축적되게 된다. 기술의 경로 의존성(path dependence)이라고 이야기되는 이러한 현상은 기술지식의 창출, 확산, 활용 과정이 특정의 패턴을 따라 이루어지기 때문에 더욱 강화되게 된다. 따라서 기존 기술지식을 망각하고 새로운 지식을 축적하는 것은 매우 어려운 작업이 될 수밖에 없다.

기술혁신 또는 기술지식의 창출, 확산, 활용이 이루어지는 과정은 패턴화 또는 제도화되어 있다. 즉, 기업 내에서 기술혁신이 이루어지는 과정, 기업 간 또는 기업과 대학, 연구소 간의 상호작용을 통해 지식의 창출이 이루어지는 과정은 독특하게 제도화된 패턴에 따라 이루어진다. 따라서 기술혁신의 과정은 매 순간 마다 혁신 주체들의 합리적인 선택에 따라 행동이 이루어지는 과정이라기보다는 기술혁신에 참여하는 혁신 주체들이 당연히 따라야 한다고 생각하는 규범에 따라 기술혁신 관련 행동을 하는 과정이다.

한편 기술혁신에 의하여 구성된 제도들은 제도화가 되면 안정성을 지니면서 유지되게 된다. 기술혁신 주체들은 그 제도를 따라 행동을 하게 되며 또 이 행동을 통해 그 제도들은 재생산한다. 이 제도들은 관성을 가지고 있기 때문에 쉽사리 변화하지 않는, 경로 의존성을 갖게 된다(David, 1994). 이러한 이유로 해서 과거 성공적인 결과를 경험한 기술혁신 주체들은 종종 기존의 제도와 관행을 고수함으로 해서 환경의 변화에 대응하지 못하게 되어 실패하기도 한다. 성공이 곧 실패의 어머니가 된 것이다(Miller, 1990: 1993).

3. 기술혁신의 과정

3.1.누적적 과정

기술혁신은 누적적(cumulative) 과정의 산물이다. 대부분의 기술혁신은 소규모 개선이 장기간 동안 누적하여 급진적 혁신이 일어나는 특성을 보인다. 기술혁신이 누적적이라는 것은 기술이 곧 지식이므로 지식의 부가적 속성으로 설명된다. 처음에는 단순한 기술적 지식을 학습하다가 점차 복잡한 기술지식을 흡수할 수 있는 능력을 갖게 된다. 흡수 능력이 향상되면 지식 학습량이 증가적으로 늘어나게 되고, 나중에는 더 큰 폭의 기술변화를 창출해내게 되는 것이다.

기술혁신 과정에서의 누적적 특성은 경험학습에 의한 피드백 메커니즘에 의하여 일어난다. 생산 활동을 지속적으로 영위하는 기업은 기술적 지식을 조직에 체화하고, 매출과 이윤 증대 목표를 달성하기 위하여 기능과 경영능력을 끊임없이 향상하게 된다. 이 과정에서 기술적 지식은 시행착오를 통하거나 혹은 외부 환경의 변화에 적응하기 위하여 조직에 피드백 되고, 조직은 새로운 변화를 추구하게 된다(Rosenberg, 1976). 여기서 발생하는 학습 양태가 상호작용 학습(interactive learning)이다. 상호작용 학습은 기술혁신 과정에서 가장 중요한 특성이며 기술혁신의 누적적 특성을 가져오게 하는 원인이 된다.

상호작용 학습에 이어 기술혁신의 과정에서 누적적 특성을 나타내게 하는 학습 양태가 탐구(searching)와 탐색(exploring)이다. 기술혁신 주체들은 그들의 기술지식을 확장하기 위하여 시간과 자원을 투입하게 되는데 이러한 탐구 활동은 아이디어를 창출하는데 중요한 요소가 된다. 혁신 주체의 외부에서 일어나는 탐구 활동은 기술혁신과정에 내부와 다른 유형의 아이디어를 생성하게 되며 이를 탐색(exploring)이라고 한다. 양자 간의 중요한 차이는 탐색이 목표 지향성 정도가 낮다는 점이다.

상호작용 학습, 탐구와 탐색에 의한 학습 및 피드백이라는 기술혁신의 특성을 고려한다면 기술혁신은 현대 경제의 도처에서 일어나고 있는 편만한 현상임을 알 수 있다. 그것은 점진적이고 누적적인 현상이면서도 과거와 단절된 불연속성(discontinuity)을 배제할 수 없는 특성을 또한 가지고 있다고 하겠다.

3.2. 연속적인 과정

기술혁신의 진화적인 특성이나 누적적 특성은 달리 말하면 연속적인 과정이다. 즉, 기술혁신은 일정 기간에 걸친 일련의 행위로 구성된 연속적인 과정의 산물이라는 것이다. 기술을 혁신하기 위해서는 설계와 재설계 과정을 거쳐 수많은 소규모 개선과 변경을 반복해야한다. 새로운 생산방법을 채용하는 경우에도 공정의 설계, 재설계를 통해 소규모 개선과 변경을 연속적으로 실행하게 되는 과정이다.

기술혁신이 연속적인 과정이라는 것은 많은 기술혁신 이론 모델에 표현되어 있다. Utterback and Abernathy(1975)는 기술혁신이 시제품개발 → 제품혁신→ 공정혁신의 연속적인 과정임을 나타내 보였고, Lee Jinjoo, et al. (1988)은 개도국에서의 기술혁신이 외국기술의 획득 → 소화 → 개선 → 신기술 창출이라는 연속적인 과정을 통해서 일어남을 나타내 보였다. 또한 기술혁신을 가져오는 연구개발의 과정도 기초연구→ 응용연구 → 개발연구 → 상업화라는 연속적인 과정을 거치는 것으로 이해되고 있다. 기술혁신의 범위를 넓게 잡아 관찰할 경우 이런 연속적인 과정은 일반적으로 관찰되고 있다. 기술혁신이 연속적인 과정의 산물이라는 것은 달리 말하면 동태적현상이라는 것을 의미한다. 즉, 모든 것이 정지된 일정시점에서 나타나는 정태적 현상이 아니라 시간이 변화함에 따라 나타나는 현상이라는 것이다. 경제학의 많은 분석이 정태적 균형을 기반으로 하고 있지만 기술혁신은 균형이 변화되는 과정에서 나타나는 특징을 가지고 있다.

그리고 기술혁신은 여러 단계를 거쳐 이루어지므로 경제분석에 앞서서 각 단계별로 개념을 명확하게 정립할 필요가 있다. 기술혁신이 연속적인 현상이라는 사실은 여러 가지 관점에서 시사점을 제공해 준다. 예를 들어, 완전경쟁시장이 정태적 관점에서 가장 효율적인 자원배분을 가져오지만, 연속적인 현상인 기술혁신이 완전경쟁시장에서 가장 활발하게 나타날 수 있는가? 연속적으로 변화하는 경제적 현상을 어떤 기준으로 측정하며 또한 이를 이용함으로써 기술혁신을 설명할 수 있는가? 이러한 문제들이 모두 기술혁신에 대한 분석을 어렵게 한다.

3.3. 불균형적인 과정

기술혁신이 불균형적인 과정이라는 것은 기술이 연속적으로 혁신되기 때문에 기술 측면에서의 균형은 존재하지 않는다는 것이다. 기술의 혁신은 그것이 크던 작던 기존 기술시스템을 파괴하는 것을 의미한다. 트랜지스터 기술시스템의 출현이 진공관 기술시스템을 대체한 것처럼 기존 기술을 철저하게 파괴한다. 슘페터는 기술혁신을 창조를 위한 파괴(creative destruction)로 묘사하면서 그것이 기술시스템 뿐만 아니라 사회시스템이나 제도에까지 크나큰 영향을 미친다는 것을 주장하였다.

기술이 한번 혁신되고 나면 신기술은 과거 상태 혹은 과거의 기술시스템으로 돌아가지 않는 비가역성을 가지고 있다. 즉, 기술시스템균형이 혁신에 의하여 한번 파괴된 이후에는 다시 과거의 균형으로 복귀하지 않는다는 것이다. 이점에서 슘페터는 생각을 달리한다. 그는 기술혁신에 의하여 한번 파괴된 균형상태가 일정기간이 지나면 원상태로 복귀한다는 가설을 주장하였다. 슘페터가 이렇게 균형복귀를 주장하게 된 것은 아마도 기술혁신이 유발하는 사회현상을 더 많이 유념했기 때문으로 여겨진다.

기술혁신에 의하여 새롭게 형성된 기술궤적은 과거의 궤적(old trajectory)으로 복귀하지 않는다는 주장은 반도체 소재의 기술혁신과정을 통해서 살펴보기로 하자. 1910년경에 사용되었던 반도체 소재는 섭씨 0~10도에서 납(Pb)과 수은(Hg), 섭씨 20~30도에서 액체 수소(H2)와 액체 네온(Ne), 섭씨 70~80도에서 액체 질소(N2)였다. 반도체 소재에 대한 꾸준한 연구개발에 따라 1930년대에는 액제 헬륨(He), 산화 네오바듐(NbO), 질화 네오바듐(NbN), 주석화 네오바듐(Nb3Sn) 등이 사용되었다.

반도체 소재의 혁신은 이후에도 계속되어 1950년대에 황화 바나듐(V3Si), 네오바듐 · 알루미늄 · 게르마늄 · 합금(Nb · Al · Ge) 등이 사용되었다. 이후 1970년대에는 네오바듐 · 게르마늄 · 합금 (Nb · Ge)이 개발되어 사용되었으며, 1987년 2월에는 섭씨 100도에서 사용할 수 있는 이트륨 · 바륨 · 구리 · 산화물(Y · Ba · Cu · O)이 개발되었다. 1986년 12월에는 섭씨 40도에서 사용되는 라듐 · 스트론튬 · 구리 · 산화물(La · Sr · Cu · O)이 개발되었고, 섭씨 10도에서 사용하는 라듐 · 바나륨 · 구리 · 산화물 (La · Ba · Cu · O)이 개발되었다. 반도체 소재만 보더라도 이렇듯 끊임없이 새로운 기술이 개발됨으로써 세월이 지나도 균형상태에 도달하는 기미가 나타나지 않고 있다. 자동차, 항공기, 전자 등 어느 유형의 기술을 보더라도 기술혁신이 계속되면서 끝이 어딘지 알 수 없는 상황이 지속되고 있다. 이것은 아마 새로운 것을 창조하고 싶은 인간의 욕망이 그치지 않는 한 기술혁신도 중지되지 않을 것이며, 기술시스템의 균형은 존재하지 않을 것이라는 것을 나타낼 것이다.

3.4. 제도적인 과정

기술혁신의 과정을 사회적인 측면에서 관찰하게 되면 제도적인 과정(institutional process)임을 알 수 있다. 기술혁신을 최종적으로 성공시키는 자는 개인이나 기업이지만 그 과정을 면밀하게 살펴보면 공공 연구기관, 대학, 소비자 등 여러 혁신 주체들이 일정한 역할을 수행한 것을 파악하게 된다. 기술혁신의 주체와 이들 간에는 패턴화 된 관행, 문화, 교류 등 제도적인 요인이 존재하고 있음을 발견하게 되는데, 바로 이것이 기술혁신의 과정을 제도화 과정으로 특징 짓게 된다(Freeman, 1982).

기업이 기술혁신을 하기 위해서는 필요한 지식이나 자원을 모두 독자적으로 공급한다는 것은 거의 불가능한 일이다. 우선 대학에서 양성한 인력을 채용하여야 할 것이고 연구개발을 추진하기 위해서는 금융자본, 연구시설 및 과학기술정보 등을 조달하게 되는데 이것을 하기 위해서 외부 기관의 도움을 받지 않을 수 없게 된다. 그리고 기술혁신의 결과를 상업화하기 위해서는 이윤을 얻을 만한 충분한 시장의 존재가 필요하고, 높은 품질을 요구하는 까다로운 소비자도 필요하다. 기술혁신을 위한 장기계획을 수립하고 조직적이고 체계적으로 추진하기 위한 정부의 산업정책이나 과학기술정책도 중요한 역할을 수행한다.

기술혁신의 결과 창출된 신기술이 특허법에 의하여 보호되는 것도 제도적인 과정에 포함된다. 특허법이 사회적으로 얼마나 엄격하게 지켜지고 있는가 또는 특허기간이 얼마나 길게 보호되는가 등 신기술의 보호정도가 기술혁신에 크나큰 영향을 미치게 된다. 특허기간이 길어질수록 모방으로 인한 사회후생의 증대는 감소하지만, 기술혁신의 인센티브는 더욱 크게 나타날 것이다. 산업계에서 널리 활용될 수 있는 기초연구는 민간보다는 정부가 직접 지원하여 연구결과를 널리 활용할 수 있도록 하는 제도가 갖추어져 있느냐의 여부도 기술혁신에 중요한 영향을 미친다.

특허제도를 비롯하여 한 국가가 지니고 있는 이런 제도적인 장치는 기술혁신에 긍정적인 영향을 미칠 수도 있고 장애가 될 수도 있다. 이런 관점에서 영국의 기술혁신학자인 Freeman(1982)은 독일과 일본은 사회제도를 기술혁신에 긍정적인 영향을 미치도록 사회제도를 개혁했기 때문에 기술혁신이 왕성하게 일어났고, 그 결과 강력한 산업경쟁력을 확보할 수 있었다고 주장하였다.

반면에 미국이나 영국 등 많은 서구 선진국들은 부정적인 영향을 끼치는 사회제도를 유지하고 있기 때문에 기술혁신이 쇠퇴하고 있다고 주장하였다. 프리맨을 비롯, 많은 유럽의 기술혁신학자들이 기술혁신의 제도적인 관점을 주장한 결과 오늘날 유럽연합은 기술혁신에 긍정적인 영향을 미칠 사회제도의 개발과 제도화를 활발하게 추진하고 있다. 한국도 산학연 협력 촉진, 연구개발투자에 대한 조세감면 등 제도적인 관점에서의 기술혁신정책을 활발하게 추진해 오고 있다.

4. 기술혁신의 원천

앞에서 기술혁신의 일반적인 특성과 패러다임에 대해서 논의 했다. 그러면 무엇이 기술을 혁신하게 하는 원천(source)일까? 기술혁신을 연구하는 학자들은 기술혁신이 기술 자체의 변화 메커니즘에 의하여 일어나는지 아니면 시장에서의 수요가 이를 견인하는지에 대해서 오랫동안 이론적인 논쟁을 벌여왔다. 최근에는 기술주도-수요견인 논쟁 이외에도 사용자와 공급자와의 상호작용과 지식학습이 기술을 혁신해 가는데 중요한 원천으로서 기술혁신에 영향을 미친다는 가설이 제기되고 있다.

기술혁신의 원천에 관한 이론적 논쟁은 시장구조 관점에서도 일어났다. 기술혁신이 왕성하게 일어나기 위해서는 경쟁 시장구조가 필요하다는 가설이 제기되는가 하면, 반대로 독점 시장구조가 기술혁신을 더 촉진한다는 이론이 제기되었다. 또한 중소기업이 기술혁신을 더 왕성하게 추진한다는 가설이 제기되는가 하면 대기업이 기술을 더 많이 혁신한다는 가설도 제기되기도 하였다. 여기서는 기술주도, 수요견인 가설, 상호작용 가설을 살펴보기로 한다.

4.1. 기술주도 가설

기술주도 가설(technology-push hypothesis)은 기술혁신의 원천으로서 과학기술의 기반을 중요시하는 가설이다. 이 가설은 기술혁신의 과정에서 기술자체의 발달과 과학적 지식의 발명과 혁신이 기업으로 하여금 신제품 발명을 가능케 하고 그 제품을 상업화함으로서 기술혁신이 일어난다고 주장한다. 즉, 기업이 이미 발명된 기초과학지식을 활용하여 신제품을 창출하고 상업화하기 위한 노력을 기울인다는 것이다. 그 결과 새로운 기술에 대한 기업의 혁신적인 투자가 일어나고, 새로운 생산패턴이 형성되며 이것이 이윤을 창출한다. 따라서 기초과학과 기술자체가 발달하는 경우 기술혁신이 활발하게 이루어진다고 파악한다.

이 가설에 따르면 기초과학의 발달이 급속도로 이루어지는 나라에서는 신제품 개발이 활발하게 일어나고 기술혁신이 빠르게 이루어진다. 그러나 기초과학이 더디게 발달되는 나라에서는 기술혁신이 정체될 수 있음을 나타낸다. 기술주도 가설에서는 결국 과학적 지식의 창출이 기술개발을 유발하고 기술혁신을 유도하는 핵심 원천이다. 기술주도 이론을 주장하거나 동조하는 연구로는 Mowery and Rosenberg(1979), Dosi(1988), Nelson and Winter(1977), Gibbons and Johnson(1974) 등을 들 수 있다.

이 가설이 시사하고 있는 것은 기초과학의 발달 정도가 기술혁신에 결정적 영향을 미치므로, 기술혁신 요인을 분석함에 있어서는 과학기술의 기반 차이를 고려하여야 한다는 것이다. 또한 시장 여건에 불문하고 과학기술 자체가 발전함에 따라 기술혁신이 필연적으로 이루어진다는 것을 간접적으로 시사한다. 따라서 정부는 기술혁신을 촉진하기 위하여 기초과학의 발전을 도모하여야 하며 기초과학 연구를 진흥하여 과학기술 기반을 튼튼히 구축해야 한다는 정책적 함의를 제시한다.

기술주도 가설은 기초과학이 모든 기술의 뿌리가 되기 때문에 기초과학의 발전 없이는 새로운 기술을 창출할 수가 없고 또 기술의 축적과 발전에도 한계가 있다는 믿음에 바탕을 두고 있다. 최근에는 기초과학과 응용 · 개발 간의 관계가 밀접해지면서 기술혁신의 과정에서 기초과학의 역할이 중요해지고 이들 간의 상호협력이 더욱 중요하다고 보는 견해가 폭넓게 퍼져 있다. 정근모 · 이공래 (1996)의 연구를 인용하여 기술혁신의 과정에서 기초과학 연구의 역할과 중요성을 살펴보기로 하자.

첫째, 기초과학 연구는 그 결과보다 과정에서 많은 가치를 창출한다. 기초과학 연구에는 새로운 통찰력과 사고력의 응용이 필요하고 각종 자료수집에 있어서 체계적이고 지속적인 지적 활동을 요구한다. 따라서 연구결과 자체보다 연구행위를 통하여 지적능력이 배양되는 점에 높은 가치를 부여한다. 특히, 기초과학 연구는 응용연구와는 달리 새로운 창의력의 발휘가 필요하고 창조적인 접근방식이 요구된다.

둘째, 기초과학 연구는 그 과정에서 고급두뇌를 양성할 수 있다는 점이다. 기초과학의 연구활동은 연구의 참여자인 연구원들의 훈련이 큰 비중을 차지하고 있다. 즉, 연구의 과정에서 원로 연구자와 초보 연구자들 간의 부단한 협력의 기회를 제공하게 되는데 이것이 연구자의 훈련을 가능케 한다. 기초과학 연구실은 오랜 시일을 두고 세워지는 곳이며 대대로 젊은 연구자들의 양성소가 된다. 따라서 학문의 체계가 연구실을 통해 형성되고 학생과 연구자들이 이 체계 속에서 배출된다.

셋째, 기초과학 연구는 여러 가지 경로를 통해서 목적 응용연구나 목적개발연구에 기여함으로써 기술혁신의 원천이 된다. 예를 들어 기초과학 중에 기초과학이라 할 수 있는 천체물리(astrophysics)에서 연구된 다물체 간의 섭동현상이나 자장에 갇혀 있는 전하물질들의 현상에 관한 이론들은 핵융합연구의 기본원리가 되고 있다. 핵융합연구는 실제로 개발연구나 다름없는데 이

개발연구를 수행하기 위해서는 천체물리와 같은 기초연구의 결과가 활용되고 있다. 반면, 핵융합연구를 통하여 기체전자공학이나 플라즈마 물리학 같은 기초연구가 발전되었다. 이들은 다시 기체레이저를 개발하는데 큰 공헌을 하였고, 전자 빔 또는 이온빔을 만드는데 기여하여 그 후 반도체연구에 결정적인 공헌을 하였다.

넷째, 기초과학 연구는 경제적인 측면에서도 많은 혜택을 사회에 환원시킨다. 기초과학 연구의 강화를 통해서 산업의 기술경쟁력을 제고시키는 것은 이제 전통적인 정책으로 정착되고 있다. 새로운 상품을 개발하든지 새로운 공정을 연구하든지, 새로운 소재나 부품을 발명하는데 있어서 기초과학 연구의 역할이 점점 더 중요해지고 있다. 그리고 기초과학 연구는 의료, 보건 등 국민의 후생복지에도 크게 기여하고 있다. 예를 들어 후천성면역결핍증(AIDS)에 관한 연구에 있어서도 대부분의 연구비가 생명과학의 기초연구에 투입되고 있다.

마지막으로 기초과학 연구가 종종 산업이 당면한 기술적인 문제에 대한 혁신적인 대안을 제시한다는 점이다. 즉, 산업계가 갖고 있는 연구능력으로는 도저히 생각할 수 없는 대안 제시를 기초연구는 가능케 한다. 예를 들어 연소공학분야에 있어서 석탄연소나 촉매를 통한 연소에 관하여 50년대나 60년대에 거의 기초연구를 하지 않았으나 70년대에 석유파동이 일어나자 기초연구가 다시 시작되었다. 석탄의 연소에 대한 기초연구가 석유파동으로 일어난 에너지 문제를 해결할 수 있는 대안을 제시할 것으로 기대했기 때문이다. 최근의 환경오염방지를 위한 기초연구도 마찬가지 이유에서이다.

이상과 같이 기술주도 가설은 기초과학의 발달과 함께 기술혁신활동도 활발해진다는 논리를 펴고 있다. 그러나 과학기술의 기반이 크게 성숙한 산업에서도 시장수요의 부족으로 기술혁신이 부진한 현상을 설명할 수 없다는 약점을 가진다. 또한, 경쟁이나 시장규모의 부족은 기초과학의 발달 자체를 제약할 수 있으며, 시장요인과 과학기술의 발달이 인과적 관계에서 벗어나 동시적으로 결정될 수도 있다. 이러한 반론은 기술혁신의 극대화가 결국 기초과학의 발달과 함께 기술개발을 유인할만한 시장여건 하에서 이룩될 수 있음을 보여주고 있다.

4.2. 수요견인 가설

수요견인 가설(demand-pull hypothesis)은 기술 자체의 변화가 기술혁신을 유발한다는 기술주도 가설에 대한 반론을 기초로 하여 논의를 전개한다. 즉, 기술혁신을 촉진시키는 유인은 기초과학이나 기술자체의 발달에서 오는 것이 아니라 소비자의 욕구에 따른 시장수요와 기업의 이윤기회에서 비롯된다고 주장한다. 이 가설에서는 시장수요의 존재가 기술혁신이 일어나기 위한 필요조건이며 기술자체는 일종의 충분조건으로 파악한다. 대표적인 수요견인 가설을 구성한 Schmookler(1966)의 주장에 의하면 기업은 어떤 제품의 시장수요가 존재할 경우 그 수요의 일부는 기존 설비의 가동을 통하여 충족시키고 일부는 새로운 기술투입 없이 추가설비를 갖추고 생산하여 충족시킨다. 수요견인 이론을 주장하거나 동조하는 연구로는 Vernon(1966), Rosenberg(1976), Rothwell, et al.(1974), Rothwell(1977) 등을 들 수 있다.

시장수요의 일부는 새로운 과학적 지식을 활용하여 제품의 성능 품질을 혁신하여 판매하거나 생산설비를 혁신하고 좀 더 낮은 비용으로 생산하려는 노력을 기울인다. 이 과정에서 과학적 지식의 역할은 그다지 중요하지 않으며 오히려 제품을 판매하는 과정에서 얻은 아이디어를 바탕으로 발명이 일어나고 특허를 획득하게 된다. 그 결과 기업은 특허를 상업하하기 위하여 투자를 실행하게 된다.

한편, 기업은 소비자와 직접 접촉하는 마케팅 부서 혹은 판매 부서에서 근무하는 사원이 신제품과 신기술에 대한 소비자의 구체적인 니드를 연구자에게 제공함으로서 연구개발 활동이 시작된다. 연구개발은 기존의 수요충족 루트들과는 전혀 다른 새로운 방식 혹은 새로운 제품을 공급하여 수요자의 욕

구를 충족할 수도 있다

여기서 과학적 지식은 연구개발 과정에서 활용되지만 중요한 요소로 간주되지는 않는다. 수요견인 가설에서는 수요 여건을 감안하여 이윤증대의 기회가 주어질 때에만 기술혁신이 이루어질 수 있다는 점을 강조한다. 따라서 수요가 급격히 증가하는 성장산업에서 기술개발이 활발하게 이루어지며, 이윤기회를 신속하게 포착할 수 있는 시장구조와 기업조직 등이 기술혁신에 유리하다고 할 수 있다.

기술주도 가설에서 강조된 과학기술 기반은 수요견인 가설에서 보조적 역할만 수행하고 시장수요와 여건이 기술개발을 유발하고 기술혁신을 유도하는 핵심 원천이라고 보는 것이다. 수요견인 가설이 시사하는 것은 시장수요 그리고 시장구조가 기술혁신과 중요하게 관련되어 있다는 점이다.

수요견인 가설은 시장수요가 충분히 존재하고 이윤기회가 확실한 경우에도 기초과학이나 연관 기술의 발달 없이는 신제품의 개발이나 기술혁신은 불가능하다는 점을 설명하지 못한다. 실제로 시장에서 판매되고 있는 많은 첨단기술 제품이 시장수요가 먼저 존재하기 때문에 개발되었다기보다는 기술 자체의 혁신이 일어남으로서 태동되었다. 시장수요는 충분하게 존재하고 있지만 기술능력이 없어 외국으로부터 제품을 수입할 수밖에 없는 대부분의 개도국 현실이 이를 잘 반영한다.

4.3. 상호작용 가설

기술주도 가설은 장기적 관점에서 기술혁신을 유발하기 위한 조건으로 과학의 발달을 강조하고 있는 반면, 수요견인가설은 단기적 관점에서 이윤기회가 기술혁신의 유인이 된다는 점을 강조한다. 따라서 기술주도 가설과 수요견인 가설 모두는 각각 강조점이 다른데 현실의 기술혁신을 설명하기 위해서는 상호 보완이 필요하다. Arrow(1974)는 경쟁적인 시장구조하에서 기술혁신이 더욱 활발하게 이루어진다는 가설을 제시한 바 있다.

상호작용 가설(interactive hypothesis)은 기술주도 가설과 수요견인가설을 결합한 가설로서 기술혁신이 시장의 니드와 기술적 기회의 결합에 의하여 일어난다고 주장한다. 이 가설은 현실의 세계에서 기업이 시장의 니드를 충족하기 위하여 기술을 개발할 뿐만 아니라 과학기술계 전문가들과 끊임없이 교류하고 부설 연구소를 설립하여 연구개발을 활발하게 수행하면서 과학기술지식을 습득하고 있다는 사실을 바탕으로 수요견인과 기술주도의 양 측면을 모두 고려한다.

상호작용 가설에 의하면 기술혁신은 일련의 과정이면서 각 과정은 기능적으로 분리 가능한 독립적인 특성을 지닌다(Rothwell and Zegveld, 1985). 각 과정에서는 여러 조직간에 복잡한 통신망 같은 지식의 교류가 발생할 뿐만 아니라 조직 내부에서도 조직원들 사이에 복잡한 지식교류가 뒤따른다. 기술혁신의 각 단계별로 기업은 필요에 따라 시장의 니드를 고려하기도 하고, 대학이나 공공기관에서 필요한 결합모델을 주장하거나 동조하는 주요 연구로는 Freeman(1987), Rothwell and Zegveld(1985), Fransman(1986), OECD (1992) 등을 들 수 있다.

새로운 수요 사회와 시장의 수요, 아이디어 생성, 새로운 기술능력, 현재의 생산기술 수준은 복잡한 상호작용의 과정을 통하여 개발, 생산, 마케팅, 판매 등 모든 단계에서 일어나고 각 단계는 시장과도 연계된다. 상호작용 가설이 시사하는 것은 기술혁신을 촉진하기 위해서는 기술주도 요인뿐만 아니라 시장요인을 모두 중시해야 하는 점이다. 문제는 상호작용 가설이 현실을 잘 반영하고 있다고 인정하더라도 전략적으로 또는 정책적으로 한정된 자원을 어느 한 곳에 배분해야 하는 의사결정권자들에게 여전히 도움을 주지 못한다는 것이다. 기술도 중요하고 시장도 중요하다고 주장하는 상호작용 가설이 주는 유용성은 과연 무엇일까? 가설이 현실을 잘 설명하고 있는 것만으로 좋은 모델이라고 볼 수 없는 딜레마가 여전히 존재한다.

5. 기술혁신의 확산[6]

기술의 진보 행태를 고찰하는 것은 기술혁신의 전파 확산과정을 파악하는데 매우 유용한 방법으로 인식되어 왔다. 일반적으로 기술은 S자의 형태로 발전 확산한다는 것이 현재까지의 여러 경험적 연구를 통해 밝혀지고 있다. 즉 기술발전의 형태는 마치 종과 같은 모양(bell-shaped)의 곡선 형태를 가지며, Logistic 곡선으로 알려진 'Logistic 성장단계'를 거쳐 포화상태에 이르는 S자 모양을 띤다는 것이다.

이와 같은 S자 형태의 발전경로가 의미하는 것은 기술혁신이 처음 도입되었을 때에는 학습 및 경험상의 애로를 극복하기 위한 과정이 필요하기 때문에 상대적으로 느린 성장단계를 거치게 되며, 그 후에는 여러 가지 기술적 애로점을 극복한 후에 나타나는 지수적(exponential)인 급속한 성장단계에 도달하고, 마지막으로는 그 발전의 한계에 도달하게 되는 성장의 감속단계를 차례로 거치게 된다는 것으로 정리된다. 이 이론은 여러 가지로 변형되어 왔는데 여기서 기술혁신의 확산과정에 관련된 몇 가지 이론을 소개하기로 한다.

5.1 역학적 모델(epidemic Model)

기술의 보급 확산과정이 전염병의 전파과정과 비슷하다고 보아 전염병이 전파됨에 따라 보균자의 수가 증가하고 보급율도 늘어나며 건강한 사람의 수가 적어지면서 전염율도 낮아지게 되는 과정과 같이 기술혁신이 전파된다고 보는 이론이다. 기술혁신의 초기단계에서는 높은 위험부담으로 보급율이 적으나 기술혁신에 대한 정보가 증가하고 보급율이 늘어남에 따라 잠재적인 이용자의 수가 줄어들게 된다는 것이다. .

x(t)는 기술을 수용할 것으로 예상되는 잠재적 총 인구중에서 t기에 이미 수

6 권원기(기술혁신의 경제학, 1990) pp.159~173을 참조하여 정리하였음.

용한 인구의 비율이라고 하면 보급률은 dx(t)/dt 로 표시된다. 이 보급률은 이용자의 비율 x(t), 나머지 잠재적 이용자의 비율 (1-x(t)) 모두에 비례한다고 가정할 경우 이들 공식은 미분방정식으로 다음 (1)식과 같이 표현할 수 있다.

$$dx(t)/dt = \beta\ x(t) \cdot (1 - x(t)) \qquad (1)$$

이때 β는 곡선이 상승할 때의 기울기로서 값이 클수록 보급율이 커짐을 나타낸다. 이 미분방정식으로 풀어 사용자 비율 x(t)를 결정하는 식을 구하면 다음 (2)와 같다.

$$x(t) = \frac{K}{1 + \exp(-\alpha - \beta t)} \qquad (2)$$

(2)식은 논리곡선의 방정식으로서 이를 그래프로 표시하면 S자형을 하고 있으며 x(t)는 어느 변곡점까지는 증대하다가 그 후 감소한다.(그림3-2 참조)

그림 3-2 보급곡선

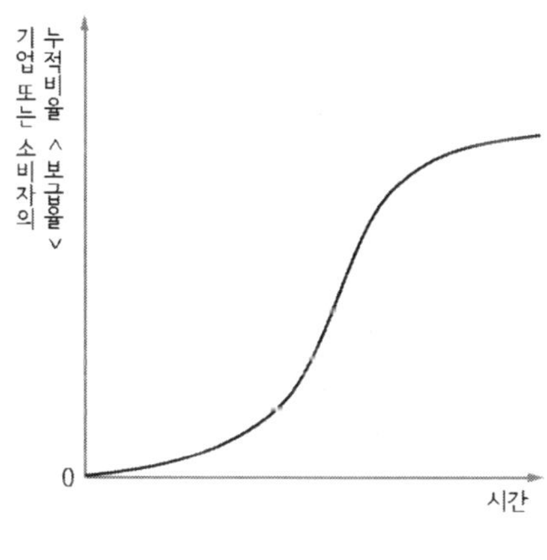

(2)식에 시간 t와 x(t)에 대한 데이터를 수집하여 적용하면 α와 β값을 구할 수 있다. 여기서 α는 보급곡선이 상승하기 시작하는 점을 결정하고 β는 곡선이 상승할 때의 기울기(slope)로서 보급률 정수(diffusion rate constant)로 간주된다. 그림 3-3에서 곡선 1은 α와 β가 곡선 2보다 모두 클 때이다. 역학적 모델은 S자 형 곡선을 취하고 있음을 알 수 있으며 α와 β는 기업군의 차이에 따라 달라지고 있다. 대개 기술 이노베이션의 수익성이 높고 그 가격이 낮을 때는 α와 β가 커서 보급속도가 빠르다는 것을 의미한다.

그림 3-3 보급곡선의 보급개시 α 와 보급속도 β 의 차이

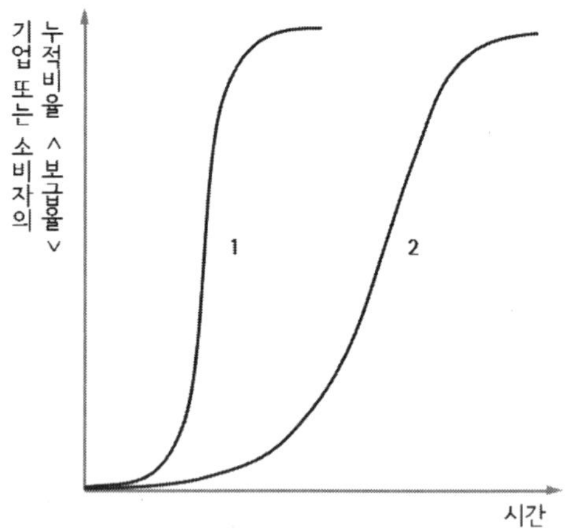

역학적 모델은 직관적인 명백성 뿐 아니라 실증 데이터와도 잘 일치하고 있어 이런 점들이 모델의 유효성의 근거라고 보지만 이 모델의 비판점은 다음과 같다. 이노베이션 이용자의 환경이 균일하다고 가정하고 있고 이용자의 차이에 대한 이유도 개인적인 성향의 차이인 개척자(pioneers), 초기추종자(early imitators), 후발자(laggards)등의 형식적인 분류로 설명하고 있을 뿐이다. 또한 이노베이션을 이용할 때 합리성이나 수익성이 이용자의 입장에서 동태적으로 변하고 있는 사실을 간과하고 잠재적인 이용자의 수가 정해져 있다고 가정하고 있어 보급대상이 이미 정해져 있다고 보고 있다. 이노베이션의 보급에 미치는 변수는 이용자의 태도 즉 수요자의 입장에서만 보아 수요가 결정요인으로만 보고 있다.

5.2 데이비스(Davies)의 프로빗 모델(probit model)

기술혁신은 이를 수용하는 기업에게는 하나의 자극이며 불확실한 투자행위가 된다. 기업들은 기술혁신의 수용여부를 결정하는데 있어 개별 기업이 받아들이는 자극의 임계점을 가지고 있다고 보았다. 특정 기업은 그 임계점을 넘게 되면 기술혁신을 수용하게 되는데 따라서 문제가 되는 것은 자극과 임계점을 어떻게 정의하는가이다.

데이비스의 모델에서는 이 임계점을 기업의 규모라고 정의하고 있다. 또 새로운 기술은 종전의 기술과 비교하여 산출 1단위당 고정비용은 비싸지만 변동가격은 낮다고 가정한다. 따라서 어느 특정시기에 기술혁신을 수용하는 것이 유리한 기업은 규모의 경제가 작용하는 일정 규모이상의 기업에 국한하게 된다. 기술혁신과 기업의 성장은 이 임계점과 잠재적인 이용자의 수를 변화시키는 변수가 된다. 따라서 기술보급에 소요되는 시간의 경과는 기업의 규모와 개개 기업의 성장률, 시장가격과 노동비용의 변화에 의하여 영향을 받는다.

데이비스의 모델에서는 기업 간의 차이가 중요한 요소로 되어 있는데 기업 간 차이를 나타내는 중요한 개념은 최대 이익 가능기간 *R*it* 라는 개념이다. 이것은 모델에서 임계점에 해당하며 기업이 이노베이션을 수용한 후 이득발생이 가능한 최대한의 기간이 된다.

그 이유는 다음과 같다. 기업이 기술혁신을 수용하면 준비기간을 거쳐 일정 시간 후 이익을 내게 된다. 그런데 기업에 따라 기술혁신을 수용 후 이익을 얻는데 걸리는 예상기간(*ER*it)과 기술혁신을 도입하여 실제 이익이 발생하기까지 걸리는 기간(*R**it)이 달라지게 된다. 기술혁신에 판단력이 약한 기업은

*ER*it을 과대하게 또는 과소하게 예상할 가능성도 있다.

이러한 상황을 가상하여 어떤 기술혁신을 기업이 수용하고자 할 때 기업이 예상하는 이익발생기간(*ER*it)이 최대한으로 잡은 이득발생 가능기간(R*it)보다 적을 때 기업을 기술혁신을 수용하게 된다는 것이다. 즉 *ER*it ≤ *R**it 일 때 기술혁신을 수용하게 된다는 것이다.

그런데 *ER*it와 *R**it는 어느 일정시점에서 기업에 따라 달라지며 또한 기술혁신에 대한 지식이 축적되어 감에 따라 동태적으로 변하게 된다. 예를 들어 신기술에 대한 지식을 많이 알고 있고 수용 후 발생하는 예상이익 기간이 종전보다 앞당겨 질것으로 예상하면 기업의 기술혁신 수용시기는 앞당겨 지게 된다는 것이다.

데이비스는 위 모델을 이용하여 2가지 형태의 기술혁신의 전파과정을 나타낸 다음 양자간의 차이를 설명하고 있다(그림 3-4).

제 A 타입 기술혁신 : 기술적으로 단순하고 수용 비용이 많이 들지 않는다. 외부에서 도입하는 경우가 많은데 초기부터 급격히 보급되어 단기간에 포화될 것이 예상되는 기술이다.

제 B 타입 기술혁신: 기술적으로 복잡하고 비용이 드는데 독자적이고 종합적인 기술적 기반이 필요하며 수용에도 시간이 걸리는 기술이다.

제 A 타입의 기술혁신은 소비재(TV, 세탁기 등)산업 기술혁신이고 제 B 타입은 화학플랜트나 철강산업과 관련된 기술혁신이다. 제 B 타입의 기술혁신은 초기에는 규모가 크기 때문에 도입하는 기업이 적고 학습효과도 완만하다. 그러나 개량의 여지가 A 타입에 비하여 크기 때문에 결과적으로 나중에는 보급율과 보급범위가 제 A 타입의 이노베이션보다 상회하게 된다.

그림 3-4 이노베이션 A그룹과 B그룹의 보급곡선

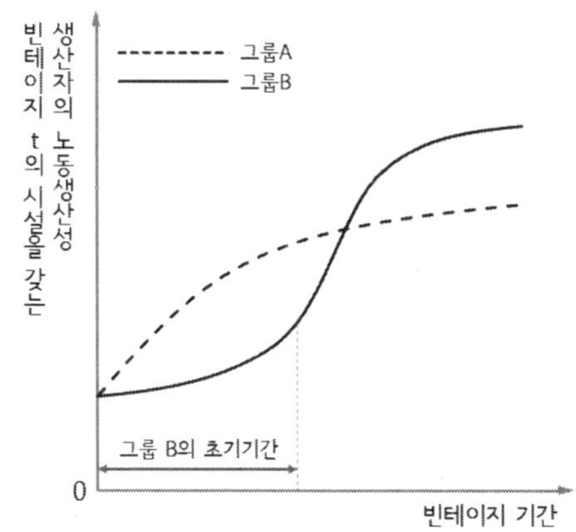

5.3 메트칼프(Metcalfe)의 모델

역학적 모델에서 신기술의 수용시 간과한 공급자의 측면을 보완한 모델로서 성장률, 공급, 수요에 대해 각기 별개의 방정식이 유출되고 있다. 이 모델은 슘페터적인 신기술의 출현을 가정하고 있다.

이 모델에서는 수요의 성장률 *gd(t)*은 신기술의 수용율이 충분히 달성되어 높아졌을 때 시장에서 수요되는 균형수요량 n(Pn, α)와 신기술이 확산되는 과정에서 특정시점의 실제수요 Xn(t)의 차이의 함수로 표시할 수 있다. 신기술의 출현으로 나타나는 이들 수요의 차이(n(Pn, α) -Xn(t))는 조절갭(adjustment gap)으로 정의된다.

$$gd(t) = b\,[\,n(Pn,\ \alpha) - Xn(t)\,] \qquad (1)$$

위 (1)식에서 균형 수요량 n(Pn, α)은 신기술 제품의 가격 Pn과 신기술 제품이 구제품보다 우위에 있는 정도를 나타내는 α에 의하여 영향을 받고 있음을 보여주고 있다. 제품 기술혁신과 과정기술혁신으로 Pn은 떨어지고 α는 올라가게 되면 궁극적으로 균형수요량은 증가할 수도 있다.

식 (2)에서 공급증가율 *gs(t)*는 공급자가 이노베이션을 통하여 올리는 이윤의 크기에 비례한다고 가정한다. 이윤은 신기술 제품의 가격이 증가할때는 증가하나 신기술 제품의 생산에 들어가는 비용이 커질수록 작아지게 된다.

$$gs(t) = \frac{Pn(t) - h0 - h1Xn(t)}{k} \qquad (2)$$

여기서 Pn(t)는 신기술 제품의 가격이고 h0, h1, k는 상수인데 k는 생산에 필요한 자본과 투자의 크기를 나타낸다.

(1)과 (2)식에서 Pn(t)의 역할를 보면 Pn(t)가 떨어질 때 수요증가율이 높아지나 공급증가율에는 낮아지게 함을 알 수 있다. 신기술 제품이 보급되는 과정에서 수요증가율과 공급증가율이 같아지면 균형 보급경로식 (3)을 유도해 낼 수 있다.

$$g(t) = Bn[Cn - Xn(t)] \qquad (3)$$

*g(t)*는 보급율(rate of diffusion) 이고 상수 Bn과 Cn은 역학적 모델의 보급상수 β 및 포화상수 k와 비슷하다고 할 수 있다. Bn과 Cn은 동태적으로 변하는 수요와 공급에 따라 결정되는데 이들 상수는 확산과정에서 이노베이션의 변화여부에 따라 변하게 된다.

위 (3)식을 가지고 이 모델을 설명해 보자. 시간적으로 초기인 0시점에서 신기술 제품을 시장에 도입하면 일시적으로 독점적 공급을 할 수 있다고 생각하는 공급자의 공급량은 조절갭 (Cn- Xn(0))으로 나타낼 수 있다. 이 조절갭은 첫 번째 혁신자에게는 최대의 값을 갖게 해줄 것이나 점점 더 후발 모방자가 시장에 진입하면서 조절갭의 값이 떨어질 것이다. 그림3-5에서 보듯이 조절갭의 감소율은 수요증가율과 역의 관계에 있다.

그림 3-5 이노베이션 보급과정에서의 조정갭의 변화

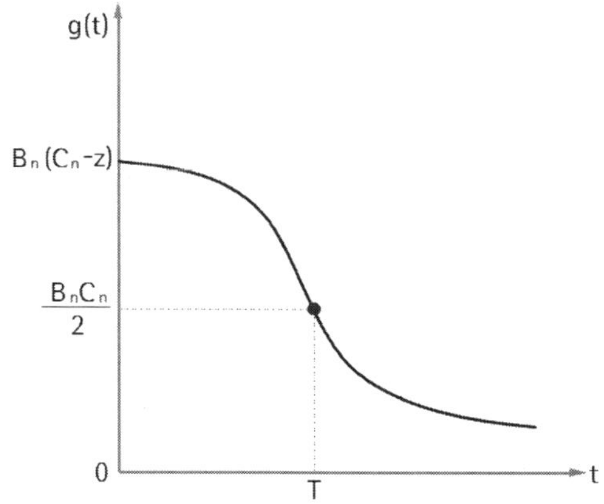

이와 동시에 그림 3-7에서 보면 수요는 로지수틱스 곡선을 따라 증가하고 그림 3-6에서 신 기술제품의 가격은 감소하는 반면에 생산비는 증가함을 알 수 있다. 결과적으로 신기술 제품의 공급자의 이윤은 감소하게 될 것이고 시장수요가 포화점에 가면서 신기술 제품의 출현으로 생긴 충격은 사라지게 된다.

그림 3-6 가격과 비용의 변화

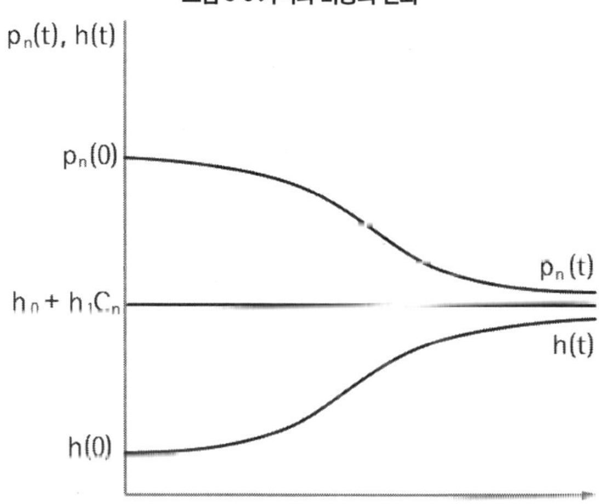

그림 3-7 수요의 변화

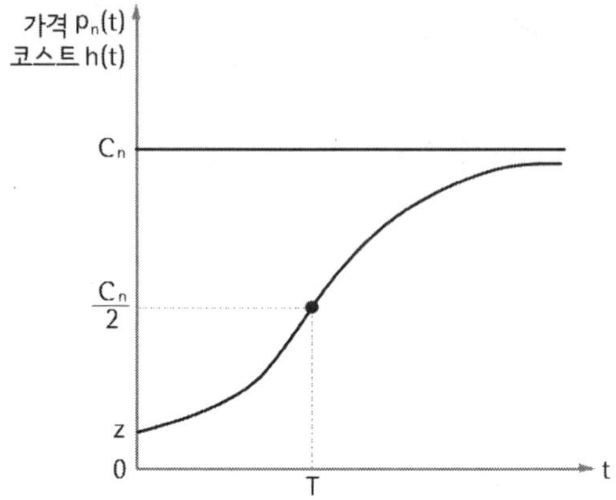

이 모델에서는 신기술 제품의 확산과정동안 생산비가 증가한다고 가정하였다. 그러나 후기 기술혁신(Post-innovation improvement)이 일어날 경우 가격은 떨어지게 되고 비용이 감소하면서 초기에 예정되었던 Cn은 다시 증가하게 된다.(그림 3-8) 그래서 확산과정동안 조절갭이 증가하면서 결과적으로 보급율 g(t) 후기 이노베이션 기간동안에 다시 증가하게 되나 궁극적으로 g(t)는 0점으로 수렴하게 된다.(그림 3-9)

그림 3-8 후기 이노베이션시 가격과 비용의 변화

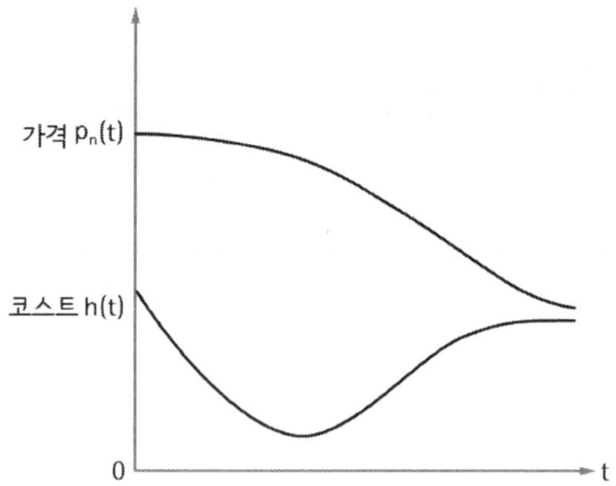

그림 3-9 후기 이노베이션시 조절갭의 변화

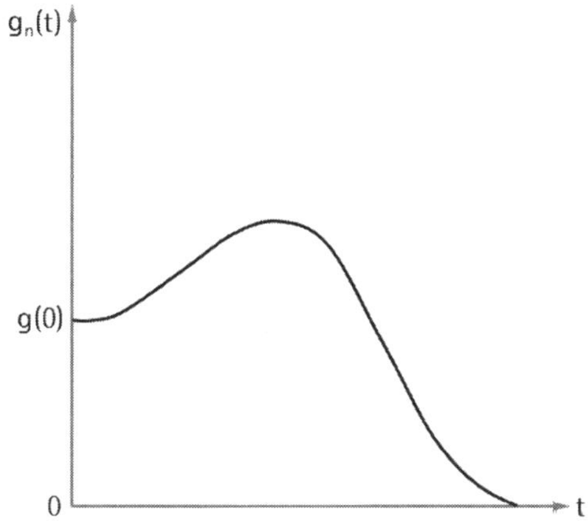

5.4 상호작용적 접근 모델

로젠버그와 프리쉬탁(Rosenberg and Frischtak, 1984)은 기술혁신의 확산 전파 과정에서 각 단계마다 외부 연구기관, 현존 과학기술지식 및 과거의 연구개발 단계 간의 상호작용과 피드백이 다중적으로 이루어진다고 설명하였다. 이 모델은 연구개발이 잠재적인 시장을 바탕으로 시작되는 수요견인이론에 기초를 두고 있다. 한 나라 또는 부문별 기술혁신 과정의 특성을 파악하고 연구개발을 추진하는데 유익하며 연구개발은 잠재시장 파악 → 발명 및 기본설계 → 상세설계 및 검사 → 재설계 및 생산 → 시장 출하의 과정을 거치면서 기술혁신 촉진된다고 한다. 외부 연구기관은 연구개발 활동을 통해서 공공재적인 특성을 가진 과학기술지식의 스톡을 증가시킴으로 기술혁신이 이루어진다고 본다. 이 모델은 OECD가 과학기술경제이론의 틀로서 정식으로 채택하고 활용하였다. 그러나 실제로 기업은 외부 연구기관과 상호작용 혹은 피드백을 거치면서 지식을 흡수함과 동시에 직접 고급인력을 고용하여 연구개발 활동을 추진하면서 새로운 과학기술지식의 생산을 내부화하고 있다.

제3절 기술예측론[7]

1. 기술예측의 개념과 동향

고도의 기술혁신으로 급변하고 있는 우리 삶의 현재 모습을 생각할 때 신뢰성을 갖춘 기술예측 없이 미래의 사회와 산업경제 그리고 인류의 장래문제를 이야기 하는 것은 거의 불가능하다고 할 수 있다. 기술이 산업경제 및 사회활동 전반에 걸쳐 이미 깊숙이 체화되어 있으며 미래 사회의 모습은 앞으로의 기술혁신에 의해서 더욱 더 달라질 것이기 때문이다. 기술예측의 대상에는 과학에 기초한 기술 뿐만 아니라 인간의 삶의 질을 향상시켜 주는 도구, 기법 및 공정까지 광범위하게 포함된다. 예측이란 미래 상황에 대해 추정하거나 짐작을 해 보는 것이기 때문에 기술예측은 유용한 도구, 공정 그리고 기법에 대한 미래의 특성을 예견하는 것이다.

기술예측에 대한 정의는 크게 세 가지로 구분하여 설명할 수 있다. 첫째, 기술예측은 특정한 논리체계에 따라 기술의 실현시기, 기술특성 또는 기술모수(technological parameter)의 변화 속도에 대해 정량적으로 평가하는 활동을 말한다. 이러한 기술예측은 미래에 관해 보다 합리적인 의사결정을 할 수 있도록 계획수립을 지원하는데 목적이 있다. 둘째, 기술예측의 또 다른 정의는 이에 덧붙여 "지원의 정도에 따라 달성될 수 있는 예측결과가 다르다"라는 내용이 담긴 예측이다. 이러한 정의는 조건부적인 예측으로서 전자와는 중요한 차이가 있다. 전자가 미래가 단순히 "어떻게 될 것이다"(what will be) 에 관한 문제인 반면, 후자는 노력 여하에 따라 미래는 "어떻게 될 수 있다" (what could be) 에 관한 문제인 것이다. 특히 후자는 예측이라기 보다는 계획이라

7 신태영외(기술예측방법론, 1995)의 1장과 2장의 내용을 요약 정리함.

고 일컫을 수도 있다. 대부분의 예측의 궁극적인 목적은 계획수립에 도움을 주는 것이고 계획 또한 도래하지 않은 미래를 대상으로 하는 것이기 때문에 예측과 계획을 명확히 구분하기는 어렵다.

기술 예측의 세 번째 정의는 바람직한 기술적 상황을 강조하는 것으로서 미래가 "어떻게 되어야만 한다"(what should be)에 관한 것이다. 예를 들면, 농경지의 토양오염에 관한 예측은 깨끗한 농촌 환경을 유지하기 위한 조기경보의 성격을 지니게 된다. 최근 미래연구가 급속히 발전함에 따라 기술적 가능성의 예측, 특정한 기술적 가능성에 대한 사회적 니즈의 파악, 연구개발에서 실용화에 이르는 과정의 이론적 실질적 문제, 기술혁신이 가져오는 각종의 사회적 영향 분석과 예측, 계획 등과 같은 영역에 대해 관심이 높아지고 있다. 기술예측은 경제 사회변화의 과정을 예측하고 계획, 제어해 가는데 전략적으로 중요성을 갖는 분야인 것이다.

기술예측이 필요한 이유로서 대체로 다음과 같은 세 가지 점을 들고 있다. 첫째, 최근의 산업동향에 비추어 볼 때 신제품의 발명으로부터 공업화에 이르기까지의 기술의 주기가 짧아지고 있다는 점이다. 더욱이 실용화 이후의 보급 · 확산이 가속화되어 발명→개발→공업화→시장개척→대량보급이라는 주기가 현저하게 짧아지고 있다. 이처럼 기술혁신은 산업구조를 급격히 바꾸고 기업의 경쟁력을 유지시켜주는 신제품의 수명을 단축시키면서 신기술 전망에 대한 요구가 증대하고 있다. 기술을 중심으로 한 무한경쟁 속으로 들어가고 있는 오늘날 변동의 시대에 대한 대응을 위해 예측의 필요성이 증대하고 있는 것이다

둘째, 정보화로 상징되는 미래사회에서 기업의 존재양상은 제품의 효율적인 제조능력과 관리능력에서 기획, 설계, 연구와 같은 정보의 운용능력 중심으로 바뀌게 될 것이다. 이는 기업의 기능이 어떻게(how)에서 무엇(what)으로 이행되고 있음을 의미한다. 이러한 변화 속에서는 기업이 무엇을 할 것인가의 탐색이나 선택을 결정함에 있어서 예측의 역할이 중요하게 된다. 무엇

을 해야 할 것인가라고 하는 의사결정을 위해서는 여러 가지 정보를 수집, 가공, 처리해서 예측하고 기획하며 동시에 새로운 정보를 창조해 나가지 않으면 안된다. 정보화 시대에서 예측 활동의 비중이 높아지는 것은 피할 수 없는 현실이다.

셋째, 기술 후발국이 선진국의 기술수준을 추격하는 과정에서 선진국의 현재 모습을 미래의 자국 상황으로 설정하고 기술개발계획을 세우기 위한 기술예측을 들 수 있다. 선진국의 당시 산업이나 기업이 후발국가의 미래 패턴일 것이라는 가정하에 그를 답습하여 성장해 나가는 과정을 전망하는 것이다. 선진국에 대한 정보를 활용하여 기업에 적합한 합작투자 또는 기술도입 대상을 선택하는 과정에서 이러한 기술예측 전략이 중요하기 때문이다.

기술예측은 미래예측(경제예측, 시장예측, 사회예측 등) 가운데 최근에 와서 관심의 대상이 되고 있는데 미래예측 학문분야 중에서 가장 늦게 출발하여 그 역사가 짧다. 기술예측의 이론적 기원은 Gilfillan(1920)의 논문에서 찾아볼 수 있다. 사회학자로서 기술혁신을 주로 연구하였던 Gilfillan은 과거에 수행된 예측결과, 예측에 활용된 기법, 예측의 정확성 등에 많은 관심을 기울였다. 그는 과거에 이용된 기술예측 방법들을 두 가지로 나누어 유형화 하였다. 하나는 과거의 주기 또는 경향의 연장선상에서 미래의 추세를 예측하는 방법이었다. 다른 하나는 인과관계로서 파악하는 방법인데, 이는 실현가능할 것으로 기대되는 기술혁신을 촉진하거나 저해하는 원인, 목표 등에 착안하여 예측을 시도하는 방법이었다. 오늘날 전자와 후자는 각각 탐구적 기술예측 및 규범적 기술예측이라 불리우는 개념들이다. 기술예측기법에 가장 커다란 영향을 미친 것은 Operations Research(OR)와 시스템분석기법이었다. OR은 2차 세계대전 중 영국과 미국에서 개발되었고 시스템분석기법은 1948년 Rand사에 의해 개발되었다.

정부 차원에서 최초의 기술예측은 사회학자인 Ogburn(1937)에 의해서 수행되었다. 미국 내무성의 지원 하에 Ogburn은 1937년에 Technological Trends and National Policy라는 보고서를 제출하였다. 동 보고서는 발명이나 기술진보에 대한 다른 학자들의 문헌고찰과 광물, 수송, 항공, 농업 등에 대한 기술전문가들의 의견을 수록하였다. 주요 목적은 특히 실업이나 기술훈련 등의 사회적 영향을 평가할 수 있도록 정부가 기술변화의 예측에 대한 공식적인 노력을 펼 것을 촉구하는데 있었다.

기술예측에 대한 체계적인 시도는 1944년 미공군에 의해서 처음 이루어졌으며 1960년에는 미육군 연구개발부에서 각 군사기술분야에 대한 장기 기술예측에 대한 공식적인 프로그램을 출발시켰다. 이들 프로그램은 개연적인 기술예측 (what will be) 방법보다는 조건부적인 기술예측 (what could be) 방법을 사용하였고, 그렇게 함으로써 군사 기획팀에게 어떠한 행동계획을 선택해야하는가에 대한 지침을 제시하였던 것이다. 이처럼 정부부문의 기술예측은 주로 미국의 국방부문에서 수행되었고 발전되었다.

1960년대에 들어와 기술예측 방법론이 더욱 개발되면서 여타 국가의 정부부문에서도 기술예측이 수행되었는데 대표적인 것이 일본이다. 일본의 과학기술청에서는 델파이(Delphi) 방법을 이용한 장기 기술예측 결과를 1971년에 발표한 이후 5년마다 정기적으로 과학기술예측조사를 수행하고 있다. 1990년대에 들어서면서 한국을 비롯 독일, 프랑스 등의 국가에서도 이와 유사한 기술예측 활동을 펴고 있다. 정부 차원의 기술예측 활동을 살펴보면, 정부가 기술력의 향상을 위해 기술의 발전 방향을 탐색하여 발표함으로써 민간산업부문이 합리적인 기술개발계획을 수립하는데 도움을 주고 있다. 정부 차원의 기술예측 활동 결과는 기업, 연구개발 수행기관 등 일반 국민에게 제공되면서 각 연구개발 수행주체는 이를 바탕으로 기술기회를 탐색하고 기술계획을 세워나가고 있다.

민간부문의 기술예측은 대학과 기업 또는 비정부기관 등에서 주로 수행하고 있다. 대학에서 기술예측을 가르친 것은 1961년 하버드 대학교가 처음이었다. 당시 하버드 대학교는 경영환경의 한 요소로서 기술이 중요하게 부상하는 것을 인식하고 기업경영에서 기술에 관한 불확실성문제를 다루기 위해 기술예측을 정규과정에 신설하였다. 기술예측의 학문적 기초는 1967년에 발간된 OECD의 컨설턴트로 일하던 Jantsch (1967)의 Technological Forecasting in Perspective 라는 보고서에 의해 세워졌다고 말할 수 있다. Jantsch는 수많은 문헌조사와 전문가들과의 인터뷰 등으로 100여개의 기술예측 기법들을 정리하고 분류하였으며 기술예측의 기본개념을 정립하였다. 같은 해 기술예측 방법론을 향상시키기 위한 국제회의가 열렸고 그 내용은 Technological Forecasting for Industry and Government: Methods and Applications 라는 단행본으로 출판되었다. 그 후 기업들의 기술예측의 중요성에 대한 인식이 제고되면서 선진국에서는 기업차원의 기술예측도 활발하게 수행되고 있다.

2. 기술예측의 방법론

2.1 기술예측의 구성요소

Jantsch는 3차원의 기술이전공간이라는 개념을 개발하고 이를 토대로 기술예측의 개념을 정립하였다. 3차원 공간에서 설명되고 있는 기술이전, 기술진보 그리고 기술예측에 대한 Jantsch의 제안은 다른 여러 개념보다 포괄적이며 광범위하게 이들 문제를 다루고 있다. 그는 먼저 기술진보의 과정을 수직적으로 계층화하면서 기술이전단계를 개발단계인 과학적 자원(I)→ 기술적 자원(II)→ 요소기술(III)→기술적 시스템(IV)과 효과단계인 응용(V)→환경(VI)→사회적 시스템(VII)→사회(VIII)로 구분하였다.(표 3-2)

표 3-2 기술이전의 8단계

기술이전단계				예시
기술진보방향	↑	효과단계	Ⅷ 사회	Ⅷ 사회 공동체의 건강증진
			Ⅶ 사회적 시스템	Ⅶ 병원, 종자산업, 식품분야
			Ⅵ 환경	Ⅵ 의료, 농업, 제약 산업
			Ⅴ 응용	Ⅴ 줄기세포 치료시스템
	↑	개발단계	Ⅳ 기술적시스템	Ⅳ 신체 조직의 치료시스템
			Ⅲ 요소기술	Ⅲ DNA 유전체 해독시스템
			Ⅱ 기술적자원	Ⅱ 생명체 조작 관리 기술
			Ⅰ 과학적자원	Ⅰ 생명현상에 대한 과학적 지식

자료: Jantsch(1967)

이 경우 기술진보의 방향은 계층 간의 이동을 나타내는 수직적인 방향과 동일 단계 내에서의 수평적인 방향으로 나타낼 수 있다. 이러한 정의는 기술이전이 단순히 수직방향만으로 일어나는것이 아니고 수평방향의 기술이전도 마찬가지로 일어날 수 있다는 것을 의미한다. 실제로 기술이전은 매우 복잡한 형태로 일어나기 때문에 기술이전공간의 개념에는 계층적 이행을 의미하는 수직방향과 동일 단계 내의 이전을 나타내는 수평방향의 조합에 의해 표현될 수 있다. 여기에서 Jantsch는 기술진보의 진행과정을 기술이전공간이란 3차원 도형으로 파악하고자 하였다.

Jantsch는 2차원적 기술진보라는 수직적 방향의 8단계를 기술이전공간이라는 3차원의 공간으로 일반화시키고 윗부분이 열린 나팔형 3차원 공간을 열린 사회에 대한 기술이전공간(개방형 기술이전공간)이라 하고 구형공간을 닫힌 사회에 대한 기술이전공간(폐쇄형 기술이전공간)이라 하였다. 개방형 기술이전공간은 기술개발의 결과가 사회적 수요를 충족할 가능성이 무한히 열려 있는 것을 의미하는데 반해 폐쇄형 기술이전공간은 기술개발의 결과가 특정한 사회적 니즈만을 충족시키는 것을 의미한다. 따라서 기술개발의 현실은 이 두 가지 양극단의 중간을 나타내는 것으로 파악된다. 현실적으로 기술개발의 결과가 사회적 니즈를 무한히 채운다는 것이 불가능한 것처럼 특정의 사회적 니즈만을 위해 개발된 기술이라 하더라도 그것만으로 그치는 경우는 결코 없기 때문이다.

이러한 두 가지 기술이전공간은 기술진보나 기술예측 문제를 다루는데 매우 유용한 개념을 제공해주고 있다. 개방형 기술이전공간에서는 발명이나 발견이 어떤 요인과도 상호작용하여 통제되지 않는 효과를 만들어 낸다. 반면에 폐쇄형 기술이전공간에서는 기술혁신이 부진한 사회적 구조를 나타낸다. 각기 다른 모습의 두 공간의 차이는 높은 단계로 올라갈수록 커진다. 이론적으로 기술혁신은 기술적 시스템 단계 (단계 IV)에서 그 목적이 달성되었다고 말할 수 있을 것이다. 이는 한 나라 경제의 고유한 특성에 의해 발명이 한정된 제품생산 또는 응용에 국한됨으로써 무한한 가능성이 있음에도 불구하고 기술진보가 이 단계에서 정체될 수 있다는 것을 의미한다. 그러나 오늘날에는 기술진보의 사회적 시스템(단계VII)이나 사회(단계 VIII) 차원에서 기술혁신의 파급효과를 극대화하는 것이 매우 중요한 관심사가 되고 있다.

기술이전을 2차원의 평면차원에서 3차원의 기술이전공간으로 개념을 확대하였을 때, 기술이전공간은 기술예측이란 관점에서 고려하게 되는 모든 형태의 기술이전을 포함할 수 있다. 이 경우 기술예측이란 3차원 기술 이전공간에서의 기술이전의 형태와 방향에 초점을 맞추고 있으며, 기술예측에 의해 같은 효과를 갖는 여러 대안 중에 어느 것이 선호되는지를 파악할 수 있을 때 기술예측의 중요성이 인정되는 것이다. 예를 들면, 신품종 농산물의 시장 판매를 통하여 기존 기술의 확산 효과를 얻어내는 것보다 핵심 종자개발기술의 라이센스를 판매하는 것이 더욱 유리할 수도 있을 것이다.

기술예측으로 해결하고자 하는 기본적인 문제는 기술이전공간 개념에 따라 다음 네 가지로 구분해 볼 수 있다. 첫째, 기술이전공간의 2점간에 기술진보가 일어나는 데 걸리는 시간, 둘째, 2점간을 이동하는 데 필요한 노력, 셋째, 2점간의 이동 후 최종점에서의 효과, 넷째, 기술이전에 있어서 최적의 시작점의 선택이 그것이다. 위에서 세 번째까지는 일반적으로 탐구적 기술예측의 주안점이며. 네 번째는 규범적 기술예측의 주안점이 된다.

기술이전은 단순히 선형적 개념으로서 설명될 수 없으며 기능적 시스템을 형성하는데는 여러 과학적, 기술적 자원과 요소기술들이 필요하다. 성공적인 상품화는 기술적 가능성과 시장요인의 특별한 결합을 통해서 가능해진다. 혁신단계 내에서의 수평적 기술이전은 기존 기술의 확산 즉, 협의의 기술이전을 의미하며 이것 또한 기술예측 범주에 넣을 수 있다. 협의의 기술예측은 기술이전공간에서 혁신단계 간의 수직적 기술이전을 주 대상으로 하는 반면, 광의의 기술예측은 기술 이전공간 내의 임의의 한 점에서 다른 점으로 기술이 이전되어 가는 경로를 예측하는 것이다. 이처럼 3차원 기술이전공간은 기술예측을 설명하는데 매우 유용한 개념이며 이는 얼마든지 변형이 가능하고 더욱 발전된 기술예측 개념도 수용할 수 있는 것이다.

기술예측의 과정은 활용 가능한 자료를 이용하여, 특정한 논리체계를 바탕으로 한 기법에 따라 기술계획 및 전략수립에 필요한 정보를 창출하는 일련의 활동이다. 이러한 일련의 활동과정을 도식화 해 보면 그림 3-10과 같다. 다른 예측활동과 마찬가지로 기술예측도 정확한 투입자료를 이용해야만 정확한 예측결과를 얻을 수 있다. 기술예측 과정의 투입단계에서 요소는 기존의 자료, 현재에 대한 지식 및 인간의 지적 능력(논리적 사고과정, 직관 및 판단) 등 세 가지로 나누어 볼 수 있다. 자료의 수집과 정보의 탐색은 기술예측 활동 시작단계에서 가장 힘든 작업이다. 부적합하게 수집된 자료는 이에 근거한 예측의 정확성에 부정적인 영향을 미친다. 이 점이 예측 수행시 당면하게 되는 문제이며 기술예측의 본질적인 약점으로 나타난다.

그렇지만 의사결정에 관한 기초자료 생산이라는 기술예측의 목적을 간과해서는 안된다. 대개 장기적인 사안에 대한 의사결정은 다음과 같은 근본적인 질문에 대한 해답을 찾기를 원한다. 이 신기술에 투자를 할 것인가, 아닌가? 기술예측의 정당성은 지적 능력을 활용해서 최적의 활용가능한 자료를 체계적으로 분석함으로써 순전히 판단이나 직관에만 의존하는 것보다 나은 의사결정을 하도록 보조적 역할을 하는데 있다. 더욱이 기술예측에 대한 경험이 쌓이면서 적합한 자료가 축적되면 자료의 질은 더욱 보강될 것이다.

그림 3-10 기술예측과정과 요소

투입요소의 하나인 여러 가지 가정들은 실제의 분석을 통해 이미 정해진 것으로 받아들여질 수 있는 가능성이 높은 예측치이다. 이러한 자료와 가정들은 예측체계 안에서 정리되고 분석될 투입요소에 지나지 않는다. 예측결과의 유용성을 결정하는 것은 투입자료의 질과 예측작업에 쏟는 지적 능력의 수준이라 할 수 있다. 투입요소는 다음 단계엔 기술예측 기법에 의해서 요구되는 형태의 정보로 가공된다. 이러한 기법은 탐구형, 규범형, 혼합형으로 나누어 볼 수 있다.

기술예측 결과는 4가지의 요소에 대한 정보를 담고 있어야한다. 4가지 요소란 예측대상기술, 기술특성, 예측시기 및 실현 확률 등이다(Martino, 1993). 예측대상기술이란 예측을 수행하게 될 기술 현상으로서 예측가의 직관과 기술에 대한 종합적 판단능력이 중요한 역할을 하는 영역이다. 예를 들어 앞으로 광통신기술이 보편화된다고 전망할 때 동축케이블과 같은 성숙기술에 대한 심층 연구는 필요 없게 될 것이다. 이 경우 동축케이블 기술전문가는 광통신기술의 발전을 주시해야 할 뿐만 아니라 광통신기술이 그의 회사에 미치는 영향을 평가할 수 있어야 한다. 이것이 발전적인 연구개발 정책을 수립하는 기초가 된다.

여기서 기술접근방식(technical approach) 이란 개념을 도입하는 것이 필요하다. 기술접근방식은 특정한 기능을 수행하거나 문제를 해결하는 특정한 기술수단을 말한다. 예를 들면, 비행기 추진기술에는 피스톤 엔진과 제트엔진이라는 두 가지 기술접근방식이 있으며 동 기술 접근방식은 보다 세분화 될 수 있다. 제트엔진은 터보제트(turbo jet)와 터보팬(turbo fan) 으로 세분된다. 예측가는 예측의 목적을 고려해서 제트엔진을 단일 기술접근방식으로 다룰 것인지 아니면 터보제트와 터보팬을 비행기 추진기능에 대한 각각의 대안적인 기술접근방식으로 다룰 것인지 검토하게 된다. 즉 단일 기술접근방식을 다룰 때 동 기술접근방식이 다른 기술접근방식과 어떻게 구분되는지를 명확히 해야 하며, 대안적 기술접근방식을 다룰 때는 같은 기능을 수행하는 다른 기술과 어떻게 다른지 명확히 해야 한다.

둘째, 예측대상기술이 확정되면 기술의 특성을 측정하는 것이 필요하다. 기술은 특정한 기능을 수행하기 위해 개발되기 때문에 기술의 특성은 기능적 성능(functional capability)으로 주어진다. 기능적 성능은 그러한 기능을 수행하는 성능에 대한 정량적인 정보를 말한다. 예측관련 자료를 수집할 때 기능적 성능을 나타내는 적절한 기술모수(technical parameter)와 기능모수(functional parameter)의 선택이 매우 중요하다. 이 모수에 대해서는 과거자료를 바탕으로 외삽법을 이용하여 예측한다.

셋째, 정량화와 시간정보가 없는 예측은 활용 가치가 없다. 기술의 궁극적 발전단계를 예측하는 것은 비교적 쉽다. 그러나 이러한 최종단계에 도달하기까지의 경로를 예측하는 것은 훨씬 어렵다. 많은 기술경제분석은 이 중요한 요소를 빠뜨리고 있다. 시간에 대한 정보가 없으면 연구개발계획은 아무런 가치가 없으며 예측 시기는 특정시점(timc point) 또는 시구간(time period)이

될 수 있으므로 이를 명확히 구분해서 사용해야 한다.

넷째, 예측은 미래에 관한 것이기 때문에 예측결과는 불확실하다. 따라서 확률적 평가로 나타낼 필요가 있다. 그러나 예측은 가능하지만 예측시기의 확률적 평가가 불가능한 기술상황이 있을 수 있다는 점에 유의하여야 한다. 예를 들어 핵발전 사고의 가능성은 예측될 수 있으나 사고가 정확히 언제 일어날 지에 대한 현실적인 예측은 불가능하다. 그럼에도 불구하고 그로 인한 효과에 대한 평가는 미리 내릴 수 있으며 이는 예측과정의 일부를 이룬다.

이러한 4가지 구성요소를 모두 포함하지 않은 예측은 의사결정을 위한 적절한 기초자료가 될 수 없다. 가상적인 예를 들면, "우리나라는 2000년대에 식물공장을 완성하여 많은 일반 농가들에게 식물공장시설자재를 보급설치할 것이다"와 같은 예측결과는 유용한 정보로서 활용할 가치가 적으나, "2025년까지 식물공장 건립기술을 완성하여 일반 농가들의 20% 에 이르기 까지 식물공장을 설립하며 이의 실현 확률은 80% 이다"와 같은 예측결과는 4가지 요소를 모두 포함함과 동시에 유용한 정보를 제공해 줄 수 있다. 가장 바람직한 기술예측 결과는 위에서 언급한 네가지 요소에 대한 정보를 담고 있어야 한다 그러나 모든 기술예측기법이 네가지 정보를 모두 담아내는 것은 아니다.

2.2 기술예측기법의 분류

비교적 과학적인 기술예측기법이 사용되기 시작한 것은 1950년대였다. 1960년대에는 보다 조직적인 기술예측 기법들이 도입되었고 대학에서 정규강좌로 자리 잡기 시작하였다. 1950-60년대에 주로 이용되었던 기술예측 기법은 추세선, 브레인 스토밍 그리고 고전적인 형태의 시나리오 기법 등이다. 형태학적 기법도 사용되었으나 당시에는 폭 넓은 관심을 끌지는 못하였다.

Jantsch는 100여 개의 기술예측기법 또는 기술예측과 관련된 기법들을 재정리하였는데 앞에서 논의한 기술이전공간 개념의 틀 속에서 직관적 기법, 탐구적 기법, 규범적 기법 및 환류형 기법으로 분류하였다(Jantsch, 1967). 기술이전공간에서 예측기법의 특정을 분류해보면, 탐구적 기술예측기법은 기술진보가 스스로 움직이는 방향으로 의태분석(simulation analysis)을 하는 것이고 어떠한 기술이 출현하여 발전해나가는 가를 예측하는 기법이다. 반면에 규범적 기술예측기법은 그와 반대의 방향으로 기술이전을 검토하는 것으로 미래의 목표로부터 도출한 필요기술의 발전동향을 예측하는 기법이다. 다시 말하면 탐구형은 현재에서 미래로, 규범형은 미래에서 현재로 기술이전(진보) 문제를 다루고 예측하는 것이다. 이러한 것은 연구개발 전략의 접근방식과 일치한다고 볼 수 있으며 Jantsch를 비롯한 여러 기술예측 연구에서 주장되고 있듯이 실제 적용에 있어서 탐구형과 규범형을 혼하여 복수의 예측기법을 사용할 것을 권장하고 있다.

규범적인 기술예측의 기법에는 연관나무(relevance trees), 형태학(morphology) 그리고 임무흐름도(mission-flow diagram)가 주요 기법으로 꼽히고 있다(표 3-3). 연관나무는 기술예측과 계획의 측면을 동시에 포함하고 있는 기법이다. 이 기법은 연구계획 수립가가 먼저 조직의 목표를 분석해야 한다는 점을 강조하고 있다. 그리고 조직의 목표체계는 하부구조를 이루는 임무와 연구활동을 나무가지 형태로 도식화해 나가는 계층별 단계로 구성되어 있다. 하부구조의 각 활동을 도식화하여 상호 연계시킴으로써 전체 활동의 구조와 조직의 최종 목표달성이라는 관점에서 개별 연구 활동의 영향과 기여도를 검토하고 평가할 수 있다.

다시 말하면 연관나무는 기대결과로 부터 파생되는 기술과 여러 단계의 소전들이 복잡하게 구성된 문제를 명확하게 밝히는 방법이다. 연관나무의 정량화는 실질적으로 적합한 측정치를 제시할 수 있는 잘 구성된 문제에만 적합하다. 경제적 환경적 그리고 사회적인 측면에서 기술과제를 평가하는 경우에는 정량화가 반드시 적합한 것은 아니다.

형태학적 기법은 신제품이나 신공정을 예측할 때 주로 이용되는 형태학 기법은 예측 기법중에서 가장 조직적이라 할 수 있다. 형태학 기법을 맨 처음 도입한 Zwicky는 이 기법이 주어진 문제에 대한 모든 가능한 해법을 제시하기 위해 고안된 것이라고 하였다(Jantsch 1967). 이 방법의 활용 절차 예를 설명하면 다음과 같다. 첫째, 해결해야 할 문제를 명확하게 정의한다. 추진체, 망원경, 펌프, 통신, 감시 장치 등에 대한 특성을 형태학 기법으로 풀이해보면, 모든 가능한 장치나 방법 그리고 시스템에 대한 검토를 가능케 해준다. 여기에서 가장 어려운 것은 새로운 접근방식을 파악하는 것이 아니라 문제의 정의를 정확하게 내리는 것이다. 예를 들면, 펌프나 망원경 또는 인젝터(injector) 같이 잘 알려진 기계일지라도 정확하게 정의를 한다는 것이 사실은 쉽지 않다. 만약 문제가 잘 정의되고 구체적으로 서술되면 그 자체가 해결되어야할 중요한 기술모수를 드러내고 있는 경우가 많다. 망원경을 예로 들어보면, 기술모수로는 망원경의 위치, 렌즈의 구경, 기록장치, 빛을 기록으로 변

표 3-3 규범적 기법

예측기법	개념 및 방법	응용
연관나무 Relevance Trees	기술목적을 순차적으로 나열하고 목적달성이 가능한 수단을 찾아 세부 기술과제를 확정하여 연구팀의 임무와 목표가 전체 기술계획에 부합되도록하고 이를 정량적으로 평가함.	전략적 연구개발 기획과 연구개발 프로그램 평가에 흔히 이용
형태학적 기법 Morphology	기술적 변수와 여러 대안으로 구성된 행렬표를 작성하여 기술적으로 가능한 조합을 도출	단순한 기술시스템 제품 및 공장의 도출에 자주 이용되는 등 활용범위가 비교적 큼
임무흐름도 Mission-Flow Diagram	임무수행에 있어서 여러 대안을 도식화 하여 상호 비교함.	군사목적을 위해 최초로 사용함.

자료: 신태영외(기술예측방법론, 1995)

환하는 장치, 망원경의 작동 등을 들 수 있다. 따라서 이 모수들을 새롭게 조합하면 현재 망원경의 성능을 개선시킬 해결책을 찾아낼 수 있게 된다.

임무흐름도 기법은 원래 군사적 임무를 분석하기 위한 수단으로 고안되었는데, 임무수행의 연속적 경로의 대안을 찾아 검토하는 방법이다. 이것은 임무 완성이 가능한 모든 대안들을 순차적으로 mapping하여 분석하는 기법인데 각 흐름(route)의 임무와 비용분석이 정확히 이루어져야 한다. 애로요인 분석과 비용분석을 한 후 기술적 달성 목표를 규범적으로 도출한다. 임무 흐름도의 장점은 이용자가 문제점을 제대로 파악하고 이 문제점을 극복하는데 필요한 기술을 도출하는 데 있다. 이에는 신기술이나 아직 출현하지 않은 기술도 포함시킬 수 있다.

탐구적 기술예측 기법은 크게 직관적 기법과 계량기법으로 나누어 볼 수 있는데 직관적 기법에는 브레인 스토밍, 델파이, 유추, 격차분석, 모니터링 등이 있으며, 통계적 기법으로는 성장곡선, 대체곡선, 상관분석, 인과관계, 기술계량분석 등 많은 기법들이 있다(표 3-4).

탐구적기술 예측기법은 앞으로 어떠한 성능 및 속성을 갖는 기술이 언제쯤 출현할지, 기술의 진전속도는 어느 정도일지 등, 현재까지의 기술발전 상황을 토대로 앞으로의 기술혁신의 추세를 예측하여 그 발전 동향으로 부터 기술개발 목표를 설정해 가고자 하는 것이며 주된 기법으로는 추세선이 있다. 즉 탐구적 기술예측은 앞으로 어떻게 되는가를 전망하고자 하는 것이다.

표 3-4 탐구적 기법

예측기법	개념 및 방법	응용
브레인 스토밍 Brainstorming	특정한 문제 해결을 위해 창조적인 아이디어를 동시에 모색하는 방법 새로운 아이디어 창출을 위해 구성원들간에 상호 의견을 교환	기술 및 기업경영 분야에 광범위하게 응용
델파이 Delphi	전문가 패널을 구성하여 설문조사를 반복적으로 실시하여 의견수렴을 유도 중장기 예측에 유리하고 시계열 자료가 없을 경우나 광범위한 기술분야 예측에 적절함.	Rand사에 의해 개발되었으며 국가 차원의 기술예측에 많이 이용되고 있음.
유추 Analogy	유사한 속성을 지닌 타분야의 기술발전 경로를 분석하여 새로운 기술예측을 함.	가정용 난방에 이용되는 태양전지의 예측, 복합소재
격차분석 Gap Analysis	기술격차를 이용 내삽법(Interpolation)	Audi의 5실린더 엔진
모니터링 Monitoring	기술환경에 관련된 자료수집의 분석으로 기술예측	광범위하게 응용됨
성장곡선 Growth Cureves	기술진보를 S곡선 형태로 단순화하여 과거 시계열자료를 이용 곡선의 파라메터를 추정하여 예측함.	거의 모든 기술에 적용할 수 있음.
대체곡선 Substitution Curves	신기술이 구기술을 대체하는 속도를 과거 통계를 이용하여 예측	천연수지→합성수지 범선→증기선
상관관계 Correlation Analysis	이론적으로 인과관계가 설명되지 않은 변수 간의 상관관계를 분석하여 예측	전투기와 민간가의 속도
인과관계 Causal Model	기술혁신 결정요인으로 하나의 시스템을 설정하여 예측함.	프로펠러 비행기 속도

기술계량분석 Technometrics	기술성능에 대한 일련의 모수를 종합하여 복합적인 계량지표를 산출	전투기 성능

자료: 신태영외(기술예측방법론, 1995)

복합모형에는 교차영향분석과 시나리오가 대표적인 기법들이다(표 3-5). Gordon & Haywood(1968)는 델파이법을 한층 발전시킨 형태로서 교차영향(cross impact) 분석기법을 제시하였다 전통적으로 델파이 예측방법에 참여한 전문가들은 한정된 미래 기간 동안 어떤 사건의 실현 확률과 실현시기를 예측하는데 있어 자신의 주관적인 판단을 이용하여 예측한다. 그러나 델파이 참여 전문가들은 미래에 발생 가능한 사건의 예측에 영향을 미칠 수 있는 여러 가지 요인들을 분류하고 평가한다. 즉, 전문가들은 어떤 사건을 예측하는데 있어 그 사건에 영향을 미칠 수 있는 여러 가지 요인들을 상상하여 대조시킴으로써 그들의 주관적인 판단을 내리는데 활용한다. 예를 들면 사건의 주변 환경, 사건에 영향을 미칠 수 있는 기타 주변의 동향에 대한 정보, 유사한 사건이 과거에 발생했었을 때의 자신의 경험 등의 요인들을 고려하여 판단한다.

실제로 특정 기술의 실현시기를 예측함에 있어서 이 기술과 관련있는 몇몇 요인들이 선행적으로 실현되는 것을 가정하기 마련이다. 교차영향분석기법은 한 마디로 예측대상이 상호 연관되어 있고 따라서 예측결과도 상호 연관되어 있는 점을 감안하고 있다. 예를 들면, 예측대상 사건이 사건1의 실현 후에 실현이 가능하다고 하면 사건1은 대상 사건에 대해 교차영향을 가진다고 말한다. 이 교차영향은 대상사건의 실현시기나 실현확률 등에 포함되어 있다

시나리오 기법의 목적은 미래의 종합적인 모습을 제시하기 위하여 여러 가지 변수에 관한 동향과 사건들 간의 상호작용을 분석하고 제시하며, 일련의 예측자료의 일관성 및 체계성을 검토하여 해당분야의 비전문가가 바로 이해

할 수 있게 미래의 상황을 묘사하는데 있다. 시나리오는 의사결정을 위한 자료로서 미래의 종합적인 모습을 제공하는 데 매우 효과적이다. 또한 대안을 규명하고 대안 간의 선택을 명확하게 해 줄 뿐만 아니라 기술변화의 환경을 묘사해준다. 특히 시나리오는 기술이 환경에 또는 환경이 기술에 미치는 효과를 탐색하는 데 흔히 사용된다.

폭넓은 시나리오의 구성에 의하여 우호적이건 비우호적이건 간에 다양한 환경을 묘사함으로써 기술전략을 검증하는 데 사용된다. 대부분의 기업은 미래에 대해 한 가지 가정만을 토대로 한 계획수립 보다는 미래 상황에 대한 포괄적 접근에 기초한 계획 수립을 선호하기 마련이다. 의사결정자는 어느 때나 여러 가지 가능성을 갖는 미래에 직면하게 된다. 이 중 개연성이 가장 높은 미래에 대해 계획을 세워야 한다. 그러나 어느 것이 가장 개연성이 높은가 또한 가능성은 낮지만 잠재적 영향이 매우 큰 사건에 대해서는 어떻게 다루어야 하는가 등에 대해 관심을 갖게 된다. 이러한 측면에서 시나리오 기법의 장점은 보다 유연성 있는 계획의 수립을 가능케 하고, 조직 내의 각 부서들 사이의 정보와 행위의 교환을 촉진시키며, 상상력의 개발을 통해 미래에 대처하는 능력을 제고시킨다는 데에 있다.

표 3-5 복합 모형

예측기법	개념 및 방법	응용
교차영향분석 Cross Impact Analysis	델파이법의 발전된 형태 예측대상 기술에 대해 상호 영향을 미치는 요인을 분석	거의 모든 기술에 대해 적용할 수 있음.
시나리오 Scenarios	미래의 가상적 상황에 대한 주관적 묘사 타예측기법(예:형태학적 기법)을 바탕으로 여러 시나리오를 구성하고 평가할수 있음. D/B를 바탕으로 기업 목적함수와 제약변수를 고려하여 시나리오를 작성, 선택, 발전시킨다음 시사점을 분석하고 계획수립에 반영함.	에너지 위기관리 계획수립에 적용

자료:신태영외(기술예측방법론, 1995)

참고 문헌

권원기(1990), 기술혁신의 경제학, 겸지사.

김승환(2009), 과학기술 정책의 전문성을 강화하기 위한 인력 양성 방안, 과학기술부.

김정홍(2011), 기술혁신의 경제학, 시그마프레스.

박우희(2001), 기술경제학개론, 서울대학교출판부.

백철우, 최대승(2006), 주요 선진국의 혁신정책분석 및 기술혁신의 경제성장효과 관련 정책이슈 발굴, 연구보고 2006-09, 한국과학기술기획평가원.

신태영외(1995) 기술예측방법론, 연구보고 95-29 과학기술정책관리연구소(STEPI).

이공래(2000), 기술혁신이론개관, 연구보고 2000-01, 과학기술정책연구원(STEPI).

이근(2004), 과학기술의 새로운 패러다임과 경제, 04-32, 정보통신정책연구원.

이근(2005), 기술경제학의 다양한 접근을 종합한 기술추격론의 재구성, 정책자료 2005-17, 과학기술정책연구원(STEPI).

이원영(2008), 기술혁신의 경제학, 생능출판사.

이장재, 현병환, 최영훈(2011), 과학기술정책론: 현상과 이론, 경문사.

이정재(2014), 과학기술예측조사 결과의 활용도 제고방안, 한국과학기술기획평가원(KISTEP).

임현(2009), 미래예측방법론, 한국과학기술 기획평가원(KISTEP), 미래기획위원회.

정근모 · 이공래 (1996), 중간진입전략, 과학기술처.

조병선외(2009) 미래기술 예측방법 프로세스, 기획보고서 09-11, 전자통신연구원(ETRI).

한국과학기술기획평가원(KISTEP) 기술예측센터(2008), UNIDO 기술예측 매뉴얼.

한국보건산업진흥원 R&D 진흥본부(2013), 미래기술예측 방법론 매뉴얼.

홍순기(1999), 기술예측 이론과 응용, 한국기술혁신학회 1999년 춘계학술대회, PP. 485-524.

Antonelli, Cristiano(2003), The Economics of Innovation, New Technologies and Structural Change, Routledge, London and New York.

Argyris,C(1977), Double-Loop, Learning in Organization, Harvard Business Review, Sep.-Oct. pp.115~125.

Arrow, K. J. (1974) 'Economic Welfare and the Allocation of Resources for Invention', in Arrow, K. J. Essays in the Theory of Risk Bearing, Amsterdam: North Holland.

Bright. J.R.(1968) Technological Forecasting for Industry and Government; Methods and Applications, Prentice Hall.

David, P. (1994), "Why Are Institutions the 'Carriers of History'?: Path Dependence.

and the Evolution of Conventions, Organizations and Institutions", Structural Change and Economic Dynamics, vol. 5, no. 2.

Davies,S.(1979). The Diffusion of Process Innovations, Cambridge University Press.

Denison, Edward F(1962). The Sources of Economic Growth in The United States and the Alternatives Before Us. New York: Committee for Economic Development.

Dosi. G(1981), Structural Adjustment and Public Policy under Conditions of Rapid Technical Change: the semi-conductor industry in Westerm Europe(Briton:Unioversity of Sussex European Research Center).

Dosi, G. et al. (1988), Technological Change and Economic Theory, London: Pinter Publishers.

Enos J.L and Woohee Park(1988), The Adoption and Diffusion of Imported Technology, The Case of Korea, London: Croom Helm.

Fransman, M. (ed.) (1986), Machinery and Economic Development, London: Francis Pinter.

Freeman C(1982). The Economics of Industrial Innovation, London: Francis Printer.

George M. Korres and Stylianos Drakopoulos(2009), Economics of Innovation: A Review in Theory and Models, European Research Studies Vol.XII Issue(3).

Gibbons, M. and Johnson, R. (1974), "The Role of Science in Technological Innovation, Research Policy, no. 3.

Gilfillan. S.C.(1920) THE Coldward Course of Progress, Political Science Quarterly, september. pp.343-410.

Gordon T.& H. Haywood(1968). Initial Experiments with the Cross Impact Matrix Method of Forecasting, Futures.

Granstrand, O(1999), The Economics and Management of Intellectual Property Towards Intellectual Capitalism, Edward Elgar Publishing Ltd.

Hall, B.H and Kramarz, F.(1998), Effects of Technology and Innovation on Firm Performance, Employment and Wages in Economics of Innovation and New Technology Volume 6,

Huber, G(1991), Organizational Learning: The Contributing Processes and the Literature,

Organization Science Vol 2. pp.88~115.

Jantsch , E.(1967) Technolocical Forecasting in Persnective, Paris: OECD.

Jacob Schmookler(1966). Invention and Economic Growth, Harvard University Press.

Johnson, S. D. (1992). A framework for technology education curricula which emphasizes intellectual processes. Journal of Technology Education, 3(2), 29-40.

Johnson, B. (1992), "Institutional Learning", in Lundvall(ed.) National System of Innovation -Toward a Theory of Innovation and Interactive Learning, London: Pinter Publishers.

Jinjoo Lee, Zong-Tae Bae and Dong-Kyu Choi(1988), Technology Development Process: A Model fo Developing country with A Global Perspective, R&D Management vol.18, no3. pp.235-250.

KongRae Lee and JoongHae Suh(1998), Technology Gap Approach to Dynamic Change in World Machine Tool Markets: A Panel Data Analysis, Economics of Innovation and New Technology, Vol 7, pp.203~220.

Korres. George,M and Drakopoulos, Stylianos(2009), Economics of Innovation: A Review in Theory and Models, European Research Studies. Volume XII, issue(3).

Levinthal, D.(1991), "Organizational Adaptation and Environmental Selection Interrelated Processes of Change", Organization Science, vol. 2, pp.140-145.

Mansfield, E.(1968). The Economics of Technological Change. W.W. Norton & Company Inc., New York.

Martino.J.(1993) Technological Forecasting for Decision Making, New York:McGraw-Hill.

Massell B.F(1960), Captial formation and technological change in united states manufacturing, the review of economics and statistics, 42(2), pp. 182-188).

Meindert Flikkema, Paul Jansen and Lidewey Van Der Sluis(2007), Identifying Neo-Schumpeterian Innovation in Service Firms: A Conceptual Esaay With A Novel Classification, Econ. Innov. New Techn Vol. 16(7).

Mensch G.(1979), Stalemate in Technology, New York: Ballinger.

Metcalfe, J.S.(1981) Impulse and Diffusion in the Study of Technical Changr, Future 13. pp.347-59.

Miller, D. (1990), The Icarus Paradox:How Exceptional Bring About Their Own Downfall, New York:Harper Business.

Miller,D,(1993), The Architecture of Simplicity, Academy of Management Review 18(1), pp.

116-138.

Mowery, David, and Nathan Rosenberg(1979). The infl uence of market demand upon innovation: A critical review of some recent empirical studies. Research Policy 8:102 53.

Nathan Rosenberg and Claudio R Frischtak(1983). Long Waves and Economic Growth: A Critical Appraisal, American Economic Review, vol. 73, issue 2, pages 146-51.

Nathan Rosenberg and Claudio R Frischtak(1984), Technological Innovation and Long Waves. Cambridge Journal of Economics.

Nelson, R. and Winter, S. (1977), In Search of A Useful Theory of Innovation, research policy, vol. 6.

OECD(1992), Technology and the Economy-the Key Relationships, Paris: OECD.

Ogburn, W. F.(1937), Technological trends and national policy, including the social implications of new inventions. Report of the subcommittee on technology to the National resources committee. Washington, U.S. Govt.

Rosenberg, N. (1976) 'Karl Marx on the Economic Role of Science', in Perspectiveson Technology, Columbia University Press.

Rosenberg, N. (1976), Perspective on Technology, Cambridge: Cambridge University Press.

Rothwell, R. et al. (1974), SAPPHO Updated: Project SAPPHO Phase Two, Research Policy, vol. 3, no. 3.

Rothwell, R. (1977), The Characteristics of Successful Innovators and Technically.

Progressive Firms, R&D Management, vol. 7, no. 3.

Rothwell, R. and Zegveld, W. (1985), Re-industrialization and Technology, Harlow: Longman.

Sahal R.(1981), Patterns of Technological Innovation, MA: Addison Wealey Publisher.

Solow, R(1957), Technical change and the aggregate production function, the review of economics and statistics, 39, pp.312-320.

Schumpeter, Joseph A. (1976), Capitalism, Socialism and Democracy. New York: Harper and Brothers. 5th ed. London: George Allen and Unwin.

Tushman, M. and Anderson, E. (1986), Technological Discontinuities and Organization Environments", Administrative Science Quarterly, vol. 31, pp. 439-465.

Utterback J. and Abernathy, W.(1975), A Dynamic Model of Process and Product

Innovation, Omega Vol 3.
Vernon R.(1966), International Investment and International Trade in the Product Cycle, Quarterly Journal of Economics 80, pp, 190~207.

농업기술경제의 이해

04

농업기술의 경제이론

04

농업기술의 경제이론

제1절 농업기술의 특수성

1. 농업의 산업적 특수성

농업기술은 작물이나 가축이 자라고 증식하는 생명력을 활용하여 유기물을 생산 가공하는데 필요한 지식을 바탕으로 하기 때문에 2, 3차 산업의 생산방식과는 다르다. 또 농업은 생산에 소요되는 기간이 길고 생산형태가 연속적이고 계속적이어야 하며 작물 또는 가축과 환경과의 관계를 잘 조화시켜야 농작물을 생산할 수 있는 특징을 지니고 있다. 농업이 산업으로 가지고 있는 이러한 물리적, 경제적, 환경적 특성은 다음과 같다

첫째, 자연환경의 지배를 크게 받는 산업이다.

농업은 일반적으로 넓은 토지 위에서 이루어지기 때문에 그 환경을 임의로 조절해주기란 매우 어려우며 환경조절 기술이 발달된 오늘날에 있어서도 이와 같은 환경의 영향은 본질적으로 변함이 없다. 작물이나 가축이 지니고 있는 생리 생태적 특성상 농업기술은 자연환경을 조절하기보다는 자연환경에의 적응을 위주로 하기 때문에 자연환경이 농업기술발전을 제약하는 요인으로 강하게 작용한다.

녹색식물은 뿌리로부터 흡수한 물을 원료로 하는 한편, 엽록소가 태양의 빛에너지를 수용하고 기공(氣孔)을 통하여 들어온 이산화탄소 CO2에 이들 에너지를 결합시켜, 물질에너지를 만드는 광합성을 통하여 물질을 생산한다. 그 생산물은 식물체 내에 저장되고 또한 생명을 유지하고 자라기 위하여 끊임없이 소모하게 된다. 농업은 기본적으로 식물의 광합성능력에 대한 과학지식을 기술적으로 활용하는 산업이다. 공업이 유한자원에 속하는 에너지를 이용하는 기술을 바탕으로 발전하는데 비하여 농업은 무한정한 태양에너지를 직접 이용하므로 이러한 에너지에 대한 지식과 활용기술에 있어서 근본적으로 차이가 있다.

둘째, 공간과 시간의 제약성을 강하게 받는다.

농업은 토지를 생산수단으로 이용하기 때문에 그의 위도, 고도, 지형 및 지세, 토성 등에 따라 적응작물이 다르므로 공간적으로 지역에 따라 다른 농업기술을 적용하여 농산물을 생산하게 된다. 시간적 계절에 따라 작물의 생육과 밀접한 관계가 있는 각종 기상조건이 다르고, 특히 온대지방에서는 4계절이 뚜렷하여 계절에 따라 작물의 생육반응이 다르므로 각각의 환경에 따른 기술의 적용방식을 달리한다.

셋째, 증식률이 높고 비연속적인 생산 활동과 연계되어 있다.

공업생산에서는 기술적으로 투입된 원재료보다 많은 분량의 제품이 생산되는 일이 없으나 농업에서는 한 알의 씨앗이 몇 백~몇 천 개의 낟알을 생산하는 기술적 특성을 가지고 있다. 공업생산에 있어서는 노동력 이용의 양적 및 질적인 연속성이 가능하나 농업생산에서는 생산과정의 시간적 제약성으로 인해 노동력의 질적 연속성이 실현될 수 없기 때문에 노동력의 효율적인 투입을 위한 기술개발이 중요하다. 농업활동은 수확물의 일부가 다시 종자로 쓰일 뿐 아니라 부산물로 또는 조제 가공시에 생기는 찌꺼기는 사료나 두엄으로 쓰여지는 등 생산과정이 순환적이고 전주기적이기 때문에 농업기술의 적용범위가 다양하고 광범위하다.

넷째, 조직적인 작업의 발달이 어렵고 비능률적이다.

고정시설을 이용하여 무기생명체를 대상으로 하는 공업에서는 계절의 구속성이 없고 동질노동을 연중 고정적으로 반복할 수 있어 능률적이나, 농업에 있어서는 넓은 토지에서 유기생명체를 대상으로 하기 때문에 계절적으로 이질적인 발육을 하여 노동시간이 계절적으로 분화되고 동시에 이루어질 수 없기 때문에 노동능률이 떨어진다. 농업노동도 계절에 따라 농작물의 종류에 따라 다른 농업기술을 적용하여야 하므로 농업기술의 종류가 많아지고 이용기간도 매우 제한적이며 이종 기술간의 연계도 어려워 공업기술에 비하여 기술의 활용도가 비효율적인 경우가 많다.

농업생산체계는 개개의 노동과정이 복합적으로 결합되어 있어 가장 좋은 결합방식을 추구하는 노동활동의 조직화가 매우 중요하다. 그런데 농작업에 있어서는 계절적으로 이질적인 다양성 때문에 농업노동의 조직적 분업이 발달하기 어려워 노동능률이 낮을 뿐만 아니라 시장상황이나 경제정세의 변동에 따른 생산조절도 곤란하여 농업기술의 경제성은 일반적으로 낮다.

다섯째, 동일 기술조건에서도 생산성과 경영성과의 차이가 있다.

공업과는 달리 같은 면적의 토지에 동일한 농업기술을 적용하여도 농산물의 생산성에 차이가 있으며 이것이 농업기술의 보급에 큰 영향을 끼친다. 농업은 수확체감의 법칙이 작용하기 때문에 농업기술을 생산 활동에 적용하는 과정에서 어느 일정 수준에 도달하면 생산성의 증대를 달성하기 어렵다. 농업용 토지공간은 이질성을 나타내며 토지와 주위 공간 환경은 지역이나 장소에 따라 이질적이며 따라서, 공업의 경우와 달리 동일한 기술조건에서도 경영 수익성이 차이가 난다.

2. 농업기술의 특수성

일반 산업기술과는 달리 농업기술의 특수성은 토지가 기본적인 투입수단이라는 사실과 노동의 대상이 작물, 가축과 같이 살아 있는 생명체라는 두 가지 관점과 연계하여 다음과 같이 생각할 수 있다. 첫째, 농업기술은 인간의 편의성에 중점을 두는 다른 산업기술과는 달리 자연생태계와 수많은 생물 종간의 유기적인 상호관계를 유지시키는 범위 내에서 편의성을 추구하는 기술이기 때문에 자연 생태계의 보존과 밀접한 연관성을 갖고 있다.

둘째, 기술이전의 모방이 어려움이 있다. 농업기술은 기후나 토양등 자연환경에 따라 지역성을 갖기 때문에 기술의 이전이나 모방이 크게 제약을 받게 된다. 일반적으로 농업기술은 그 지역의 문화적 특성, 부존자원, 작부방식등 생산체계에 가장 적합하게 발전되고 있으므로 기술의 이전이나 전면적인 수용이 어렵고 단편적인 경우가 많다.

셋째, 규모의 경제성이 기술분야 별로 다르게 작용한다. 일반적으로 기술이 획기적일수록 큰 생산체제에 유리하게 작용하나 농업기술은 그렇지 못한 경우가 많다. 생물화학적 기술은 기술 그자체가 규모의 유리성에 영향을 주지 않고 있으나 기계화 기술은 규모의 경제성이 작용한다고 할수 있다.

넷째, 연구개발과 보급에 장기간이 필요하다. 주로 생명체를 대상으로 하기 때문에 하나의 기술을 개발하기 위해서는 여러 분야의 학문적인 지식이 요구되며 오랜 시간이 걸린다. 예를 들어 새로운 벼 품종을 만들어 내기 위해서는 개발하고자 하는 품종의 특성을 갖춘 수많은 벼 유전자원을 수집하여 품종의 특성을 발현하는 유전적 변이요소의 동태를 분석 평가하여 그 중에서 목적하는 유전형질을 지속적으로 축소시켜 나가야 하므로 많은 시간과 연구가 필요하게 된다. 새로운 기술의 농가보급은 기술수용능력이 다양한 농가를 대상으로 하고 있고 개개 농지의 토질과 생산여건에 맞게 변형 보급하여야 하기 때문에 많은 노력과 시간이 소요되고 있다.

다섯째, 높은 불확실성을 가진다. 농업기술은 기술개발의 기간이 장기간이고 개발의 성과도 불확실성한 경우가 많다. 또한 농산물 수요는 대부분 비탄력적이고 장기적이기 때문에 기술개발의 타당성이 낮게 평가되기 쉽다는 문제를 가지고 있다. 농업기술의 지속가능한 개발을 위해서는 공급창출형 기술보다는 비용 절감형 기술의 개발이 더 중요한 경우가 많다. 기술개발의 결과 농산물의 공급은 크게 증가한 반면에 수요가 비탄력적이라면 농산물 가격이 하락하면서 농업소득은 오히려 감소할 수 있기 때문이다.

여섯째, 공공재의 성격을 가진다. 농업기술은 시장기능을 통하여 거래될 수 없는 공공적 재화의 성격을 가지고 있다. 농업기술의 실용성과 확실성이 초기에는 낮다고 하더라고 일단 개발된 기술은 장기에 걸쳐 확산되면서 외부경제효과를 가져오는 경우가 많다. 이는 농업 R&D 투자의 효율성이 단기적으로 낮더라도 농업 부문에 R&D 투자를 지속적으로 유지 확대해야 할 필요성이 있음을 말한다. 또한 많은 국가에 있어 농장은 주로 가족 중심의 경영체에 의해 운영이 되고 있다. 그런 만큼 개별 생산체는 전체 생산량에 비해 규모가 작으며, 따라서 기술혁신을 위해 스스로의 투자재원을 마련하기가 쉽지 않다는 한계가 있다. 반면에 그 사회적 수익성은 높기 때문에 공공부문이 개입하지 않을 경우 R&D 자원배분에 있어 왜곡이 발생하고 외부효과가 개입될 수가 있다. 공공부문이 농업 R&D 투자에서 주도적인 역할을 해 온 이유는 이런 농업의 산업적 특성과 농업기술이 가지는 있는 공공성 때문이다.

제2절 농업기술과 농업경제의 연계구조

1. 농업기술과 농업소득

새로운 기술로 개발된 농자재를 농민들이 영농활동에 사용할 때 그에 따른 성과는 농산물 판매 수입과 생산비용의 변화로 나타나게 된다. 종자, 비료 농약, 농기계를 새로 구입하여 농업생산 활동에 사용하는 과정에서 특정단계에서 기술적인 변화요인이 발생하게 되면 농산물의 상품성과 부가가치에 영향을 미치게 된다. 신 농업기술을 활용하여 농업소득을 올리기 위해서는 생산단계별로 가치사슬이 연쇄적으로 반응하여 종합적으로 시너지 효과를 낼 수 있어야 농산물의 수익성을 높일 수 있다.

이는 기술수용과 경영 전략간의 상호연계과정을 시스템적 방법으로 파악하여야 신기술의 경영성과를 종합적으로 분석할 수 있다는 것을 의미한다. 시스템이란 각 부문이 하나의 체계속에 연결되어 있어 어느 한 분야에 자극이 가해질 때 그 영향이 전체부문에 파급되어 연쇄반응을 불러일으키는 관계를 말한다. 농산물의 생산에서부터 판매단계까지 모든 영농활동을 하나의 시스템으로 볼 때 기술와 경영의 상호연계성을 파악하기 위해서는 통합된 시스템속에서 연관성을 분석하는 것이 필요하게 된다.

농업 경영성과인 농업소득을 높이는 전략은 수입의 증가와 비용의 절감이라는 2가지 방향에서 접근하여 가는 방법이 있다. 신 농업기술은 농산물의 품질을 높이고 소비자의 선호도를 높혀 가격을 높게 받을 수 있는 기술들과 생산비용을 절감할 수 있는 기술들이 상호 융합되어 있는 것이 보통이다. 이들 기술은 상호보완적으로 작용하여 시너지 효과를 내는 경우도 있으나 기술들 간에 상호간섭적인 현상이 발생하면 신기술의 도입 효과가 부정적인 결과로 나타나기도 한다.

기술적인 관점에서만 개발된 신기술을 활용하여 생산된 농산물이 시장에서 소비자들의 선호도를 높이는데 실패한다면 낮은 농업소득이라는 결과를 가져올 것이다. 또한 신기술 개발 초기단계에서 시장 진입에 성공했다고 하더라도 시간이 경과하면서 소비자의 선호도가 낮아지면 신기술의 경영성과는 무산되게 된다. 따라서 새로운 농업기술은 기술적 타당성과 함께 반드시 경영적인 관점에서 시장진입의 성공 가능성, 부가가치 기여도를 평가한 후 수용여부를 판단하여야 할 것이다.

여기서 신 농업기술을 활용하여 농산물을 생산 판매하는 과정에서 일어 날 기술과 경영간의 상호관계를 아래 그림 4-1을 이용하여 설명하기로 한다. 소득의 극대화를 목표로 하는 농업인의 관심사는 생산된 농산물의 가격을 높게 받는 일이다. 농가의 입장에서 볼 때 가격을 높일 수 있는 방법은 품질 좋은 농산물을 생산하는 것인데 여기에는 신 농업기술의 수용이 중요 변수로 영향을 미치게 된다. 신 농업기술은 생산요소인 토지, 노동, 자본을 결합시키는 정보 및 지식의 결합체로서 투입된 생산요소의 효율성을 높여주어 부가가치의 크기를 결정하는 능력을 가지고 있기 때문이다.

현대의 농업기술은 경영적인 관점에서 볼 때 생산과 유통은 물론 관련시설의 배치와 정비까지 폭넓게 그 영역이 확대되고 있다. 생산과정뿐만 아니라 수확후 과정에도 기술의 영역이 넓어지면서 경영성과에 유기적으로 영향을 미치게 된다. 따라서 농가에서 신농업기술을 수용할 때 어떤 기술이 어느 정도의 비중으로 경영수지에 영향을 미치고 있으며 어떻게 기술을 활용하는 것이 가장 효율적으로 경영성과 즉 농업소득을 올릴 수 있는가를 판단하는 것이 중요한 과제가 된다.

그림 4-1 농업기술과 소득의 연계시스템

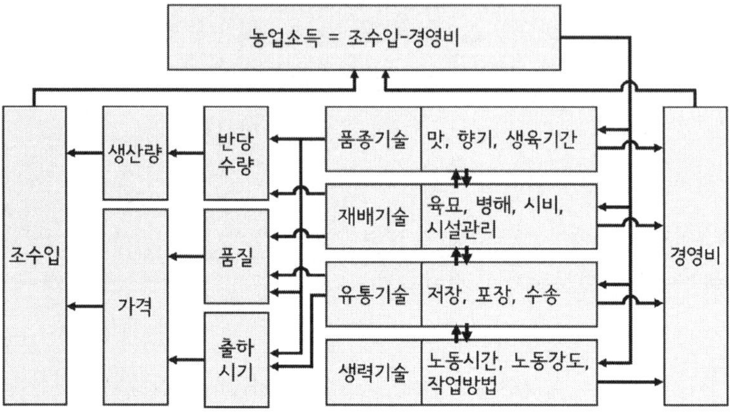

그림 4-1에서 신기술의 수용으로 농산물의 조수입이 변동하는 과정을 보면 기술 분야별로 각기 다른 경로를 거쳐서 조수입과 연계되어 있음을 알 수 있다. 농업 기술을 품종, 재배, 생력, 유통기술의 4가지 유형으로 구분하면 이들 기술은 상호연관성을 가지고 있을 뿐 아니라 패키지화된 기술구조를 가지고 있다. 품종기술과 재배기술은 단위면적당 수확량, 품질, 출하시기에 결합적으로 영향을 주게 되며 이는 다음 단계인 농산물의 생산량과 수취가격에 영향을 미치게 된다. 그리고 생산된 농산물이 소비자에 도달하는 과정에서 유통기술은 농산물의 품질과 출하시기에 영향을 미치는 변수가 된다.

신기술에 의해 개발된 신품종을 농가에서 도입하게 되면 재배기술, 생력화기술, 유통 기술분야에서도 관련 기술을 파생적으로 개발할 필요성이 생기게 된다. 역으로 이들 신기술은 신품종기술의 개발 필요성을 불러일으키는 피드백관계를 갖게 되는 것이다. 예를 들어 신품종 딸기가 개발되었을 때 이에 따른 시비, 병충해, 관배수 등 새로운 재배기술과 작업방법에 변화를 가져오게 되고 딸기의 상품성 관리를 위해는 연관 유통기술의 개발도 필요하게 될 것이다. 딸기재배의 생력화 기술을 개발하기 위해서는 재배방법의 개선과 함께 생력화 기술에 적합한 품종기술도 개발되어야 경영의 시너지효과를 높일 수 있을 것이다. 즉 농민의 입장에서 볼 때 여러 부문의 기술적 체계가 수익성과 연결되어야 그 기술의 경제적 타당성을 인정할 수 있게 되는 것이다.

새로운 품종은 단위면적당 수확량, 품질, 출하시기에 영향을 미치는 반면에 재배기술은 단위면적당 수확량, 품질에 영향을 주고 유통기술은 품질과 출하시기에 주로 영향을 미치게 된다. 그리고 단위 면적당 수확량은 경영규모와도 관계가 있으며 품질과 출하시기는 농가수취가격에 영향을 주어 이들 변수가 생산량과 가격을 곱한 조수입을 결정하게 되는 것이다. 따라서 품종기술, 재배기술, 유통기술이 조수입의 증대에 있어서 중요한 기술적 변수가 되고 있다. 한편 생력화 기술은 생산비의 절감과 관계가 있으나 조수입과는 직접적인 관계보다는 간접적으로 영향을 미치고 있는 것으로 볼 수 있다.

농업소득은 신기술의 수용여부와 활용정도에 의하여 영향을 받기도 하지만 시장 수요가 변화하면 영향을 받기도 한다. 딸기의 예를 보면 최근 딸기의 주요 소비시즌이 3-4월에서 2-3월로 앞당겨지는 추세이다. 이에 따라 농가에서도 기존의 반촉성 품종보다는 출하시기를 앞당길 수 있는 촉성 재배용 품종으로 대체하고 있는데 이에 따라 재배방법, 출하전략도 바뀌어야 할 것이다.

이와 같이 농업기술과 경영이 시스템적으로 연계되어 있는 구조하에서는 시장수요의 견인을 통한 기술개발과 기술주도에 의한 시장수요의 창출에 따라 기술의 경제성이 변화하게 되어 있다. 그동안 농업기술의 경제성을 분석하면서 보다 적은 생산요소를 투입하여 보다 많은 생산량을 얻을 수 있는 양적 증가를 강조하는 기술개발전략을 강조해 왔다. 하지만 수요의 증가가 뒷받침 되지 않을 경우 이러한 기술개발전략은 벽에 부딪치게 된다. 농산물의 시장수요가 농업기술의 경제적 성과를 결정하는 중요한 요인으로 작용하고 있기 때문이다. 따라서 농업기술의 개발에 있어서 수요의 정확한 추정과 변화의 방향을 추정하는 작업은 기술개발의 경제적 타당성을 평가하는데 있어 중요한 전략이 되고 있는 것이다.

2. 농업기술과 농업경쟁력

종자, 비료, 농약, 농기계 등 신기술이 체화된 농자재를 사용하여 농산물을 생산 판매하는 과정에서 농업생산성이 높아지게 되면 궁극적으로 농업이 성장하게 된다. 농업생산성이 높아지면 농가들이 농업생산 방식을 고품질 저비용 구조로 전환할 수 있어 농업경쟁력을 제고시킬수 있으며 영농규모를 확대할 수 있게 된다.

농업생산활동은 농작물이나 가축에 인간 노동이 직접 작용해서 단위 면적당 생산량을 증가시키는 생물생산적 활동과 작물이나 가축이 생육하는 환경 및 인간노동을 보다 효율화시키기 위한 기계나 시설이 동반되는 기계공학적 활동으로 나눌 수 있다. 전자는 주로 종자, 비료, 농약 등을 이용하여 토지 절약적인 관리를 함으로써 토지생산성의 향상을 지향하는 농자재들이고 후자는 농업시설, 농기계 등을 사용하여 노동 절약적인 생력화를 추구함으로써 노동생산성을 향상시키는 농자재들이다.[1]

여기서 토지생산성은 일정 토지면적당 생산되는 농산물의 양으로서 토지의 비옥도와 농업생산력의 수준을 나타내는 지표이다. 토지생산성을 농산물의 양 대신에 가치액으로 계산하기도 하는데 엄밀하게 말하면 이것은 잘못된 것이다. 왜냐하면 토지 생산성이 전혀 변하지 않았는데도 농산물 가격이 상승하면 토지생산성이 향상된 것으로 나타나기 때문이다.

노동생산성은 생산액을 노동시간으로 나눈 값으로서 노동자 1인당 혹은 노동시간당 생산량을 말하는데 다수의 기술적 기능들이 결합하여 나타난 생산효과의 척도이다. 노동생산성은 산업간의 생산성을 비교할 때 매우 유용한

1 조승연(농업기계화와 농업생산조직의 변화, 2002)

척도이고 노동자 1인당 생산성은 임금소득과 밀접한 관계를 가지고 있다. 물적 노동생산성은 일정 시간 내에 생산된 산출량과 그 생산에 투입된 노동량과의 비율이고 단위 노동량당 생산량 또는 단위 생산량당 소요노동량으로서 표시된다. 가치노동생산성은 생산액을 노동량으로 나눈 결과이며 또한 부가가치생산성으로도 표시된다.

그림 4-2에서 농자재들은 단위면적당 생산량과 노동시간이라는 물리적 지표에 영향을 주고 이는 다시 조수입과 경영비라는 화폐적 지표와 연계되어 궁극적으로 농업소득 지표에 영향을 미치게 되는 과정을 나타내고 있다. 여기서 농산물 가격과 노임은 생산량과 노동시간을 조수입과 경영비 지표로 변환시켜주는 매개 변수로서 역할을 하고 이는 토지생산성과 노동생산성지표로 나타나게 된다.

그림 4-2 농업기술과 농업경쟁력의 연계과정

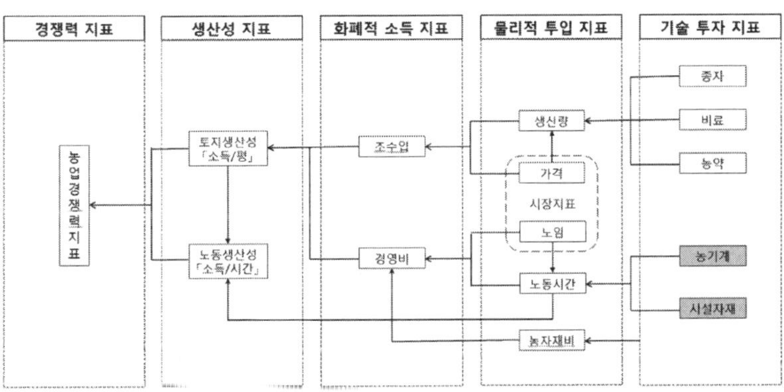

농업생산성은 여러 다양한 농자재의 투입이 결합되어 나온 결과물이므로, 각 투입요소별 생산성을 정확하게 파악하기가 어렵다. 노동생산성의 향상에는 비료와 농약같은 생물화학적 농자재가 기여한 부분이 있으며 토지생산성의 향상에는 농기계 같은 생력화 기술이 일부 기여할 수 있기 때문에 농지

재의 종류별로 생산성의 기여효과를 정확히 추정하는 것은 한계가 있을 수 있다.[2]

농업경쟁력의 개념은 연구자에 따라 다양하게 정의하고 있는데 그 동안 연구한 내용을 보면 김병률(2009)은 농업경쟁력을 농업경영체 및 종사자가 국내 및 해외시장에서 농식품의 생산, 판매를 확대함으로써 농업종사자의 소득을 제고하고 삶의 질을 지속적으로 향상시킬 수 있도록 하는 농업 및 관련부문의 총체적인 능력이라고 보고 있다.[3] 조성제(2011)는 우리나라 농업부문 종사자가 국내외시장에서 농식품의 생산, 제조, 가공 그리고 판매 및 유통에 이르는 일련의 행위를 통해 지속적인 소득증대를 이룩함으로써 삶의 질을 향상시킬 수 있는 농업부문의 능력을 농업경쟁력으로 정의하였다.[4] 이병훈(2013)은 우리나라의 농업경쟁력을 세계국가를 대상으로 국내농업이 타국과의 경쟁속에서 지속적인 성장을 도모함으로써 타 국가보다 우월한 시장지위를 유지할 수 있는 역량 또는 능력으로 정의하였다.[5]

농업경쟁력에 대한 이러한 정의들은 종합해 보면 농산물의 국가 경쟁력이란 외국 농산물과 시장경쟁을 하는 과정에서 자국 농산물의 가격이 하락하지만 농업소득이 감소하지 않는 능력이라고 할 수 있다. 즉 경쟁력은 시장경쟁의 조건에서 소비자가 수요로 하는 농산물을 판매하는 것과 동시에 소득을 창출할 수 있는 능력이나 시장점유율을 높일수 있는 역량으로 정의될 수 있다. 경쟁력의 준거(benchmark)에 있어 무역관련 지표, 농가단위 지표(생산비용, 이윤) 등이 활용되기도 하나 일반적으로 생산성이 경쟁력의 중요한 지표로 간주되고 있다.

2 유춘권외, UR 전후 농업생산성의 변화와 시사점, NHERI 리포트 제225호, 2013.

3 김병률(농업경쟁력 저해요인 실태분석을 통한 농업경쟁력 제고방안 연구, 2009)

4 조성제외(우리나라 농식품 수출부문의 경쟁력향상 방안 연구, 2011)

5 이병훈외(농업경쟁력 평가지표 개발연구, 2013)

농업생산성은 총생산액으로 전환된 농자재 투입의 효율성 측정을 위해서 이용되고 있는데 OECD 국가들의 경우 농업경쟁력의 주요 지표로 활용되고 있다.[6] 표4-1에서 OECD 국가들의 노동 및 토지 생산성 증가추세를 보면, 1969-2008년간 대부분 회원국들의 노동생산성이 토지생산성 보다 높게 나타나고 있다. 이는 농장에서 노동력 감소가 경지면적의 감소보다 빠르게 진행되었기 때문으로 농업인당 경작하는 토지면적이 증가했음을 의미한다. 결과적으로 OECD 국가의 농업생산성 증가는 노동생산성에 의해서 주도 된 것으로서 이는 노동생산성이 농업경쟁력을 높이는데 있어 중요한 변수가 됨을 의미한다.

표 4-1 OECD 국가의 농업생산성 변화추세

국가, 기간		산출량	농업노동	경지면적	노동생산성	토지생산성	1인당 경지면적	
							초년도	말년도
년 평균 변화율(%)							Ha/1인	
호주	1969-2008	2.5	-0.4	-0.3	3.3	3.2	1, 155	1, 176
캐나다	1969-2008	2.5	-0.9	-0.1	5.1	2.6	114	168
일본	1969-2008	-0.2	-1.8	-0.8	5.7	0.8	0.7	1.7
한국	1969-2007	2.4	-1.6	-0.6	11.1	3.8	0.5	1.0
멕시코	1995-2008	2.8	-2.0	-0.3	6.5	3.3	14	18
뉴질랜드	1986-2008	1.7	-0.3	-1.4	2.1	4.5	101	75
노르웨이	1972-2008	0.7	-1.8	0.3	7.3	0.3	5	15
스위스	1969-2008	0.4	-1.1	-0.7	2.0	1.6	7	9
미국	1995-2008	1.4	-0.6	-0.2	2.2	1.6	178	190
EU15	1995-2008	0.3	-1.4	-0.6	2.0	0.9	22	24

자료: OECD(2011)

6 송남근(2012)

OECD 회원국의 1969-2008년간 농업부문의 노동 및 토지 생산성의 변화 추이를 표 4-1에서 분석해 보면, 대부분의 회원국에서 노동생산성 증가율이 토지생산성 보다 높게 나타나고 있다. 이는 농업기술진보의 유형이 기계화기술분야에서 유발됨으로서 농업 노동력의 감소율이 경지면적의 감소율보다 빠르게 진행되었지만 농업기계화 기술에 의한 기술진보가 농업 노동자당 경작토지면적의 확대를 가능케 해주었기 때문이다. OECD국가의 농업성장은 토지생산성 보다는 노동생산성의 향상을 지향하는 기계화 기술 개발 정책에 의해서 주도 된 것으로 볼 수 있다.[7]

이로 보아 어느 나라든지 농업 성장의 초기단계에서는 생산량보다 수요량이 많은 농산물 부족문제를 해결하기 위하여 토지생산성을 높이는 농업기술개발정책을 펴나가 양적인 성장을 추구해 왔음을 알 수 있다. 하지만 농산물이 소비를 초과하는 공급과잉의 단계로 들어서면 토지생산성보다는 노동생산성의 향상을 높이는 기술개발정책을 통해서 농업성장을 이끌어 가야하는 농업구조로 바뀌게 된다. 이는 생산농업과 전후방 관련산업간의 연관관계가 긴밀해지면서 생산단계에서부터 최종 소비단계에 이르기까지 가치사슬단계가 늘어나는 산업구조로 바뀌게 됨을 의미하는 것이다.

1990년대 전까지 우리 농업은 산업화 이전단계로서 이 당시 농가들은 종자, 비료, 농약 등을 생물화학적 농자재를 사용하여 토지생산성을 빠르게 증가시킬 수 있었다. 생물화학적 기술이 내재된 농자재들은 토지집약적인 영농방식으로 농업소득을 올리는데 가장 큰 기여를 해온 농자재로서 관련 농자재 산업도 크게 성장할 수 있었다. 그러나 1995년 UR협상 이후 농산물의 공급이 국내소비를 초과하는 산업화 단계에 들어서면서 농산물 가격이 장기적으로 하방 경직화 추세로 돌아섬에 따라 농업생산량은 늘어났지만 농업소득은 감소하는 소위 성장과 소득의 괴리현상이 본격적으로 나타나게 된다. 농업이

7 OECD(2011), 송남근(2012)

산업화단계로 들어서면서 농가들은 농산물 가격의 천장화 현상으로 토지생산성이 한계에 부딪치게 된 것이다.

이는 토지생산성보다는 노임비와 노동시간을 절약할 수 있는 농기계 및 시설농자재를 사용하여 시간당 농업소득 즉 노동생산성을 올리는 방향으로 농자재의 투입구조를 바꾸어 나가야 한다는 의미로 해석할 수 있다. 산업화단계에서는 노동시간을 줄일 수 있는 농자재를 투입하여야 농업소득을 올릴 수 있기 때문이다. 노동생산성이 높아지면 영농규모화가 가능하고 농산물 가격이 하락해도 농가당 농업소득을 올릴 수 있으므로 노동생산성은 농업 경쟁력의 중요한 지표로서 역할을 하게 된다. 한국은 인구의 크기에 비하여 경지자원이 절대적으로 부족하기 때문에 농지를 집약적으로 이용하는 농법이 오래전부터 발전하여 왔다. 2005년 농경지 1ha당 생산액은 1만4600달러로 네덜란드의 1만4700달러에 이어 세계 2위로 기록되고 있다. 이는 종자, 비료, 농약 등의 생물화학적 농자재를 이용하여 토지를 집약적으로 이용하여 높은 토지생산성을 달성할 수 있었기 때문이다.

그림 4-3에서 보면 한국 농업의 토지생산성은 1969년부터 지속적으로 증가하여 2007년도에 ha당 20,000달러가 넘어 세계 최상위의 수준에 있지만 노동생산성은 1인당 년간 약 20,000달러로 멕시코와 일본을 제외하고 가장 낮은 수준이다. 이는 우리나라가 생물 · 화학적 농업기술의 발달로 토지생산성의 향상에는 성공했으나 고임금 비용과 노력시간의 절감을 위한 농자재의 기술수준이 낮아 노동생산성 향상은 미진했다는 것을 의미한다.[8]

8 김정호외, 한국의 농업기술 발전과 대중국 협력 가능성, MIMEO, 2000

그림 4-3 OECD 국가의 농업노동생산성과 토지생산성의 비교(1969~2008)

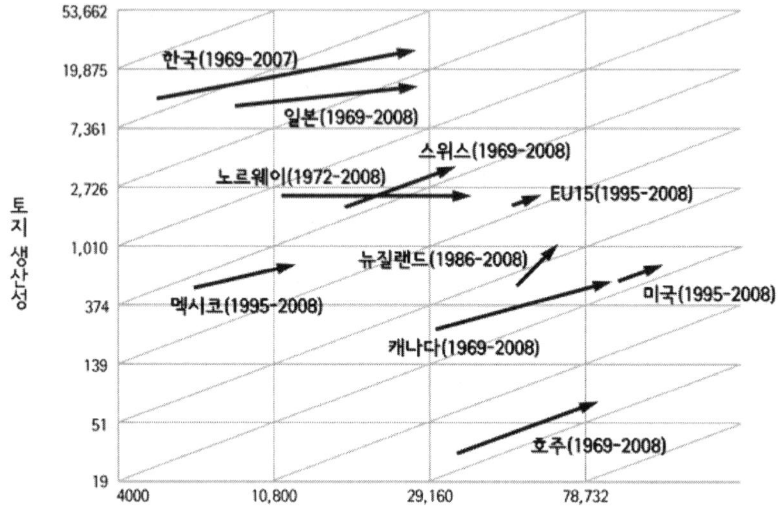

자료: OECD(2011) 참조
주: 토지생산성(달러/Ha), 노동생산성(달러/인), 1999-2001년간의 실질구매력가치로 환산하였음.

지금 한국의 농업현장에서는 벼농사가 가장 인기가 높은 농작물로 인정받고 있다. 표 4-2에서 보면 2011년 쌀 농사의 평당 농업소득은 1,900원으로 보리 다음으로 가장 적으나 시간당 벼농업소득은 40,144원으로 다른 농작물과 비교하여 가장 높다. 그 이유는 벼농사는 농업기계의 효율성이 상대적으로 높아 농가들이 벼농사에 투입하는 노동시간을 크게 줄일 수 있었기 때문이다.

벼 재배농가가 2011년 호당 평균 영농시간 1,090.57시간을 벼농사에 전업적으로 투입한다고 가정할 때 농업소득은 43,780천원으로 이러한 소득규모는 다른 농작물의 경영성과와 비교하여 일반 농가들이 벼농사를 가장 선호하는 근거자료가 될 수 있다. 또한 벼 농가 입장에서는 기계화로 남아도는 여유노동시간을 활용하여 다른 작물재배활동에 종사하거나 영농 규모화에 투입할 수 있어 농업소득을 추가로 올릴 수 있는 기회가 많아지기 때문이다.

표 4-2 작목별 농업생산성의 변화추세(단위: 원, %)

년도	2002년		2011년		증감율(%)	
품목	농업소득/평	농업소득/시간	농업소득/평	농업소득/시간	농업소득/평	농업소득/시간
쌀	2,287	25,408	1,900	40,144	-16.9	57.9
겉보리	608	16,131	581	18,551	-4.3	15.0
콩	982	6,899	2,159	28,404	119.8	311.7
가을배추	3,584	11,498	3,631	15,066	1.3	31.0
가을무	2,510	9,470	3,586	16,782	42.9	77.2
노지고추	4,734	7,325	10,746	20,224	126.9	176.1
마늘	3,527	7,419	10,175	25,165	188.5	239.2
시설딸기	15,706	7,824	37,444	19,658	138.4	151.3
시설장미	31,932	9,788	35,583	14,474	11.4	47.9
시설토마토	18,945	10,791	26,449	17,687	39.6	63.9
사과	7,298	11,468	9,791	17,026	34.2	48.5
배	6,275	8,256	10,150	18,432	61.8	123.2
인삼	22,876	14,345	25,893	25,543	13.2	78.1
한우	3,200	34,254	265	2,805	-90.0	-91.8
젖소	279	22,529	302	28,905	27.6	28.3

자료: 농축산물소득자료집, 농촌진흥청

주: 토지생산성은 농업소득/평, 노동생산성은 농업소득/시간으로 계산함.

농산물 가격이 떨어져도 농업소득을 올릴 수 있도록 농업생산력을 높이기 위해서는 이미 세계적으로 최상의 수준에 있는 토지 생산성을 높이기보다는 노동 생산성을 더 높일 수 있는 방향으로 농자재의 투입 구조를 개선해 나가야 할 것이다. 노동 생산성을 높이기 위해서는 생력화 효율성이 높은 기술을 개발 보급하는 한편 농가호당 경지면적을 확대함으로써 농업소득을 올려주는 정책적 방안을 찾아야 할 것이다.

제3절 농업기술진보의 경제적 파급효과

경제적 관점에서 본 기술진보는 새롭고 가치있는 지식의 증가를 의미한다. 지식은 재화나 서비스의 품질 향상과 제조공정의 기술향상에 기여하게 되는데 따라서 기술진보의 크기는 기술개발에 의해 창조된 지식과 기법의 경제적인 가치로 평가될 수 있다. 문제는 기술진보의 효과를 경제적인 측면에서 수량화하는 방법은 무엇인가 이다. 기술진보의 경제적 성과를 측정한다는 것은 쉽지 않은데 그 이유는 측정하고자 하는 대상을 정확하게 정의하기가 어렵고 측정방법상의 어려움이 따르기 때문이다. 기술진보의 산출물인 지식은 관찰될 수 없고 그 개념도 경제적 기술적으로 상이한 의미를 갖는 경우가 많기 때문에 그 가치를 측정하기 어렵다는 점이다. 특히 농업기술은 다른 산업기술과는 달리 자연생태계의 영향을 많이 받고 외부효과가 큰 공공재의 성격을 가지고 있어 기술진보의 파급효과를 측정하는 방법론을 체계화하기 어렵고 측정결과도 연구자에 따라서 상이한 경우가 많다. 여기서는 이제까지 농업기술진보의 경제적 파급효과를 측정하는 제방법론에 대해서 연구된 결과를 정리하여 제시하기로 한다.

1. 가격과 지식전달효과

Griliches(1979)에 의하면 기술진보의 파급효과 분석에는 두 가지 형태가 있다고 하였다. 첫째는 가격측면에서의 효과를 측정하는 방법과 둘째, 지식전달측면에서 본 효과를 측정하는 방법이다.

3.1 가격효과

기술진보는 공정기술혁신에 의해 비용을 낮추거나 또는 제품기술혁신에 의해 수익을 증가시킨 부문의 생산성 증대효과를 측정함으로서 얻을 수 있다. 만일 어느 혁신적 산업이 다른 후방연계산업들의 요소공급자라면 기술혁신은 다음과 같은 의미에서 부가적인 후생 증대효과를 가지게 될 것이다. 즉 기술혁신은 혁신 산업의 생산자 잉여 증대 이외에 후방산업들의 요소 구입가격을 낮추어 후방산업들의 생산자 잉여도 증대 시키게 된다. 나아가 낮아진 제품가격으로 인하여 소비자 잉여의 증대도 실현된다.

예를 들어 여러 가지 모델이 동시에 판매되는 시장이 있고 각 모델에는 여러 가지 다른 제품특성들이 조합되어 있고 가격도 상이하다고 가정하자. 소비자들은 그들의 기호에 따라 각자의 효용을 극대화 시킬수 있는 방법으로 최적의 모델을 구입하게 되는데 이러한 소비자들의 선택에 대한 자료를 통계적인 방법으로 분석하면 제품특성이 다르게 조합된 각각의 모델에 대한 소비자들의 객관적인 평가를 파악할 수 있게 된다. 기술의 진보결과 나타난 새로운 제품에 대한 소비자들의 평가가 높아지게 되면 그 제품은 시장진입 비중이 높아지고 기존제품은 시장에서 사라지게 되는데 이때 신제품의 사회적 기여도를 잉여개념으로 측정할 수 있게 된다.

이 방법은 특정 제품의 기술진보의 파급효과의 크기를 일정한 품질수준에서 수요량이 주어졌을 때 얼마만큼 가격을 낮추냐를 측정하는 방법으로서 이를 표시하는 그림은 그림 4-4와 같다. 그림에서 기술혁신으로 a_1에서 a_4로 가격이 하락하면 소비자들이 얻는 사회적인 총수익은 사다리꼴 면적(a_1 a_2 a_3 a_4)으로 나타나고 그 중에서 직사각형 면적(a_1 a_2 a_4 a_5)은 기존의 소비자자 가격하락으로 직접 얻게 되는 잉여를 나타내고 삼각형 면적(a_2 a_3 a_5)은 추가적인 제품수요의 증가에 따른 소비자의 잉여 증가분을 나타낸다.

그림 4-4 기술진보의 가격효과

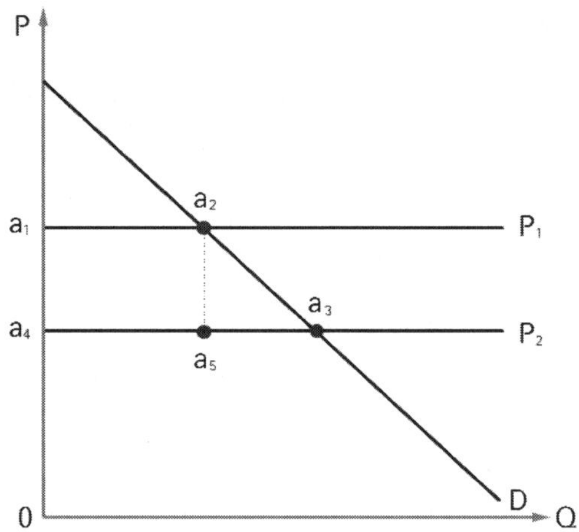

그러나 기술진보의 후생효과는 실제로 측정하기 어려운데, 첫 번째 이유는 가격하락에는 품질향상이 좀처럼 반영되지 않고 반영되더라도 상당한 시일이 지난 뒤이기 때문이다. 두번째 이유는 보건, 국방, 우주개발, 교육등의 분야처럼 산출이 재화나 용역의 생산비용으로 측정이 되는 경우 연구개발로 얻게되는 직 · 간접 후생증대효과에도 불구하고 가격효과를 측정하기 어렵다는 점이다.

2.1 지식전달효과

기술진보의 파급효과는 한 분야의 새로운 지식이 다른 분야에서 새로운 아이디어를 창조하거나 새로운 연구를 수행하도록 하는 등 지식전달측면에서도 효과를 가져오게 된다. 예를 들면 화학산업에서 만들어낸 합성섬유는 섬유산업에서 크게 응용되고 있고 우주개발을 위해 이루어진 여러 발명들은 자동차 산업이나 소형컴퓨터 산업 등에서 응용 되고 있다. 이러한 형태의 파급은 두 분야간에 직접적인 투입-산출 관계가 없이도 가능한데, 소프트웨어(software)산업의 발달이 하드웨어(hardware) 컴퓨터 산업의 발달에서 이루어진 것과 같은 경우이다.

이와 같이 한 기업의 생산과정에서 나타나는 기술진보의 가치는 자체에서 축적된 기술뿐만 아니라 외부에서 흘러들어온 기술지식까지를 포함하여 나타나게 된다. 즉 i산업에 있는 기업은 j산업에서 수행된 R&D와 그로부터 창출된 지식으로부터도 이익을 누릴 수 있다는 것이다. 이렇게 j산업이 i산업의 이익창출에 기여한다면 과연 그 정도가 얼마나 되는가를 측정하기 위하여 직접추정방법 또는 기타 간접적인 기법을 사용한 측정방법들이 사용되어 왔는 이를 설명하면 다음과 같다.

첫째, 외부 R&D의 단순합계방법에 의한 측정이다. 분석대상이 되는 산업(혹은 경제) 외부에 있는 전체 기업(혹은 산업)의 R&D 스톡에 별도의 가중치를 주지 않고 단순히 합계하여 이를 파급효과의 측정변수로서 간주하는 방법이다. 그러나 이같은 단순합계방법이 계산상의 편리함은 있을지 모르나, 외부산업들의 R&D 스톡에 가중치를 주지 않는다는 계산방법이 지나치게 단순하고 비현실적이라는 비판을 받아왔다.

둘째, 특허자료를 이용하여 산업간 지식전달 정도를 측정하는 방법인데 몇가지 문제점이 지적된다. 즉 모든 특허들이 동일한 가치를 갖는 것은 아니며, 산업별로 특허를 출원하려는 경향 역시 다를 뿐더러, 모든 발명이 다 특허화되지는 않고 있고, 더욱이 모든 특허가 상업화되지는 않는다는 점 등이 지적되고 있다.

셋째, 혁신 발명기업과 이를 사용하는 기업간의 흐름관계를 분석하여 기술전달정도를 측정하는 방법이다. 이 방법도 몇가지 문제점이 지적되고 있는데, 예를 들어 2차(또는 3차) 사용기업이 더 중요한 경우가 있더라도 1차 사용기업만이 혁신의 이용자로 고려된다는 점, 모든 혁신은 그 중요성이 똑같다고 간주된다는 점, 점진적 및 비체화된 혁신은 포착할 수 없으며 오직 상업화에 성공한 혁신만을 다루게 된다는 점 등이다.

넷째, 기술공간상의 위치를 이용하여 기술전달 정도를 측정하는 방법이다.

기업들이 만일 같은 종류의 특허를 취득한다면 그들은 대개 기술적으로 유사할 것이라고 가정하고, 특허분류 등을 통해 기술공간상에서의 기업의 기술적 위치를 구체화함으로써 산업간의 기술영향관계를 측정하려는 방법이다. 이 방법이 특허 자료를 주로 사용하고 있기 때문에 앞의 지적된 비판들과 동일한 문제점이 제기된다.

다섯째, 산업간 기술전달 효과의 크기를 측정하는 방법으로서 생산함수를 이용한 직접 추정방법이다. 즉 기술혁신의 효과변수를 산업들의 생산함수의 설명변수로서 도입하여 추정하는 방법이다. 이 방법에서는 파급효과의 범위와 그 생산성이 분리되어 나타나지 않는다는 점이 특징이 된다.

2. 생산성 증대효과

기술진보로 인한 경제적 파급효과는 생산성의 향상으로 나타나는데 총요소 생산성(TFP, total factor productivity)의 향상을 측정수단(measure)으로 이용하는 방법이다. 여기서 생산성은 절대적인 개념이며 생산요소를 산출로 전환하는 능력을 의미하며, 농장, 산업 및 국가단위에서 측정이 가능하다. 근로자 1인당 산출, 단위면적당 산출 등 부문(partial) 생산성 지표와 총요소 생산성(TFP, total factor productivity)이 있다. 부문 생산성지표는 타 투입요소의 변화를 반영하지 못해 잘못된 정보를 제공할 우려(예, 투입재보조 증가로 노동 및 토지생산성 증가)가 있다.

총요소 생산성은 총산출로 전환된 모든 투입요소의 효율성 측정을 위해서 이용되며 많은 연구에서 농업경쟁력의 지표로 활용된다. 총요소 생산성(TFP)가 이론적으로 모든 투입요소를 고려하나 실제로는 그렇지 못한 경우가 있기 때문에 다요소생산성(MFP)의 개념을 사용하기도 한다.

농업에서 TFP 성장은 3가지로 요소로 구분 가능하다(그림 4-5 참조). 첫째, 기술변화로서 새로운 기술진보와 혁신가에 의한 새로운 기술을 채택하는 경우 생산 경계(frontier)를 결정 · 변화하는 혁신 창조(f → f')를 말한다. 둘째, 기술효율성의 변화로서 주어진 생산요소를 활용하여 생산 경계(최대 생산)까지 생산하도록 하는 기술의 효율성을 말한다. 농가들이 기술을 채택함으로써 생산량 증가(A → B)할 경우이다. 셋째, 규모의 효율성 변화로서 주어진 기술수준(기술효율성)에서 투입대비 산출비율이 가장 높은 수준으로 투입을 변화(B → C)를 말한다.[9]

그림 4-5 생산성 향상의 경로

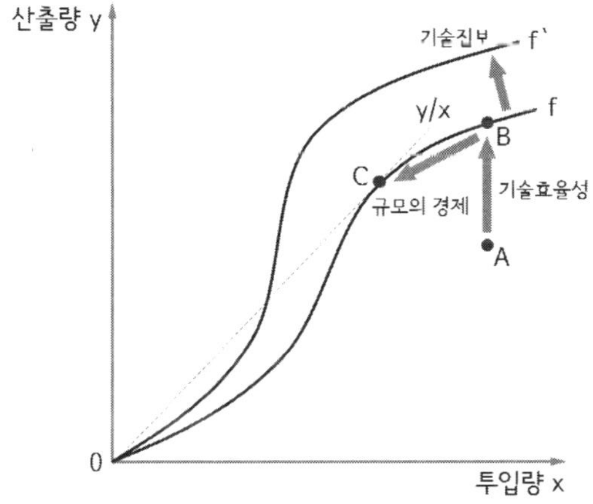

자료:OECD(2011)

농업부문 R&D 투자가 행한 생산성 증대효과는 이미 잘 알려져 있고, 그에 대한 추정작업은 국내외 많은 연구들에 의해 이루어진 바가 있다.[10] 그러나 해당 연구들은 모두 농업부문 R&D 투자가 야기하는 생산비용의 절감효과를 장단기에 걸쳐 파악하여 화폐가치로 평가하는 방식을 취하고 있는데, R&D 투자의 본질은 직접적인 생산비 절감보다는 산업의 생산성 증대에 있다고 하겠

9 송남근(농업분야 경쟁력 측정 및 결정 요인, 2012)를 참조하였음.

10 김은순(1986), 강경하(2000), 노재선 외(2004), 박정권(2007), 권오상(2013) 등이 있음.

다. 그런데 생산성 증대는 반드시 R&D 투자에 의해서만 발생하는 것은 아니다. 생산성은 R&D 투자 외의 설명할 수 없는 요인들에 의해서도 발생하며, 무엇보다도 생산규모에 의해서도 발생한다. 그렇기 때문에 관측되는 생산성 변화나 생산비 절감효과를 모두 R&D 투자에 의한 것으로 간주할 경우에는 투자효과를 과대평가하는 문제가 발생한다.

그림 4-6에서 두 곡선은 각각 시점 s와 t에 있어서의 평균생산비를 나타낸다. 생산기술이 반드시 규모수익불변의 특성을 지닐 이유는 없으므로 평균생산비곡선은 수평이 아닌 U자 형을 이루고 있다. 실제 생산량이 각각 Ys와 Yt였다면 두 시점 간에 생산비가 달라졌지만, 여기에는 적어도 두 가지 효과가 개입되어 있다. 만약 시점 t에서도 생산이 Ys로 동일하게 이루어지고 있었다면 그림에서 A로 표기된 생산비의 차이가 바로 비용이 줄어들어 발생한 효과이고, 이러한 비용감소에 R&D 투자가 기여를 했다면 그것이 바로 순수한 R&D의 생산성에 대한 기여도가 된다. 그러나 두 시점 사이에 생산량이 Ys에서 Yt로 변했고, 따라서 그림의 B는 사실 R&D 투자든 어떤 다른 요인에서든 생산성의 변화가 없어도 순전히 생산규모가 달라져 발생한 비용변화인 것이다. 국내외에서 행해진 많은 R&D 기여도 분석들이 그러한 생산량 변화 효과는 무시한 채를 모두 R&D의 기여도로 판단하는 경향이 있다.

그림 4-6 평균비용의 변화

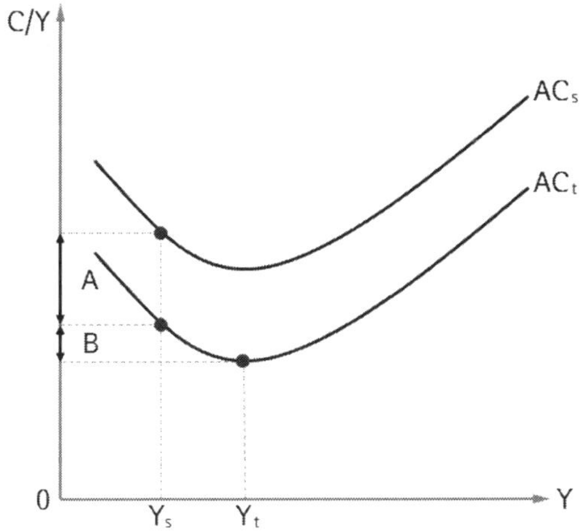

자료: 권오상(2013)

3. 지수측정법[11]

기술개발이후 사업화 과정을 통하여 기술의 가치가 발현되는데 이를 기술개발에 따른 가치를 사업투자수익율의 관점에서 평가하는 방법은 기술개발투자에 대한 평균적인 수익률을 비교하는 지수법(Index Number Approach)가 있다. 지수법은 기술개발의 경제적 이익을 소비자잉여와 생산자 잉여, 그리고 이를 합한 사회적 잉여의 개념을 이용하여 측정하는 방법이다. 그림(4-7)에서 보는 것 같이 시장균형점이 수요함수 dd와 공급함수 So가 교차하는 점 A에서 가격 Po와 소비량 Qo이 주어졌다고 가정할 때, 기술개발로 인한 생산성 증가는 공급함수를 So에서 S_1으로 이동시킬 것이다. 이때 새로운 균형점 C에서 가격은 P_1으로 하락하고 소비량은 Qo에서 Q_1으로 늘어날 것이다. 기술개발로 인한 소비자 잉여의 증가분은 $PoACP_1$이 되고 생산자 잉여의 변화

11 서종혁(한국농업기술이노베이션:성과와 전략, 2007) pp.117~123 내용을 요약 정리함.

는 (PoAO - P_1CO)가 된다. 따라서 사회적 총잉여는 AOC 면적이 되고 이를 측정하는 공식은 주로 AH(M. Akino and Y.Hyami, 1974)기법을 사용한다. AH법에서 소비자 잉여와 생산자 잉여를 계산하는 공식은 각각 다음과 같다.

$$\text{소비자 잉여} = \frac{P_1Q_1[\kappa(1+\gamma)]^2}{2(\gamma+\eta)} + \frac{P_1Q_1\kappa(1+\gamma)}{(\gamma+\eta)}\left[1-\frac{\kappa(1+\gamma)^{\eta}}{2(\gamma+\eta)}-\frac{\kappa(1+\gamma)}{2}\right]$$

$$\text{생산자 잉여} = \kappa P_1Q_1 - \frac{P_1Q_1[\kappa(1+\gamma)^2]}{(\gamma+\eta)}\left[1-\frac{\kappa(1+\gamma)\eta}{2(\gamma+\eta}-\frac{\kappa(1+\gamma)}{2}\right]$$

이때 η 은 수요탄력성계수, γ는 공급탄력성계수, κ는 생산함수 이동률을 나타낸다.

그림 4-7 공급곡선의 이동

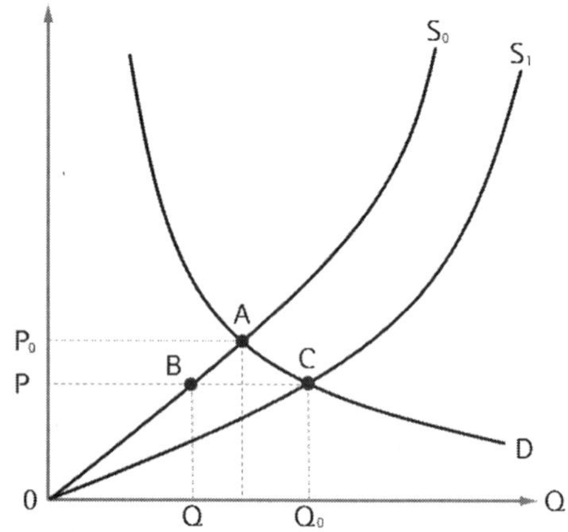

자료: 서종혁(2007)

지수법은 생산함수법에 비하여 계산이 간편하고 기술개발의 경제적 파급효과를 생산자와 소비자 측면에서 모두 고려한다는 장점이 있으나 개발의 효과가 산출되기 까지의 시차기간을 고려하지 않기 때문에 신뢰도가 떨어지고 생산함수의 이동률에 영향을 미치는 다른 투입재(경영능력의 증대효과)의 효과를 분리해 낼수 없다는 단점이 있다.

한편 생산함수법은 시계열 자료를 이용하여 생산함수와 생산성을 계측함으로써 기술개발 투자의 경제적 효과를 계측하는 방법이다. 생산함수를 이용하면 기술개발투자와 다른 투입요소와의 구분이 가능하고 시차를 고려한 파급효과의 계측이 가능한 장점이 있다. 하지만 기술개발이 생산에만 영향을 미치는 것으로 가정하고 있고 계측에 많은 관련자료가 요구되는 단점이 있다.

4. 편향성과 외부효과[12]

농업기술의 개발성과가 농업경영측면에서 볼 때 소농보다는 대농에게 많은 혜택을 준다는 주장이 오랫동안 논쟁의 대상이었다. 일반적으로 대농은 소농보다 신기술을 먼저 수용하는 경향이 있다. 이는 대농이 소농보다 경영규모가 커서 개발된 기술의 이용에 따른 기대수익이 높고 기술채택에 따른 추가 비용부담이 상대적으로 낮기 때문이다.

또한 농업의 산업적 관점에서 볼 때 신기술의 보급확대로 농산물 생산량이 증가하면 해당 농산물의 가격이 하락하는 경우가 많다. 많은 농민들이 정부가 정책적으로 지원하는 신기술을 수용하여 농사를 지으면 손해를 본다는 인식이 갖고 있다. 특히 시장수요가 제한된 비탄력적인 농산물의 경우 기술개발로 공급이 급격히 늘어나면 농산물 가격의 급격한 하락으로 소득이 감소하는 모순적 현상이 나타나기도 한다.

그림 4-8에서 탄력적인 공급곡선을 가진 농산물(예 채소)의 수급상황을 나타내는데 신기술로 인해 공급곡선이 S_1에서 S_2로 이동하게 되면서 가격은 P_1

12 서종혁(한국농업기술이노베이션:성과와 전략, 2007) pp.123~127 내용을 요약 정리함.

에서 P_2으로 낮아지게 된다. 소비자 잉여는 $P_1E_1E_2P_2$ 만큼 증가하지만 생산자 잉여는 당초의 $P_1E_1C_1$에서 $P_2E_2C_2$로 바뀌게 되면서 사회적 잉여의 증가는 분명치 않게 된다.

그림 4-8 공급곡선이 탄력적인 경우

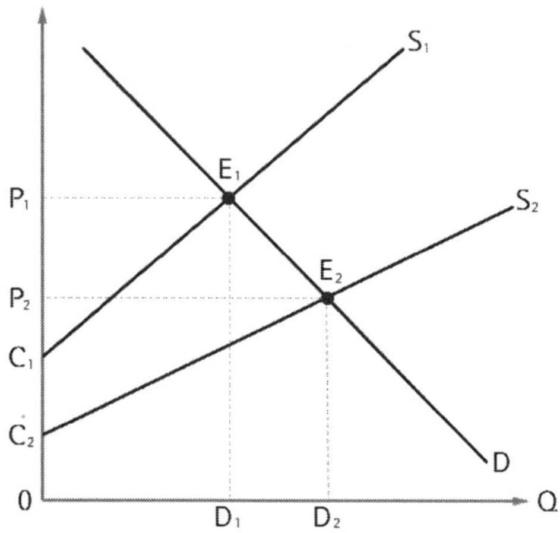

자료:서종혁(2007)

만일 그림 4-9와 같이 공급곡선이 완전 비탄력적이라면 소비자 잉여는 $P_1E_1E_2P_2$ 만큼 증가하지만 생산자 잉여는 ($P_1E_1E_3P_2$ - $E_3E_2Q_2Q_1$)만큼 감소할 수 있다. 이 경우 신기술 수용은 농민들에게 이익보다는 손실을 가져다 준다.

그림 4-9 공급곡선이 비탄력적인 경우

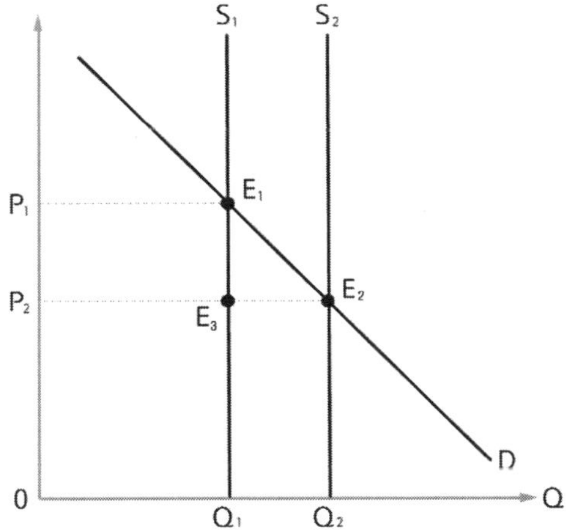

자료:서종혁(2007)

농업부문의 경우 개별 생산자의 규모가 영세하여 R&D 재원을 직접 마련하기 어렵다는 것이 공공부문이 개입하는 주원인이었기에 R&D 투자의 주 수혜자는 생산자인 농민이 될것이라 믿는 경향이 있다. 그러나 R&D 투자로 인한 생산비 하락은 사실 소비자에게도 큰 영향을 미칠 수 있고, 경우에 따라서는 생산자보다는 소비자들이 더 큰 수혜자가 될 수 있다.

제4절 농업기술혁신의 이론[13]

1. 농업기술혁신의 특징

농업기술혁신은 1980년대 기술이전론적 관점에서 개별 농민에 의하여 농업경영상 새롭다고 지각된 착상, 생산물, 관행 그리고 실천사항이라고 정의된바 있다(왕인근 1985). 이러한 정의는 농업과학기술적인 것을 중심으로 하되 기술의 전파과정에서 사회 경제 및 정치제도까지 광범위하게 미치는 파급효과를 포함하는 새로운 체계로 개념화 할 수 있다.

21세기 들어 농업은 농업기술뿐만 아니라 농산물 시장, 농업정책, 소비자, 자연환경문제까지 광범위하게 연계되어 진화하고 있다. 따라서 현대의 농업기술혁신은 단순히 농민들에게 새로운 농업기술이 R&D를 통해 이전 전파하는 단계를 넘어서 새로운 상품과 서비스로서의 농업, 새로운 마케팅 방법, 새로운 조직의 출현으로까지 개념이 확대되고 있다. 그리고 혁신의 주체는 농민과 정부, 연구자뿐 아니라 기업인, 유통인, 소비자, NGO 등을 포함하고 있다. 이러한 개념적 변화는 혁신을 기술적인 측면에만 중점을 두기 보다는 농업전체의 혁신이라는 차원으로 넓혀가야 할 필요성 때문이다.

농업기술혁신의 범위를 전통적 기술이전파이론에 기초한 R&D→발명→혁신→확산→기술진보→경제성장'의 선형모형에 국한시킬 경우 기술혁신의 주제는 농업분야의 R&D 및 그 성과를 보급하면 그 결과 농업기술진보와 농업성장을 이끌수 있다고 보아왔다. 이처럼 선형모형에서는 R&D가 혁신의 가장 중요한 요소로 간주되나, 최근 연구결과에 따르면 R&D는 농업기술혁신의 30%밖에 설명하지 못하는 것으로 알려지고 있다(박진도 외, 2008). 농업기술

13 기영석 외(외국의 농업기술 혁신시스템 연구동향, 농촌진흥청, 2010)의 내용을 요약 정리하였음.

혁신은 R&D보다 농업생산현장에서 시행착오에 의한 관련기업, 공급자, 고객과의 상호관계를 통해서 이루어진다는 경험적 사실이 지속적으로 밝혀지고 강조되고 있는 추세이다.

그리하여 1980년대 이후 농업기술혁신의 과정을 선형모형처럼 발명, 혁신 및 확산의 순차적 과정으로 보지 않고 누적적이고, 상호작용적이며, 연속적 과정으로 파악하고자 다양한 기술혁신 모형이 제시되어 왔다. 특히 가장 최근에 전 세계적으로 주목받고 있는 대표적 모형이 '농업혁신체계'(Agricultural Innovation System; AIS)이다.

2006년 World Bank의 ARD(Agriculture and Rural Development)에서 농업이 직면하고 있는 환경변화의 특성을 다음과 같이 정리하고 있다(World Bank, 2006). 첫째, 생산이 아닌 시장이 점차적으로 농업발전을 주도하고 있다는 것이다. 20세기 대부분의 농업발전의 중요한 진보는 식량작물의 생산성 향상과 관련하여 이루어졌다. 하지만 떨어지는 식량가격과 증가하는 도시소득과 함께 농업의 다변화를 도모하고 농업생산의 부가가치를 향상시키는 전략이 좀 더 많은 보상을 가져다주게 되었다. 이러한 변화에도 불구하고, 과거 농업발전을 주도하는데 큰 공헌을 해왔던 집권화된 공공연구체계들은 새로운 동향에 대하여 쉽게 적응하지 못하고 있다.

둘째, 농업과 농산물의 생산, 교환 및 소비환경이 예상치 못한 방식으로 성장하고 진화하고 있다. 따라서 농민들과 기업들이 현대 농업분야에서 대응하고, 경쟁하며, 진화하기 위해서는 지속적으로 혁신할 필요가 있다. 혁신을 요구하는 동인은 건강과 질병 문제, 지역적 · 세계적 시장에서의 상생의 변화 유형, 변화하는 무역규칙, BT와 IT같이 변화하는 기술패러다임과 그들이 제공하는 기회와 위협들을 포함한다.

셋째, 지식, 정보, 그리고 기술이 점차적으로 민간부문을 통해 생성되고 전파되며 적용되고 있다. 농민들이 사용하거나 도입하고 있는 많은 기술들을 민간회사들이 개발하고 공급하고 있다. 농업부문의 확장과 함께 민간부문의 역할은 그만큼 성장할 것으로 기대된다.

넷째, '정보 및 의사소통 기술'(ICT: information and communication technology)의 기하급수적 성장이 다른 장소 또는 다른 목적을 위해 개발된 지식을 사용할 수 있는 역량을 향상시켜오고 있다. ICT와 BT 혁명을 통해 농업부문에서 이루어지는 많은 혁신들이 다른 부문에서의 생성되는 지식에 기반을 두는 것을 자연스러운 현상으로 만들고 있다. 어떻게 새로운 지식을 이용하는가의 문제가 새로운 지식을 생성하고 전파하는 방법에 관한 문제만큼이나 중요해지고 있다.

다섯째, 많은 국가들의 농업부문 지식구조가 두드러지게 변화하고 있다. 많은 국가들에서 전체 국민뿐만 아니라 농업인들의 교육수준도 지속적으로 향상되어왔다. 현재는 경험 있고 높은 교육수준을 가진 사람들이 새로운 아이디어를 생성하기 위하여 상호작용하고 있거나 환경변화에 대응하고 있다. 서로 다른 유형의 행위자들이 상호작용과정을 통해 기술변화와 혁신을 이끌고 있는 것이다.

여섯째, 농업발전은 세계화된 환경 속에서 이루어지고 있다. 국내시장은 더 이상 수요를 결정짓는 유일한 시장이 아니다. 환경과 건강에 관한 쟁점이 국경을 쉽게 넘나들고 있다. 외국의 지식이 국내에서 생성된 지식보다 더 중요할 수 있다. ICT에 의해 정보가 해당분야 관계자들의 조직된 네트워크를 통해 국제적으로 확산되는 것이 가능하게 되었다. 세계화는 국제시장에 의해 품질의 표준화가 정의되는 환경을 만들고, 소규모 부문들이 거대한 수요에 직면하도록 만들기도 한다.

한편, Klekx and Leewis(2009)는 농업시장과 농업부문의 구조변화, 그리고 공적 농업지식 인프라의 민영화가 농업부문 혁신개념의 중요한 변화를 이끄는 것으로 설명하고 있다. 단순한 재화의 생산으로부터 차별화된 상품, 새로운 유형의 상품과 새로운 서비스들이 강조되는 환경은 지식에 대한 새로운 수요를 발생시키기 때문에 농업지식 인프라에 중요한 영향을 미친다. 이와 관련하여 Smith(2002)는 다음과 같이 이야기 하고 있다.

첫째, 옛날의 농업부문이 대량생산에 의해 지배되고 새로운 지식과 기술에 대한 요구가 다소 동질적 성격을 가졌다고 한다면, 신 농업부문에서는 상품의 다양화로 하나의 고객으로서의 동질적 집단을 갖는 농업지식 인프라로 귀결되지 않을 것이다. 따라서 다양한 욕구와 수요를 가진 고객의 바람을 고려하기 시작할 필요가 있다. 이러한 발전은 농업 지식 인프라의 내용, 조직 및 제도화에 막대한 영향을 미치게 될 것이고 특히 지식의 사용자와 생산자 사이의 상호접점에 막대한 영향을 미치게 될 것이다.

두 번째 중요한 변화는 공적 농업지식 인프라의 민영화이다. 농업지식과 정보는 공공농업연구기관들과 지도서비스를 통하여 국가에 의해 제공되는 공공재로 간주되었다. 하지만 사실상 이러한 기관들이 더 이상 혁신을 위한 독보적 지식과 정보의 산실이 아니다. 민영화를 통해 농업혁신을 지원하기 위한 농업 R&D와 '지식 집약적 비즈니스 서비스'(knowledge intensive business services; KIBS)의 출현이 가속화되면서 민간 서비스 공급자의 역할이 중요해지고 있다. 결과적으로 농업부문의 지식과 정보는 사적 서비스나 시장재가 되고 있다. Klekx and Leewis(2008)는 이러한 동향을 농업분야의 제2의 지식 인프라의 등장으로 해석하고 있다.

이와 같이 농업분야는 식량생산에 대한 초점을 뛰어넘어 새로운 작물, 상품, 그리고 시장으로 다변화하고 새로운 시장에 적응하면서 부가가치를 창출할 필요성이 강조되고 있다. 급격한 도시화와 세계화된 시장에 의해 농업분야의 변화가 가속화되고 있는 가운데 농업발전을 위해서는 민간부문뿐만 아니라 농업과 다른 부문과의 상호작용의 중요성이 그 어느 때보다 부각되고 있다. 농업상품과 서비스를 위한 새로운 시장들의 등장과 변화 속에서 농업발전은 지속적 혁신과정에 의존하게 된다.

농업혁신의 범위는 기술과 생산을 포함할 뿐만 아니라(태도, 관행, 그리고 새로운 일하는 방식의 의미에서) 조직, 관리, 그리고 마케팅 변화를 포함한다.

따라서 일반적으로 농업연구와 연관되지 않은 새로운 유형의 지식과 이러한 지식을 사용하는 새로운 방식들을 필요로 한다. 이러한 변화와 요구에 적응하여 농업 혁신역량을 제고하기 위한 중요한 분석틀로서 혁신체계 개념이 강조되고 있다. 혁신체계의 개념은 어떻게 지식이 생산되고 전파되며 사용되는지에 대한 전체적 설명을 제공할 뿐만 아니라 농업발전에 있어서 점차적으로 중요해지는 행위자들과 과정들을 강조하기 때문에 호소력이 있는 것으로 간주되고 있다.

농업기술개발에 대해 Arnon의 개념을 보면 농업연구를 농업문제를 해결하거나, 농업에 유용한 수단을 발견하기 위해 기초과학의 원리를 적용하는 것으로 정의하였다(Arnon, 1989). 즉 농식품 R&D는 대체로 농식품 산업이 당면한 문제점을 해결하고, 관련 지식수준을 향상시키기 위해 행해지는 일련의 지적활동으로 정의할 수 있다. Arnon은 농업이 지니는 국가적인 의미와 지역사회와의 관련성을 고려할 때 농식품 연구는 정부의 관심사이므로 국가재정이 부담해야 한다고 주장한다. 농업은 일반 산업분야와 달리 농가에서 기술개발이 쉽게 일어나지 않는데, 이는 R&D 투자의 성과인 기술이 쉽게 모방되거나 유출되는 효과(spill-over effect)로 높은 외부성에 의한 시장실패가 발생하기 때문이다.

농업의 경우에는 대부분 신기술 채택에 따른 기술혁신의 성과가 농산물 가격의 인하를 가져와 생산자인 농가보다는 소비자에게 더 많이 귀속되고 기술개발의 유출효과(spill-over effect)가 커서 기술개발 투자가 항상 적정수준 이하에 머물게 된다. 이러한 특성은 전 세계적으로 비슷하게 나타나는 현상이어서 19세기 말부터 대부분의 국가가 정부주도로 농업기술개발 투자를 선도해 왔다. 21세기는 지난 세기와 달리 농업기술의 중요성이 더욱 커지고 있다. 무역자유화가 확대되면서 농업도 기술에 의하여 국제 경쟁력이 좌우되는 시대로 변하고 있다. 국제간 지적소유권제도가 강화되면서 종자나 생명공학에 의하여 개발된 신기술을 과거와 같이 쉽게 모방하거나 도입하기도 어렵게 되면서 선진국들 간의 기술패권을 위한 경쟁도 치열하다.

세계 주요국의 농업 기술개발 유형을 보면 표4-3에서 보는 바와 같이 한국과 일본은 중앙정부가 주도적인 역할을 하고, 미국과 독일은 지방정부가, 프랑스, 영국 등 유럽 국가들은 공공단체에서 주도적인 역할을 하고 있다. 농업연구개발은 대부분의 국가가 기술개발관련 연구비는 중앙정부가 지출하고, 연구수행은 대학과 국가 연구기관(중앙) 중심으로 기초연구와 응용연구가 이루어지고, 지방정부의 연구기관이나 민간부문에서는 지역의 특수성이나 상업성이 높은 응용연구 중심으로 이루어진다.

표 4-3 세계 주요국의 농업기술개발유형

주도적역할	정부 ← 중앙정부 (중앙집권형)	지방정부 (지방분권형)	공공단체 (공익적 민간형)	→ 민간 민간기업 (상업적 민간형)
기술개발	한국, 일본	미국, 독일	프랑스, 영국, 네덜란드, 뉴질랜드, 호주	-

자료: 한국농촌경제연구원. (2007). 한국농업기술 이노베이션: 성과와 전략.

2. 농업혁신모형의 변화

농업부문에서 혁신체계 개념이 기여한 측면을 알아보기 위하여 농업부문의 혁신과 관련된 두 가지 중요한 모형들을 비교하는 것이 도움이 될것이다. 농업부문에서 혁신을 바라보는 중요한 개념적 틀로서 주목을 받았던 개념이 바로 '국가농업연구체계'(National Agricultural Research System, NARS), '농업지식정보체계'(Agricultural Knowledge and Information System; AKIS)이다. 1980년대 등장한 국가농업연구체계에 기반을 둔 농업발전전략은 일반적으로 국가수준에서 인프라, 역량, 관리, 그리고 정책지원을 제공함으로써 연구의 공급(research supply)을 강화하는데 초점을 두고 있다.

그 후 1990년대에 주목받은 농업지식정보체계 개념은 연구가 단순히 지식을 생성하거나 접근하는 수단만은 아니라는 것을 인식하고 연구공급뿐만 아니라 연구,교육, 확산 사이의 연계 및 새로운 기술에 대한 농민의 수요를 확인하는 것에 좀더 많은 주의를 기울이고 있다. 한편 가장 최근에 주목받고 있는 농업혁신체계(Agricultural Innovation System;AIS)는 과학 공급자뿐만 아니라 혁신에 관여하는 행위자들의 전체성과 상호작용에 초점을 두고 지식의 생성을 넘어서서 새로운 지식을 요구하거나 새롭고 유용한 방식으로 사용하는데 영향을 미치는 요인들을 강조하고 있다. 이러한 세 가지 접근방법의 차이를 정리하면 표 4-4와 같다.

표 4-4 NARS, AKIS, AIS의 비교

	국가농업연구체계 (NARS)	농업지식정보체계 (AKIS)	농업혁신체계 (AIS)
목적	농업연구, 기술개발, 그리고 기술이전을 위한 기획역량	농촌지역 사람들에 대한 의사전달과 지식전달서비스를 강화하는 것	농업생산과 마케팅체계를 통해 혁신역량을 강화하는 것
행위자들	국가 농업연구기관들, 농업대학, 보급서비스, 농민	국가농업연구기관, 농업대학, 확산서비스, 농민, NGOs, 농촌지역기업들	잠정적으로 농업생산과 마케팅과 관련된 모든 종류의 지식의 생성, 전파, 적응 및 사용에 관여하는 공공 및 민간부문의 모든 행위자들
결과	기술발명과 기술이전	농업생산에 있어서의 기술채택과 혁신	생산, 마케팅, 정책연구, 및 기업영역에 걸친 기술적이고 제도적인 혁신들이 결합
조직화 원칙	새로운 기술을 생성하기 위해 과학을 사용하는 것	농업지식에 대해 접근하는 것	사회적 · 경제적 변화를 위한 지식의 새로운 사용
혁신을 위한 메커니즘	기술이전	상호작용을 통한 학습	상호작용을 통한 학습
정책역할	자원배분, 우선순위결정	연구, 보급과 교육을 연계시키는 것(촉진적 틀)	통합요소와 촉진적 틀
역량강화의 성격	인프라와 인적자원을 강화하는 것	농촌지역의 행위자들 사이의 의사전달을 강화하는 것	행위자들 사이의 상호작용을 강화하는 것; 상호작용, 학습 및 혁신을 지지하는 제도개발과 변화; 촉진적 환경을 만들어내는 것

자료: World Bank(2006)

다음에서는 이 3가지 모형사이의 차이를 좀 더 구체적으로 살펴보고자 한다(World Bank, 2006).

2.1 국가농업연구체계(National Agricultural Research System;NARS)

국가농업연구체계는 한 국가 안에서 그 나라의 농업발전과 자연자원 기반을 지지하는데 기여하는 연구를 조직화하고, 조정하거나, 실행하는데 책임을 지는 모든 조직들로 구성된다. 국가농업연구체계 모형은 지난 40여 년 동안 농업기술개발의 주류를 이루어왔다. 근간을 이루는 아이디어는 전통적인 혁신의 선형모형에 기반을 두고 있다. 농업연구는 기술이전(transfer)을 통해 기술채택과 생산성의 향상을 이끈다. 이러한 목적달성을 위한 역량은 공공부문의 농업연구, 훈련, 그리고 지도를 담당하는 조직들에 의존하게 된다. 역량향상을 위한 전략적 초점은 과학 인프라에 투자하고, 최신기술을 가진 인적 자원을 충원하며, 연구의 우선순위를 세우고, 이러한 우선순위에 따라 집행할 수 있는 운영비를 제공하는 것에 두게 된다. 이 모형은 광범위한 적용가능성과 함께 기술적 해결책이 요구되는 분야(예를 들면, 식량부족을 극복하는 것)에서 매우 효과적인 것으로 평가된다. 반면, 상품성에 따라 우선순위를 정하는 것에 대한 강조는 상대적으로 찾아보기 어렵고, 경제적 중요성을 가질 때까지 새롭게 등장하는 활동들이 소홀히 다루어지는 경향이 있다. 국가농업연구체계 모형은 농업분야 연구결과의 채택이 종종 산출과 투입 가격 정책에 의해 영향을 받는 것과 무관하게 생산기술의 향상을 위한 연구기반을 지나치게 강조하는 경향이 있다.

국가농업연구체계는 농업과학역량을 생성하고 향상된 다양한 지식을 쉽게 구할 수 있도록 만드는데 효과적이었다는 평가를 받아왔다. 하지만 국가농업연구체계는 그 동안의 연구가 기술사용자나 해당분야의 다른 행위자들과 연관되지 못하고 있다는 사실을 간과해왔다. 국가농업연구체계를 통해 제시되는 우선 순위는 고객의 욕구와 해당분야의 변하는 상황을 반영하는데 다소 둔하다는 평가를 받고 있다. 따라서 국가농업연구체계는 급격히 변하는 시장조건들에 대응하고, 생산자들이 새롭게 등장하는 고부가가치의 틈새시장에 공급하기 위한 기술을 제공하는데는 적합하지 않다. 국가농업연구체계의 경우 연구체계의 역량 개발에 지나치게 치중하다보니 새로운 기술의 사용을 가능하게 만드는 다른 요인들에 대해서는 주의를 기울이지 않는 문제점이 있어 왔다.

2.2 농업지식정보체계(Agricultural Knowledge and Information System; AKIS)

농업정보지식체계는 농업관련 기술, 지식 및 정보를 생성하고 공유하며 사용하기위하여 상호학습의 촉진과 사람들과 조직들의 연결을 강조한다. 농업지식정보체계는 다양한 출처로부터 나온 지식과 정보를 이용하기 위하여 농민, 농업교육자, 연구자 및 지도보급관련 인사들을 통합하는데 초점을 둔다.

농민들이 교육, 연구 및 보급(extension)에 의해 형성되는 지식 삼각축의 중심에 놓여있다. 농업정보지식체계는 농업기술 보급장치(agricultural extension arrangements)의 분석에 뿌리를 두고 있다. 이 모형은 어떻게 정보와 아이디어들이 농촌지역의 다양한 행위자 사이에서 소통되는지와 어떻게 이러한 지식이 농촌의 살림살이를 위해 이용될 수 있는지에 큰 관심을 가진다. 농업정보지식체계는 국제식량농업기구(Food and Agriculture Organization; FAO)에 의해 강력하게 추진되었고, 특히 지식 사용자와 생산자 사이의 제한된 상호작용을 포함하여 전통적 농업연구 및 보급체계의 한계를 극복하기 위하여 많은 노력을 기울렸다.

농업지식정보체계는 다양한 출처의 정보들이 농업혁신에 기여한다는 것을 인식하고 그들 출처들 사이의 의사소통을 위한 채널을 발전시키는데 관심을 갖는다. 혁신을 하나의 사회적 학습과정으로서 보는 이 모형에서는 농민과의 적극적 상호작용을 통해 시넥의 역량을 발전시키는 것뿐만 아니라 농업연구 보급의 범위를 확대해나갈 것을 강조한다. 특히 교육이 농부들의 혁신과정에 참여하는 역량을 향상시킨다는 것을 인식함으로써 교육자의 역할을 강조하는 것이 이 모형의 주목할 만한 특징이다.

반면 이 모형의 초점은 농촌 환경에서의 행위자 및 과정에만 제한되고, 특히 투입과 산출 시장, 민간부문, 촉진적 정책 환경, 다른 산업부문의 역할에 대해서는 거의 주의를 기울이지 않는다. 농업정보지식체계는 농민들로부터 연구체계로 정보가 전달되는 것의 중요성을 어느 정도 인식하지만 여전히 대부분의 기술들이 연구자들로부터 농부들에게 전달된다는 사고의 경향을 벗어나지 못하고 있다.

2.3 농업혁신체계(Agricultural Innovation System;AIS)

농업혁신체계의 개념은 국가농업연구체계와 농업정보지식체계 모형에서 강조하는 역량과 과정을 중요시한다. 하지만 농업혁신체계 개념은 가치사슬을 따라 등장하는 민간부문을 포함한 혁신에 관여하는 더 광범위한 행위자들과 분야들을 인식하고 있다. 혁신체계관점은 지식의 사용을 지원하는 촉진적 환경을 만들어내는 것이 연구와 보급기제들을 통하여 지식의 사용을 가능하게 만드는 것만큼이나 중요하다고 인식한다.

또한 농업혁신체계 관점은 창조적 적응과 혁신을 위한 자원지금과 같은 과정에도 관심을 가짐으로써 혁신을 지원할 수 있는 더 광범위한 유형의 활동들을 포용하고 있다는 특징을 가지고 있다. 농업지식정보체계와 마찬가지로 농업혁신체계 개념은 행위자들 사이의 상호작용을 강조하지만, 혁신을 촉진할 수있는 잠재적인 더 광범위한 유형의 관계들을 포함한다. 이렇듯 좀 더 광범위한 행위자와 맥락들 사이의 관계의 포용은 급격히 변화하는 시장, 기술적 · 사회적 · 정치적 환경에 대응할 수 있는 혁신역량의 개념 속에서 강조된다.

다른 산업부문에서 광범위하게 검증된 혁신체계 개념은 지식을 생성하고 전파하며, 사용하기 위한 역량강화로 이끌 수 있는 전체론적(holistic)관점을 제공한다. 지식과 기술뿐만 아니라 역량개발은 조직들이 지식, 학습, 그리고 혁신과 서로 다른 조직들 사이에 존재하는 관계 및 상호작용의 패턴에 영향을 미치는 태도와 실천방식을 포함한다. 또한 혁신체계 개념은 혁신과 투자의 필요성을 강력하게 연계시킨다는 장점이 있다.

하지만 혁신체계개념은 농업부문에서는 아직까지 검증되지 않은 상태에 있다. 특히 분석적 차원에서 혁신체계가 강조하는 상호작용들과 혁신역량의 제도적 차원들은 산업 및 국가통계로부터 쉽게 추적되지 않는 차원의 것이다. 따라서 농업 혁신체계와 관련한 상호작용들과 혁신역량의 제도적차원들을 진단하는 것은 쉽지 않은 과제로서 앞으로 다양한 탐색적 · 심층적 자료의 축적과 경험적 연구와 평가를 통하여 농업혁신체계의 적실성을 검증해나가는 것이 필요하다.

농업혁신체계 관점에서는 농업기업, 연구자, 상담자, 정책결정자, 공급자와 처리산업, 소매 고객을 포함하는 다양한 행위자들이 농업혁신에 관련된 것으로 간수된다. 이러한 행위자들은 혁신을 생성하기 위하여 공동학습과 협상의 과정에 관여하는 연합(coalition)을 형성한다. 효과적인 네트워크에 관여하는 것이 혁신에 대한 핵심인 것으로 간주된다.

그러한 혁신연합에 있어서 농업R&D는 지식과 정보의 지배적 공급자가 아니라 많은 이해당사자들 사이의 하나에 불과하게 된다. 그림 4-10은 이러한 다양한 행위자들을 포함한 농업혁신체계의 구성요소를 보여주고 있다.

Rajalahti et al.(2009)은 혁신역량에 대한 농업혁신체계에 대해 다음과 같이 정리하고 있다. 첫째, 연구체계와 산출을 강조하는 것보다 기술과 지식생성 및 채택으로부터 나타나는 발전의 결과와 성장을 강조한다.

둘째, 혁신과 성장을 위해 필요한 행위자들과 요인들의 전체성에 초점을 둔다. 과학이 혁신의 중요한 출처로 간주되지만, 농업혁신체계는 상대적으로 덜 과학주도적인 과정이다.

셋째, 선자서으로 집합적 행위와 다양한 지식출처에 의존하는 상호작용적이고 역동적인 과정으로부터 도출된 혁신을 강조한다.

넷째, 한 부문에서의 상호작용의 중요성을 강조한다. 좀 더 포용적이고 서로 다른 행위자들의 자원들을 활용한다. 즉 민간부문의 역할이 좀 더 부각되고, 시민사회와 농민의 결사체들이 집합적 행위를 촉진하는데 중요한 역할을 한다.

다섯째, 민간무문과 농업비즈니스의 역할을 공고하게 한다. 가치사슬이 농업혁신체계에서 특별히 중요한 조직적 형태이다.

여섯째, 농업교육과 훈련체계와 촉진적 환경의 역할을 포함한 다양한 행위자들의 혁신역량을 생성할 필요성을 매우 중요시한다.

일곱째, 상황별 구체성을 띠고 기회와 구속적 제약요인들을 확인하는 것을 허용하며 결과적으로 한 국가 · 영토 · 부문의 발전단계에 맞는 맞춤식의 점진적 지원과 투자를 허용한다.

그림 4-10 농업혁신체계의 구성요소

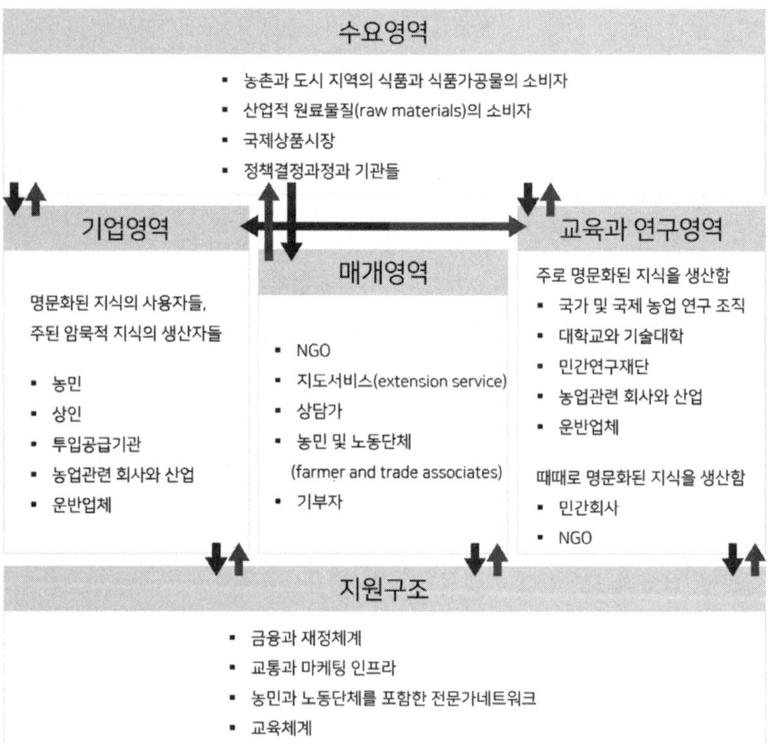

자료: 기영석외(외국의 농업기술 혁신시스템 연구동향, 2010) p.37에서 인용

농업혁신체계는 혁신체계 개념을 농업부문에 적용한 것이다. 이미 국가혁신체계 또는 지역혁신체계 개념이 도입되어 상당부분 공론화되어있는 현실 속에서 특정 산업분야인 농업부문과 관련하여 혁신체계 개념을 논의하는 것은 비단 우리나라뿐만 아니라 국제적으로도 가장 최근의 현상이다. 따라서 농업분야에서 혁신체계 접근의 유용성은 앞으로 얼마나 혁신체계 모형이 제시하고 있는 규범을 공유하고 처방을 실천에 옮기느냐에 못지않게, 하나의 분석틀로서 현상의 진단과 혁신체계 실험의 모니터링을 위한 도구로 활용하며 경험적 자료를 축적해나가느냐에 달려있게 될 것이다. 농업부문 혁신을 위한 새로운 준거 틀이라는 기대와 함께 현 시점에서 앞으로 혁신체계 접근을 적용해나가는데 있어서 유의해야할 점을 살펴보면 다음과 같다(World Bank, 2008).

첫째 농업혁신체계는 진화하는 준거 틀이고, 그것의 적용은 유연성과 학습을 필요로 하며, 어떠한 청사진도 존재하지 않는다. 여전히 진화하는 개념으로서 농업혁신체계 모형이 좀 더 분명한 특징을 가지고, 성공요인, 운영상의 시사점, 분석적 도구로 자리 잡기 위해서는 더 많은 분석과 연구를 통해 개념에 대한 이해를 향상시켜나가야 한다. 둘째, 농업혁신체계는 한 정부의 국가과학기술 정책과 전략의 일부분으로 간주될 수 있다. 국가전체의 농업 및 농촌 발전의제와 열망이 농업기술체계 활동들을 유도하고, 그들의 장기적 우선순위와 혁신역량에 대한 투자를 이끌어낸다.

셋째, 설계와 집행을 통해 농업부문의 이해당사자들에게 농업혁신체계의 잠재적 이점과 도전에 대해 효과적으로 의사소통이 이루어져야한다. 이러한 의사소통이 정치적 의지를 자극하고 해당 공공부서들과 민간부문에 관련된 경제적 주장들을 제공하도록 하는 것이 중요하다.

넷째, 현존하는 농업혁신체계의 평가와 분석 및 농업혁신체계 관련 욕구의 확인을 포함한 농업혁신체계 구축을 위한 활동은 이해 당사자간 토론 또는 자문의 단계를 마련하고, 집행단계를 통하여 유지시켜야 한다.

다섯째, 주어진 구체적 맥락에서 핵심요인들, 행위자들, 조건들을 이해함으로써 혁신체계의 현 상태에 대한 전체적 그림을 그리고 분석해 나가야만 한다.

여섯째, 처음부터 체계적으로 혁신역량과 제도적 쟁점들을 탐구하고 역량 형성계획을 세워야한다.

일곱째, 영향을 연구하고 평가하는 도구를 개발해야한다. 대부분의 농업부문 파트너십들은 모니터링과 평가에 충분한 주의를 기울여 오지 않았다. 모니터링과 평가는 적절하고 구체적인 혁신지표들을 필요로 한다. 이러한 지표들은 다양한 목적을 위해 사용될 수 있다. 예를 들면, 농업혁신지표들의 개발과 소통은 정책담론을 촉진하고 농업혁신정책을 유도하는 중요한 도구가 될 수 있다. 다음 단계에서 필요한 연구 중 하나는 농업혁신체계를 위한 국가수준의 벤치마킹 도구를 개발하는 연구이다. 이러한 도구는 국가간 농업혁신체계의 장점과 단점을 비교하는 것을 가능하게 할 것이다. 또한 그것은 지속가능한 농업혁신체계에 대한 투자를 유도하는데 매우 유용하게 사용될 것이다.

여덟째, 실천을 위한 커뮤니티가 형성되어야한다. 농업혁신체계의 이해를 돕고, 그 영향을 연구하고 평가하기 위한 도구를 개발하며, 농업혁신체계의 효과성에 대한 증거를 소통하는 것은 농업혁신체계 커뮤니티를 통해 더 잘 구현될 수 있다. 경험을 광범위하게 공유하고, 농업혁신체계 모형의 조작화를 촉진하기 위해서는 국제적 실천커뮤니티가 형성될 필요가 있다.

참고문헌

강경하, 이민수, 최영찬(2000), 원예부문 연구 및 지도사업의 투자효과 분석, 한국농촌지도학회지, 제 7권 제 2호.

강원대 산학협력단(2010), 농촌진흥사업 핵심기술개발의 기술가치및 경제적효과분석.

강창용외(2012), 농림업 후방연관산업의 전략적 발전방안 연구, 연구보고 R665, 한국농촌경제연구원.

강창호(2012) 농업인신문 칼럼 (http://www.nongupin.co.kr).

곽현근(2010), 농업부문 혁신 패러다임 변화에 관한 탐색적 연구- 농업혁신체계(AIS)를 중심으로, 한국행정학회 2010년도 동계학술대회.

권오복외(2009), 시설농자재산업의 발전방안 연구, C2009-48, 한국농촌경제연구원.

권오상(2013), 농업 R&D의 경제적/공익적가치, 과학기술정책 통권 190호.

기영석외(2010), 외국의 농업기술 혁신시스템 연구동향, 농촌진흥청.

김미복외(2014), 농업구조변화, 농가경제, 정책의 시사점, 한국농촌경제연구원.

김병률외(2009), 농업경쟁력 저해요인 실태분석을 통한 농업부문 경쟁력제고 방안 연구, R586, 한국농촌경제연구원.

김병률외(2011), 농림수산서비스 산업 발전방안 연구, C2011-31, 한국농촌경제연구원.

김용택외(2000), 농업생산성 제고방안, 수탁연구, 한국농촌경제연구원.

김은순(1986), 이윤함수 접근법에 의한 농업연구 보급사업의 효과분석, 농촌경제 제 9권 제 3호.

김정호외(2000), 한국의 농업기술 발전과 대중국 협력 가능성, MIMEO.

노재선 · 홍준표 · 권오상. (2004). "한국 농업의 연구개발 투자 효과분석. 「농업경영 · 정책연구」. 31(2).

농림기술관리센터(2000), 농림기술개발사업의 경제성 평가 및 성과관리시스템 개발, 농림부.

농림축산식품부(2013). 농업경영비 절감을 위한 농자재 산업종합대책.

농촌진흥청, 농업경영개선을 위한 농축산물 소득자료집, 각년도.

농촌진흥청 국립축산과학원(2013), 2013 축산기술개발 경제성분석방법 및 사례.

농촌진흥청(2015), 농업과학기술 경제성 분석 기준자료집(2014).

미래창조과학부(2013), 2012년도 기술수준평가 결과, 국가과학기술심의회 운영위원회.

박기환(2010), 종자산업의 현 주소와 나아갈 방향, 농정포커스, 한국농촌경제연구원.
박정근(2007), 농업연구개발정책, 박영사.
박진도외 (2008). 농정추진체계 혁신방안: 중앙농정조직과 외청의 개혁을 중심으로.「농업경영 · 정책연구」, 35(1).
서종혁(2007), 한국농업기술 이노베이션: 성과와 전략, 연구총서 25, 한국농촌경제연구원.
송남근(2012), 농업분야 경쟁력 측정 및 결정요인, MIMEO.
안병일(2010), 지역농업과 식품산업의 연계방향, 농업생명과학연구 44(2) pp.75-84.
유영봉(2007), 한국농업의 미래를 위한 제안, Lecture6, GS&J 인스티튜트.
유춘권외(2013), UR전후 농업생산성의 변화와 시사점, NHERI 레포트, 농협경제연구소.
윤명중(2013), 일본농업의 경쟁력 강화를 위한 정책방향, 세계농업 제154호, 한국농촌경제연구원.
이동현외(2011), 주요 작목별 가치창출을 위한 생산유통프로세스 분석, 농촌진흥청.
이명기외(2014), 농업R&D 거버넌스 효율성 제고 및 민간투자 활성화 방안(1/2차연도), 연구보고 R73, 한국 농촌경제연구원.
이명기외(2015), 농업R&D 거버넌스 효율성 제고 및 민간투자 활성화 방안(2/2차연도), 연구보고 R748, 한국 농촌경제연구원.
이병훈외(2013), 농업경쟁력 평가지표 개발연구, 정책연구보고 P177, 한국농촌경제연구원.
임승빈외(2010), 우리나라 농업 R&D 보급역할과 성과-사회문화적 성과지표개발에 관한 연구, 한국정책과학학회.
정도영외(2010), 농림어업의 총투입 및 총수요 구조변화 추이분석 - 투입산출 요인분해를 중심으로, 한국경제학보 제17권 제2호.
정 성 철 외(1993), 기술개발투자의 경제효과분석: 모형개발을 위한 사전조사 연구, 정책연구 93-04, 한국과학기술연구원.
제레미 리프킨(2005), 노동의 종말, 민음사.
조성제외(2011) 우리나라 농식품 수출부문의 경쟁력향상 방안 연구:포터의 다이아몬드 모델을 중심으로 통상정보연구 13(3):249~274.
조승연(2002). 농업기계화와 농업생산조직의 변화, 생활문물연구 제4호.
AEA (American Evaluation Association). (1995). Guiding Principles for Evaluators. in.
William Shadish, Dianna Newman, Mary Ann Scheirer and Christoper Wye (eds.).
Guiding Principles for Evaluators (New Directions for Program Evaluation, No.66). San

Francisco: Jossey-Bass.

Agwu, A. E., Dimelu, M. U., and Madukew, M. C. (2008). Innovation system approach to agricultural development: Policy implications for agricultural delivery in Nigeria. African Journal of Biotechnology, 7(11).

Arnon, I. (1989). Agricultural Research & Technology Transfer. ELSEVIER APPLIED SCIENCE.

Barker, Katherine. (1997). The British Model : Evaluation by Professionals. in Callon.

Bobe, B. (1991). Trends in the Use of R&D Output Indicators in EC Programme Evaluation. Sicentometrics. 21(3).

Chelimsky, Eleanor (ed.). (1985). Program Evaluation : Patterns and Directions.

Washington. D.C.: The American Society for Public Administration.

Cook, Thomas and Charles Gruder. (1978). Meta-evaluation Research. Evaluation Quarterly. 2(1).

Cooksy, Leslie. (1999). The Meta-Evaluand : The Evaluation of Project TEAMS. American Journal of Evaluation. 20(1).

Cozzens, S. et al. (1994). Methods for Evaluating Fundamental Science. RAND/CTI 875/2-CTI. Washington DC.

Dane, J. (2010). Enhancing Performance of agricultural innovation system. Rural Development News, 1.

David M, Saxowsky etc at al(1998). Understanding Agriculture's Transition into the 21st Century: Challenges, Opportunities, Consequences and Alternatives, Dept of Agricultural Economics, North Dakota University.

David B. Schweikhardt(2000), Reconsidering the Farm Problem Under an Industrializing Agricultural Sector, Dept. of Agricultural Economics, Michigan State University.

David Sunding and David Zilberman(2000), The Agricultural Innovation Process: Research and Technology Adoption in A Changing Agricultural Sector, for the Handbook of Agricultural Economics.

EC (European Commission). (2000). Good Practice Guidelines for the Management of the Evaluation Function. Brussels: EU (http://europa.eu.int/comm/budget/evaluation/en/ goodpractice_en.pdf).

Eberhardt, Markus and Vollrath,Dietrich(2014), Agricultural Technology and Structural

Change, CSAE Working Paper WPS/2014-21.

Etzkowitz, H. and L. Leydesdorff (2000). The Dynamics of Innovation: From National Systems and 'Mode 2' to a Triple Helix of University- Industry-Government Relations. Research Policy. 29(2).

Freeman, C. (1987). Technological Policy and Economic Performance: Lessons from Japan. Pinter Publishers.

Geisler, Eliezer. (1994). Key Output Indicators in Performance Evaluation of Research and Development Organization. Technological Forecasting and Social Change. 47.

Georghiou, Luke and David Roessner. (2000). Evaluating Technology Programs : Tools and Methods. Research Policy. 20.

Georghiou, Luke. (1989). Organization of Evaluation. in David Everd and Sara Harnett (eds.). The Evaluation of Scientific Research (Ciba Foundation Research Conference). Chichester: John Wiley and Sons.

Georghiou, Luke. (1995). Assessing the Framework Programmes : A Meta-evaluation. Evaluation. 1(2).

Georghiou, Luke. (1998). Issues in the Evaluation of Innovation and Technology Policy. Evaluation. 4(1).

Georghiou, Luke. (1999). Meta-evaluation : Evaluation of Evaluations. Scientometrics. 45(3).

Gibbons, M., C. Limoges, H. Nowotny, S. Schwartzman, P. Scott, and M. Trow (1994). The New Production of Knowledge: The Dynamics of Science and Research in Contemporary Societies. London: Sage Publication.

Gibbons, Michael and Luke Georghiou. (1897). Evaluation of Research : A Selection of Current Practices. OECD: Paris.

Grasso, Patrick. (1999). Meta-evaluation of an Evaluation of Reader Focused Writing for the Veterans Benefits Administration. American Journal of Evaluation. 20(2).

Griliches, Zvi(1979), Issues in Assessing the Contribution of Research and Development to Productivity Growth, Bell Journal of Economics 10, no. 1 pp.92-116.

Griliches, Zvi(1998), R&D and Productivity: The Econometric Evidence, University of Chicago Press,.

Hager, Willi and Marcus Hasselhorn. (1998). The Effectiveness of the Cognitive Training for Children from a Differential Perspective : A Meta-evaluation. Learning and Instruction.

8(5).

Hall, A. (2007). Challenges to Strengthening Agricultural Innovation Systems: Where De We Go From Here? United Nations University. Working Paper Series. No. 2007-038.

Hall, A., Sulaiman, V. R., Clark, N., and Yoganand, B. (2003). From measuring impact to learning institutional lessons: an innovation systems perspective on improving the management of international agricultural research. Agricultural Systems, 78.

Havelock, Ronald G. (1971). Planning for Innovation through Dissemination and Utilization of Knowledge. Ann Arbor, Michigan: Center for Utilization of Scientific Knowledge, Institute for Social Research, Univ. of Michigan.

Hekkert, M. P., Suurs, R. A., Negro, S. O., Kuhlmann, S., and Smits, R. E. (2007).

Functions of innovation system: A new approach for analyzing technological change. Technological Forecasting & Social Change, 74.

Hertz. D.B. (1957). The Creative Mentality in Industrial Research. in R.T. Livingstonf and R.H〉 Milberg ed. Human Relations in Industrial Research Mnanngement. Columbia University Press.

Hong, Heung-deug. (2000). Meta-evaluation of National Large-scale R&D Programmes : A Comparative Analysis of Evaluation Systems of 6 National R&D Programmes. Ph.D. Thesis. The University of Manchester.

Hoogerwerf, Andreis. (1992). Policy Evaluation and Government in the Netherlands : Meta Evaluation Research as One of the Solutions. in John Mayne et al. (eds.). Advancing Public Policy Evaluation: Learning from International Experiences. Amsterdam: North-Holland.

Horvat, M. (1999). Meta-evaluation : Evaluation of Evaluations Some Points for Discussion. Scientometrics, 45(3).

Howells, J. (2006). Intermediation and the role of intermediaries in innovation policy. Research Policy, 35(5).

Klerkx, L., Aarts, N., and Leeuwis, C. (2010). Adaptive management in agricultural innovation systems: The interactions between innovation networks and their environment. Agricultural Systems, 103.

Klerkx, L., and Leeuwis, C. (2008). Balancing multiple interests: Embedding innovation intermediation in the agricultural knowledge infrastructure. Technovation, 28.

Klerkx, L., and Leeuwis, C. (2009). Establishing and embedding of innovation brokers at different innovation system levels: Insights from the Dutch agricultural sector. Technological Forecasting & Social Change, 76.

Klopsteg.P.R. (1945). Increasing the Productivity of Research. Science. 101.

Larson, Richard and Leni Berliner. (1983). On Evaluating Evaluation. Policy Sciences. 16(2).

Lundvall, B. (1992). National Systems of Innovation: Toword a Theory of Innovation and Interactive Learning. Pinter Publishers. London.

Lundvall, B.(1988). Innovation as an Interactive Process: from User-Producer Interaction to the National System of Innovation.

Masakatsu Akino & Yujiro Hayami,(1974). "Sources of Agricultural Growth in Japan, 1880-1965," The Quarterly Journal of Economics, Oxford University Press, vol. 88(3), pages 454-479.

Michel et al.(2001). The Strategic Management of Research and Technology : Evaluation of Programmes. Paris: Economica International.

Nelson, R and N. Rosenberg. (1993). Technical Innovation and National systems. in.

Nelson, R, (Eds) National Innovation systems: A Comparative Analysis. Oxford University Press. New York and Oxford.

Nelson, R. (ed). (1993). National Innovation systems: A Comparative Analysis. Oxford University Press.

OECD(1997). National Innovation Systems. OECD.

OECD(2000). OECD Science and Technology and Industry Outlook 2000 : Korea.

OECD(2011), Fostering Productivity and Competitiveness in Agriculture.

OECD(2015), Analysing Policies to Improve Agricultural Productivity Growth, Sustainably, Draft Framework.

Orata, Pedro. (1940). Evaluating Evaluation. Journal of Educational Research, 33(9).

Porter, M. (1990). The Competitive advantage of Nations. Free Press, Macmillan, New York.

Praestgaard, E.. (1999). Meta-evaluation : Evaluation of Evaluations. Scientometrics, 45(3). Rogers, Patricia and Gary Hough. (1995). Improving the Effectiveness of Evaluations : Making the Link to Organizational Theory. Evaluation and Program Planning. 18(4).

Riikka Rajalahti(2009). Promoting Agricultural Innovation Systems Approach: The Way Forward, Agriculture and Rural Development Department, the World Bank.

Rogers, Patricia. (1995). Meta-evaluation : Evaluating the Evaluation and Evaluation.

System. presented in Health Evaluation Conference, Sydney. Australia.

Schmookler, J. (1966), 1nvention and Economic Growth, Cambridge: Harvard University Press.

Smith, R. (2002). Innovation studies in the 21st century: Questions form a user's perspective. Technological Forecasting & Social Change, 69.

Solow, R. (1957) , "Technical change and the aggregate production function" , Review of Economics and Statistics , Vol.57, pp.312-320.

Sunding David and Zilberman David(2000), The Agricultural Innovation Process:Research and Technology Adoption in a Changing Agricultural Sector, for the Handbook of Agricultural Economics.

USDA, (2011): Technology Transfer Program and Formal Links to Economic Development through its Agricultural Technology Innovation Partnership Program(ATIP), Agricultural Research Service(ARS).

Wang, Sun Ling, Heisey P. Schimmelpfennig David and Ball, Eldon(2015), Agricultural Productivity Growth in the United States: Measurements, Trends, and Drivers, Economic Research Report 189, ERS, USDA.

Wieczorek, A., Hekkert, M., Smits, R. (2010). Systemic policy instruments and their role in addressing sustainability challenges.

World Bank(2006). Enhancing Agricultural Innovation: How to Go Beyond the Strengthening of Research Systems. Agricultural and Rural Development.

World Bank(2008). Agricultural Innovation Systems: From Diagnostics toward Operational Practices. Agricultural and Rural Development.

World Bank(2012), Agricultural Innovation Systems; An Investment Source Book.

05

농업기술가치의 평가

05

농업기술의 가치 평가

제1절 기술가치 평가의 개념

1. 기술평가[1]

세계지적재산권기구(WIPO)에서는 기술은 특정분야 지식의 실제적 응용과정, 절차, 제조 또는 농업·공업·상업분야에서의 서비스 제공을 위한 체계화된 지식으로 정의한다. 한편 우리나라에서는 기술은 기술의 이전 및 사업화촉진에 관한 법률상의 제 2조 1항의 특허, 실용신안, 의장, 반도체 배치설계, 기술이 집적된 자본재, 소프트웨어 등 지적재산인 기술 및 디자인, 기술정

1 지식경제부(기술가치 평가 실무요령,2008)

보 등 협의 개념으로 정의하고 있다.

반면에 넓은 의미의 기술개념은 무형의 기술자산 즉 지적재산권, R&D 인력 및 조직, 연구 및 생산시설, 기술제품 및 판매력, 기업화 능력 등을 포함한다. 여기서 지적재산권이란 산업재산권(특허권, 실용신안권, 의장권, 상표권), 저작권(저작재산권, 저작인격권), 신지식재산권(컴퓨터프로그램, 데이타베이스 등 산업저작권, 반도체집적회로 등 첨단산업재산권, 영업비밀 등 정보재산권)을 의미한다. 한편 기업의 관점에서 기술이란 제품 또는 서비스의 생산 및 판매에 요구되는 정보이며 이는 제품기술, 공정기술, 경영기술의 세 가지로 구성된다고 한다.

기술을 평가한다는 것은 부가가치에 기여하는 기술적 자원요소를 찾아내어 기업경쟁력에 어느 정도를 영향을 미치게 될 것인가 파악하는 작업을 의미한다. 기술평가는 그 목적에 따라 크게 다섯 가지 측면에서 구분될 수 있으며, 이러한 평가유형에 따라 적용될 평가방법론이 달라지고, 그 평가결과 또한 상이하게 된다.

첫째 유형은 기술혁신의 현장에서 이루어지는 기술평가(technology evaluation)이다. 이 평가는 아이디어의 우수성 평가, 연구개발 프로젝트의 선정을 위한 평가, 프로젝트의 계속 여부 판단, 다른 기술과의 비교 등의 차원에서 검토되는 평가이다. 이 유형은 과학적 혹은 공학적 평가와 특정 연구개발 혹은 기술개발 사업을 위한 목적별 평가라는 형태로 구분되나 크게 보아 과학기술계 내부의 가치평가라 할 것이다.

두 번째 유형은 기술의 예측평가로서 일반적으로는 기술예측(technology foresight) 이라 표현된다. 이 평가는 미래의 기술이 어떻게 발전하게 될 것인지를 예측하는 것이라고 할 수 있으며, 기술혁신의 전반적인 동향이나 특정 기술의 발전여부 등에 대한 평가활동을 의미한다. 이러한 평가는 국가의 산업정책을 수립하기 위하여 필요한 평가라 할 수 있다.

세 번째 유형은 특정기술의 사회경제적인 영향을 파악하고자 하는 것으로 기술영향평가(technology assessment)이다. 기술영향평가는 특정기술이 사회에 미치는 부정적인 영향을 파악하고자 하는 것으로서, 평가대상 기술에 대한 경제적인 측면과 함께 사회적인 측면도 동시에 검토되며, 긍정적인 측면과 함께 부정적인 측면이 함께 검토된다. 이러한 특성으로 사회학이나 철학 혹은 역사학에서 주로 검토되는 평가형태이다.

기술평가의 네 번째 유형은 기술에 대한 경제성 평가(cost benefit analysis)이다. 이 접근은 현장 중심의 경제성(feasibility study)은 산업공학에서, 경제적인 파급효과(economic effects)는 경제학에서 주로 검토된다. 경제적인 파급효과 분석은 경제 전체에서 나타나는 효과를 수치로 파악한다는 점에서 전반적으로 복잡한 계산절차를 갖는다.

기술평가의 다섯 번째 유형은 협의의 기술가치 평가(technology valuation)이다. 이 유형에서는 기술의 사회경제적인 영향은 모두 무시하고 돈으로 환산되는 화폐적인 가치만을 측정한다는 특징이 있다. 기본적으로 거래가 전제되는 평가가 이루어지는 것이다. 이 유형의 평가는 최근에 크게 부각되고 있고, 산업기술기반조성법이나 벤처기업육성특별법에서 언급하고 있는 기술평가이다.

2. 기술가치의 평가

미국 OTA(office of technology assessment)는 기술가치 평가를 새로운 기술에 대한 경제성, 권리성, 대체성 및 기타요인에 대한 기회요인과 위험요인을 종합적으로 분석하여 기술의 시장가치를 환산하는 일련의 활동으로 정의하고 있다. 구체적으로 기술가치의 평가는 기업 또는 개인이 보유하고 있는 기술에 대하여 현재 시현 되고 있거나 장래에 시현될 무형의 자산가치를 평가하여 기술의 가치를 금액으로 환산 표시하는 것이다. 기술 가치평가는 기술 자체가 갖고 있는 공정한 시장 가치를 평가하는 것이 중요하며, 가능한 중립적 거래상황에서 기술의 금전적 가치를 측정하여야 한다.

기술 가치를 평가하는 목적은 다양하나 이를 유형별로 분류하여 보면 다음과 같다.

①거래목적 : 기술의 구입, 판매, 라이센싱(licensing)을 위한 거래 가격 사정

②금융목적 : 기술의 재무 증권화 또는 대출 담보 설정

③세무목적 : 기술의 기증, 처분, 상각을 위한 세무 계획 수립 및 세금 납부

④기업전략 : 기업의 가치 증진, 기술상품화, 분사(spin-off), 기타 장기 전략적 경영계획 수립

⑤청산목적 : 기업의 파산 또는 구조 조정에 따른 자산 평가, 채무 상환 계획 수립

⑥소송목적 : 특허권 침해, 채무 불이행, 기타 재산 분쟁관련의 법적 소송

제품과 서비스는 시장이 존재하므로 공정한 가치평가의 대안으로 시장가치(market value)를 통한 가치의 파악이 가능하다. 그러나 기술의 가치를 평가할 때 기술은 일반 상품처럼 시장이 존재하지 않는 경우가 허다하다. 실제 거래가 이루어지지 않은 상황에서는 기술이 지닌 가치를 화폐가치로 환산한다는 것은 쉽지않고 측정 결과에 대한 신뢰성 확보도 어렵다. 따라서 대부분의 기술 가치평가는 평가 대상 기술의 금전적 가치를 서열 또는 등급으로 구분하는 수준에서 이루어지며 기술가치 등급평가와 화폐가치 평가 방법으로 나누어 평가하게 된다. 기술가치 등급평가는 투자위험이 큰 연구개발 프로젝트 혹은 벤처(venture) 프로젝트 등에 투자하는 경우에는 프로젝트의 금전적 가치평가 못지 않게 프로젝트가 지니고 있는 가능성과 위험을 분명히 파악할 수 있어 유용하게 활용될 수 있다. 기술가치의 평가에 있어서 원칙은 다음 4가지를 들 수 있다.

①완전성의 원칙: 평가정보 이용자의 의사결정에 중요한 평가정보는 모두 고려해야 함.

②공정가치주의의 원칙: 기술은 평가시의 공정 가치로 평가되어야 함.

③현금주의의 원칙: 가치평가에서 수익 · 비용의 인식은 현금흐름에 바탕을 둠.

④수익 비용대응의 원칙: 기술관리 수익과 비용은 동일한 기간에 대응시킨다는 원칙.

맥그래쓰(McGrath, 1997)는 미래 이익 창출에 대한 불확실성과 전략적 기회 등 기술가치 평가에 영향을 미치는 주요 요인들을 체계화하였다. 그는 기술가치 평가에 영향을 미치는 요인으로서 총 누적순수익, 수익 유지능력, 상업화 비용, 기술개발 비용의 네 가지로 크게 구분하였다. 총 누적순수익은 제품의 수요구조, 시장 적응 속도, 진입 저지, 판매 금지의 불확실성에 좌우되며, 수익의 유지능력은 제품 기술대체 가능성, 제품 모방 가능성에 기인한다고 하였다. 또한 상업화 비용은 기업의 하부구조, 병행 기술 개발, 공조 전무자원 소요에 영향을 받으며, 기술개발 비용은 기술축적 효과와 기술 수명주기의 상태에 의한다고 하였다. 이를 구체적으로 기술하면 다음 표 5-1과 같다.

표 5-1 기술가치 평가에 영향을 주는 요인

구분	영향요소	내 용
총누적 순수익	수요구조	제품 수요의 성장 곡선 형태 및 성장 가능성
	시장 적응 속도	제품 발매 초기에 소비자의 구매 수준 및 급성장이 시작되는 임계 구매량의 규모
	진입 저지	경쟁회사의 자사 제품 시장 보호를 위한 신제품 진입 장해
	수용	정부 시책에 의한 수용 또는 판매 제한, 협회 등의 방해
수익유지 능력	기술대체	제품의 주요 기능을 다른 기술로서 달성하는 제품의 출현
	모방	제품의 성능을 모방한 유사 제품의 출연
상업화 비용	하부구조	판매 인적자원, 유통 채널, 통신 기술, 물류 시스템 등의 영업 경쟁력 관련 요소
	병행 기술 개발	PC 판매하는 PC용 소프트웨어가 요구되듯이 제품 판매에 필요한 관련 기술의 개발
	공조전문자원소요	제품 개발에 요구되는 외부로부터의 산업으로서의 진출 가능성
기술개발 비용	기술 수명주기 상태	진보된 기술이 출현하기까지의 기간 및 개발 기술이 업계 표준으로의 채택 가능성

한편 라일리와 쉬웨이스(Reily & Schweihs, 1998)는 기술가치에 영향을 주는 속성들을 다음 표 5-2와 같이 열거하였다.

표 5-2 기술가치에 영향을 주는 속성

속성	내용
나이	- 기술이 새로 개발된 최첨단 기술인가 해 묵은 기술인가 - 경쟁 기술과 비교하여 볼 때 신기술인가 아닌가
사용범위	- 제품 또는 서비스에 일관되게 사용되며, 기술의 효과가 입증됨 - 기술이 사용되는 제품 및 서비스의 범위 정도 - 기술이 사용되는 산업의 범위 정도
가능성	- 기술이 새로운 제품이나 서비스로 확대될 가능성 - 기술이 새로운 산업에 면허(license)될 가능성
검증성	- 기술의 응용이 입증됨 - 기술이 이미 상업적으로 면허됨
이익성	- 제품이나 서비스의 이익률과 투자회수를 산업 평균과 비교 - 제품이나 서비스의 이익률과 투자회수를 경쟁 제품과 비교
비용	- 기술 수준을 최첨단으로 유지하는데 드는 비용 - 기술 활용을 상업화하는데 드는 비용
시장	- 기술을 사용하는 제품 및 서비스의 시장 점유율과 비교 - 제품 및 서비스 시장의 규모가 팽창 혹은 축소 여부 - 경쟁 기술 제품 및 서비스 시장의 팽창 속도와 비교 - 기술에 대하여 인지되는(perceived) 수요의 충족 여부

제2절 기술가치의 평가기법[2]

1. 절대가치 평가법

기술가치의 평가는 무형의 기술을 대상으로 하기 때문에 그 기술의 기술

2 지식경제부(기술가치 평가실무요령, 2000) 내용을 요약 정리함.

성, 사업성, 시장성을 검토하여 금액, 등급, 점수, 의견 등으로 표시하는 절대적 평가활동이 필요한데 이러한 기술가치평가방법의 내용에는 기술성평가, 시장성평가, 사업성평가가 있다.

1. 1 기술성평가

기술성평가는 요소기술 또는 복합기술의 기술성에 대한 평가를 의미하는 것으로, 요소(복합)기술의 적용제품에 대한 기여도, 기술개요, 국내외 기술동향, 기술개발환경, 기술수준 등에 대해 평가하는 것이다. 기술성 평가의 주요 목표는 기술의 우수성을 판단하기 위한 것이며 분석내용은 기술의 동향 및 경쟁력 수준 판단, 기술기여도 산출에 활용되고 있다.

표 5-3 기술성 평가 내용

평가항목	평 가 내 용
기술 수준	· 기존제품 또는 특정규격 등과 비교한 기술수준평가 - 기술의 난이도, 기술의 정밀도, 기능 및 성능 등
기술 활용성	· 기존기술 또는 기존제품과 비교한 활용도 평가 - 제품공정의 단축 등 생산방법 개선정도 - 품질향상의 기여도 등
기술 파급성	· 기술적용 범위 및 응용성에 대한 평가 - 단일품종에 한정된 기술 - 단일산업에 한정된 기술 - 원리적 측면의 응용에 의한 관련산업에 적용 등
제품생산 가능성	· 국내기술적 여건에 의한 제조 가능성 평가 - 국내기술에 의한 생산 가능성 - 제품의 양산 가능성 - 자동화 가능성 등

1.2 시장성평가

요소 또는 복합기술이 활용되어 생산되는 제품의 전체시장규모 및 특성, 동업계의 현황, 시장수요전망 등을 평가한다. 평가의 목표는 시장매력도를 조사하기 위한 것이고 분석내용은 시장규모, 시장성장성, 시장점유율 등 정량적 근거자료를 가지고 분석한다.

표 5-4 시장성 평가 내용

평가항목	평가내용
· 수요 및 시장규모 · 시장증가율 · 수입대체효과 및 수출가능성	- 국내(외) 수요 및 생산현황 - 향후 시장전망(3~5년) - 수출입 현황과 전망

1.3 사업성평가

기술을 이용하는 사업주체의 사업추진능력, 영업능력 등 경영요인을 고려하여 요소(복합)기술이 활용되어 생산되는 제품의 매출 전망, 가격 및 품질경쟁력, 사업계획의 타당성, 신용도, 현금흐름 등 사업전망 전반에 관하여 평가한다. 평가의 목표 기술의 수익성을 판단하기 위한 것이며 분석 내용은 수익률, 시장진입시점, 예상매출규모 등 정량적 근거자료를 가지고 분석한다.

표 5-5 사업성 평가 내용

평가항목	평 가 내 용
경쟁력 · 기존 유사 및 동종 제품과의 경쟁관계 · 판로 및 가격경쟁력 · 부가가치생산성	- 주요경쟁업체 현황 및 시장점유율 - 추정매출액 증가율 - 판로, 판매방법 및 계획 - 경쟁업체와의 판매가 및 제조원가 비교 - 예상부가가치율 등
사업추진능력 · 사업자 경력 · 사업자능력 및 의지 · 자금조달능력 등	- 제품인지도, 사업계획수립 및 추진능력 - 사업자의 자금조달 및 확보능력 - 사업장, 기술인력보유 및 생산시설 확보정도 등
재무구조 · 자본구성 · 유동성 · 수익성	- 수익창출능력 - 미래현금흐름 - 당좌비율 - 매출액 경상이익율

2. 상대가치 평가법

2.1 수익접근법

기술로부터 발생되는 미래 현금흐름의 현재가치의 합계에 의해서 기술가치를 평가하는 방법으로, 이는 기술의 수익창출능력을 자본화함으로써 그 기술의 공정시장가치(Fair Market Value)를 구하는 방법이다. 예를 들어 기술을 타인에게 대여하고 그 사용료를 받고 있다면 향후 예상되는 총사용료 수입(미래현금흐름)의 현재가치를 산정하여 그 기술의 가치를 평가할 수 있고, 이 방법의 가장 큰 유용성은 공정시장가치의 정의를 구체화한다는 점이다. 왜냐하면 공정시장가치는 어떤 투자대상을 소유함으로써 얻을 수 있는 미래 현금흐름의 현재 가치와 같기 때문이다.

수익접근법에 의한 기술가치 평가절차는 다음 표 5-6과 같은 절차를 거쳐서 산출하며 기술의 가치는 기술의 경제적 수명기간 동안 미래의 여유현금흐름을 추정하여 얻는 과정이라고 할 수 있다.

표 5-6 수익접근법 기반 기술가치 평가절차

절 차	세부평가방법
기술, 시장성 분석	기술동향, 경쟁력수준, 권리분석 등 기술우수성 시장규모, 성장성, 시장점유율 등 정량적 분석 수익률, 시장진입시점, 예상매출규모 등 정량 분석
기술의 경제적 수명 추정	법적보호기간 인용특허수명지수 기술수명 영향요인에 대한 정량화 평가지표 IT 기술로드맵 전문가 합의 결정
매출액 추정	시장점유율, GNP탄성치, 최소자승법에 의한 추정 실무편법에 의한 매출액추정 등
추정재무제표 작성	자산추정, 각 계정과목 계산

여유현금흐름 추정	평가대상기술 업종에 대한 표준 재무제표 및 재무 비율 선택 기술수명에 따른 여유현금흐름 추정(세후영업이익, 감가상각, 자본적 지출, 운전자본증감 등)
할인율 선정	기술군 및 기업형태별/규모별 할인율의 선택 적용
현재가치 및 현재가치의 합 계산	
기술기여도 추정	업종에 따른 산업기술요소 선정 개별기술강도의 계산
기술가치 금액 산정	기술의 가치= $\sum_{t=1}^{n}\frac{FCFt}{(1+r)^t}$

최종 평가결과인 기술가치의 산정금액은 $\sum_{t=1}^{n}\frac{FCFt}{(1+r)^t}$ × 기술기여도와 같이 식으로 나타낼수 있는데 t는 년 수, n은 기술의 경제적 수명, FCF는 여유현금흐름, r은 할인율을 의미한다. 따라서 특정한 기술의 가치는 1) 기술의 경제적 수명, 2) 여유현금흐름, 3) 할인율, 4) 기술기여도 등의 합리적 추정으로 산출된다.

수익접근법이 적용되는 주요 기술평가 분야는 라이센스 및 로얄티 계약, 특허, 등록상표, 저작권, 프랜차이즈, 유가증권 등이며 평가에 필요한 정보는 기대되는 경제적 이익의 양, 경제적 수익의 지속기간, 수익의 증가 및 감소에 대한 전망, 기대수익과 관련된 위험 등이 있다.

2.2. 비용접근법

비용접근방식(Cost Approach)은, 미래수익 예측의 곤란성으로 인하여 지금까지 투입된 비용으로 기술가치를 평가하고자 하는 방법이다. 새로운 기술을 사용하여 생산한 제품의 재생비용(reproduction cost)혹은 대체 비용(replacement)을 측정하여 이로부터 기술의 자산가치를 평가한다. 재제작이라 함은 진품과 똑같은 제품을 만드는 경우이며, 대체는 진품과 동일한 기능을 갖는 제품을 현재 가능한 자재로 만드는 경우이다. 이때 고려할 사항은 생산원가 변동과 감가상각(depreciation) 요소이다. 감가상각에서는 물리적 감가 외에도 기능적, 기술적, 경제적 진부화를 고려하여야 한다. Reilly와 Schweihs(1998)는 감가상각을 아래 표 5-7과 같이 물리적, 기능적, 실무적 및 경제적인 감가상각으로 구분한다.

표 5-7 감가상각의 유형

요 인	내 용
물리적	손상, 물리적 손실, 마모
기능적	부적합, 진부화, 관련 재산 문제, 기술진보
실무적	회계정책, 경영정책, 규제
경제적	수요부족, 이자율, 인프레, 자금조달, 부적절

재생비용을 추정하기 위해서는 똑같은 내용을 재생하기 위한 과거의 비용 동향부터 파악해야 한다. 인플레이션이나 시장상황 등에 따라 재생비용이 영향을 받기 때문이다. 재생비용과 대체비용간의 개념적 차이는 아래와 같다.

재생비용 - 기능/기술진부화 = 대체비용

대체비용 - 물리적 상각 - 경제적 상각 = 기술가치

2.3. 시장접근법

공정한 거래를 전제로 한 기술의 시장가치를 측정하려는 방법으로 특정기술이 미래에 얼마나 벌어들이느냐 와는 관계없이 다른 기술이 거래된 사례에 비추어 볼 때, 이 기술의 가치가 얼마나 되는가를 판단하는 기법이다. 즉, 다른 기술에 비추어 본 상대적인 가치가 얼마이다 라는 개념의 비교평가 방법이다.

따라서 시장가치평가법에서 기술의 자산적 가치는 순이익, 현금흐름, 장부가치 또는 매출액과 같은 공통변수를 사용하여 표준화시킨 비교자산(comparable asset)의 가치로부터 결정된다. 한 예로서, 평가하고자 하는 기업이 속한 동일산업 내에서의 평균 주가 수익률(Average PER)과 해당 기업의 주가 수익률을 비교함으로써, 그 기업의 기술가치를 평가하는 것이다. 이것은 분석대상기업과 비교될 수 있는 다른 기업들이 존재하고, 시장은 이런 기업들의 가치를 평균적으로 올바르게 평가하고 있다고 가정한 것이다.

기술자산을 평가하는 경우, 비교대상이 되는 기술자산이 평가대상인 기술과 동일한 또는 유사한 업종이어야 하며, 수익성, 시장점유율, 기술의 영향, 시장신규 참여에 대한 장벽, 경제적 잔존기간 등이 유사해야 한다.

특히, 기술가치를 평가하기 위한 시장가치평가법은 크게 거래사례 비교법과 주식가격 비교법으로 구분된다. 전자는 유사기술의 거래사례를 가지고 분석대상기술의 가치를 추정하는 방법이며, 후자는 유사기술을 보유한 기업의 주식가격을 가지고 판단하는 방법이다. 그러나 후자가 적용되기 위해서는 해당기업이 여러 기술을 보유하지 않고 분석대상 기술이 해당기업의 핵심이어야 한다는 전제가 필요하다. 시장가치평가법의 한계는 비교대상 기술이 있어야 한다는 점이다.

2.4. 옵션가치 평가법

옵션가치평가방법은 조건부청구권 가치평가방식(Contingent valuation Method)이라고도 한다. 옵션(Option)이란 특정한 조건하에서만 가치를 갖는 자산을 의미하는 것으로, 콜옵션(call option)은 기초자산의 가치가 미리 약정된 행사가격보다 클 때 가치를 가지며, 풋옵션(put option)은 기초자산의 가치가 미리 약정된 행사가격보다 작을 때 가치를 갖는다.

옵션은 기초자산의 현재가치와 그 수익률의 분산, 행사가격과 옵션 만기까지의 기간, 무위험이자율 등의 변수에 의해 평가될 수 있다. 이러한 옵션가격

결정모형(OPM : Option Pricing Model)은 블랙(Black)과 숄즈(Scholes)에 의하여 개발되어 많은 보완을 거쳐서 형성된 가치평가방법이다. 어떤 자산의 가치가 기초자산의 함수라면 그 자산은 콜옵션으로 평가될 수 있다. 즉, 기초자산의 가치가 미리 정해진 행사가격을 능가하면, 그 자산은 이들 차이만큼의 가치를 갖게 된다. 또는 기초자산의 가치가 미리 정해진 행사가격 이하로 하락하면 그 자산의 가치는 0이 된다. 한편, 기초자산의 가치가 미리 정해진 행사가격 이하로 하락할 때에만 가치를 갖는 자산은 풋옵션으로 평가될 수 있으므로, 기초자산의 가치가 미리 정해진 행사가격을 능가하면 그 자산의 가치는 0이 된다. 기술특허권은 제품에 대한 일종의 콜옵션으로 분석될 수 있는바, 특허프로젝트의 투자비용은 행사가격이 되며, 특허권의 존속기간은 만기로 하는 콜옵션으로 해석될 수 있다.

지금까지 살펴본 바와 같이, 기술의 가치를 평가하는 방법론은 각각의 장점과 단점이 있음을 알 수 있다. 수익가치 평가법은 특정기술의 시장수명 파악, 창출할 시장의 규모를 예측, 또한 그러한 예측이 실현될 확률, 미래에 발생할 소득을 현재가치로 환산하기 위해 필요한 할인율도 계산해야 하는 어려움이 있는 반면, 나머지 평가법은 비슷한 기술이 시장에서 거래된 사례만 찾아낸다면, 그 기술과 분석대상과의 차이점 보정만을 해주면 되므로 상대적으로 계산이 간단하다. 그러나 이 방법에 있어서도 사례가 공정한 시장에서 거래가 된 것 인지, 특수상황이 전제된 것이 아닌지 등을 검토해야 하는 어려움이 있다. 지금까지 살펴본 각 평가방법론의 개념과 장단점을 간략히 요약하여 정리하면, 〈표 5-8〉과 같다.

표 5-8 기술가치 평가방법의 비교

평가방법	수익접근법	시장접근법	비용접근법	옵션가치접근법
개념	해당기술이 장래 얻을 수 있는 가치를 산정	유사 사례의 시장거래 금액을 가치로 산정	해당기술 창출에 소요된 비용을 가치로 산정	기초자산의 가치와 행사가격의 차이를 옵션자산의 가치로 산정
장점	미래에 예상되는 기대수익의 예측 및 이의 현가화를 통해 가치를 측정	-시장기능을 이용한 적정가격(비교가격)을 도출-거래에 의한 실제 유통이 가능한 가격 산출	-기술산출을 위한 투입비용 도출-측정이 비교적 용이함	옵션 성격의 자산평가에 유리
단점	미래가치의 예측, 기술 기여도 분석 등에 자의성 및 오차가 개입됨	-기술거래 유통시장의 미발달로 시장 접근 곤란-유사사례의 발굴 곤란	투입비용과 향후 기대수익과의 관련성이 적어 신뢰도가 낮음	- 기초자산의 불명확성, 시상가치 미형성으로 변동성 추정 곤란- 자산수명(만기)의 개념 반영이 부족함
적용 필요 조건	경제적 기대수익, 수익의 지속기간, 수익의 변동에 대한 전망, 위험 등을 평가해야 함	유사기술 시장형성, 비교 가능한 과거 거래정보에 대한 접근이 가능해야 함	감가상각계산, 원가산정이 가능해야 함	특허권과 같은 옵션의 성격을 갖는 자산의 가치평가에 유리함.

제3절 농업기술의 가치평가

1. 농업기술의 가치평가 방법

1.1 경영적 가치 평가방법

농업기술 및 R&D에 대한 가치 평가는 평가 주체와 가치의 형성과정에 대한 프로세스를 어떻게 구성하는가에 따라 결과가 달라질 수 있다. 먼저 농가들이 신농업 기술의 수용으로 얻게 되는 기대수익을 추정하기 위해서는 경영적 관점에서 기술가치 평가가 선행되어야 한다. 농산물의 부가가치는 새로운 농업기술의 이용을 통한 상품화 과정을 통하여 창출된다.

예를 들어 어떤 농민이 새롭게 개발된 신품종 딸기를 재배하여 노랗고 신맛이 많이 나는 딸기를 시장에 출하했다고 하자. 이때 신품종 딸기에 대한 시장적 가치평가는 소비자의 경험, 교육, 연령, 선입관에 따라 다양하게 달라질 것이다. 20대의 젊고 호기심 많은 고객은 자기의 생일파티에 색다른 딸기로 장식하고 신맛에 매력을 느껴 다소 비싼 값을 매길 수 있을 것이다. 그러나 40대의 아주머니는 노란 딸기를 고르는데 보다 신중하게 결정할 것이고 신맛을 보고는 구매를 포기하기도 할 것이다.

이와 같이 농업기술의 개발 결과로 나온 새로운 혁신상품에 대한 가치평가는 농민, 품종개발자, 유통업체, 소비자에 따라 각기 서로 다른 관점과 기대에 따라 다르게 평가할 것이다. 신기술 제품의 수요자들은 다양한 배경과 동기를 가지고 있어서 사고방식이 다를 뿐 아니라 서로의 입장을 이해하지 못할 수도 있다. 농업과학 기술자들은 실험실에서 신 농업기술로 개발된 신품종 농산물이 시장에서 높게 평가받기를 기대한다. 그러나 농민, 유통업체, 소비자들은 의외로 냉담한 반응을 보일 수 도 있을 것이다.

신 농업기술의 가치평가는 기술을 개발한 주체의 입장에서 볼 때 사업의 성패가 달려있으므로 신기술이나 R&D활동의 경영적 가치를 예측한다는 것은 매우 중요하다. 성공적인 기술로 평가받기 위해서는 기술의 유용성에 있다. 신기술의 가치 창출과정은 기초적인 과학지식과는 달리 새롭고 유용한 제품이나 프로세스를 만들어 내는 조직적인 노력이라고 볼 수 있다. 즉 과학적 지식의 기초위에 어떠한 기술을 어떻게 부가가치를 높이는데 활용할 것인가에 대한 체계적인 추구노력이라고 할 수 있다. 이렇게 볼 때 농학적인 지식과 경영학적인 지식의 결합은 고부가가치의 농업기술개발의 필수불가결한 전략이라고 할 수 있다.

여기서 중요한 것은 새로운 농업기술의 가치평가를 위해 어떤 방법론을 채택할 것인가이다. 농업기술의 가치를 경영적 관점에서 평가하는 방법은 대상기술과 동일 또는 유사한 기술이 시장에서 거래한 사례에 근거해 가치를 산정하는 시장접근법과 해당기술의 경제적 수명기간 동안 기술사업화로 발생할 경제적 이익을 추정한 다음 할인율을 적용해 현재가치로 환산하는 수익접근법과 비용접근법, 부분예산법 등 3가지 방법이 있다.

(1) 수익접근법

수익접근법은 농업기술의 공공재적 특성을 감안하여 기술적 가치를 평가하고자 할 때 사용하는 방법이다. 특정농업법인이나 농산업체가 특허나 신품종 기술 등을 무상으로 이전을 받아 갈 경우 기술도입으로 인해 발생한 소득증가액 중 기술의 기여도를 산정해 기술의 가치를 추정하게 된다. 농업 기술분야는 특허를 제외하고는 대부분의 신품종 영농기술은 농가의 생산 활동을 지원하기 위해 무상으로 공급하고 있기 때문이다. 예를 들어 식량증산과 고품질 쌀 생산을 위하여 국립종자원에서 우수한 벼 품종을 농가에 무상으로 보급하고 있는데 이 경우 신품종 기술의 보급으로 인하여 농가소득에 미치는 효과를 수익접근법으로 평가하게 된다.

수익접근법은 기본적으로 평가대상 농업기술의 미래 수익창출능력에 초

점을 둔 분석방법이다. 농업기술의 경제적 기여도, 경제적 수명, 사회적 할인율, 기술개발 투자비용을 파악하여 이를 근거로 미래가치를 현재화하는 방법으로 기술가치를 평가한다. 이 접근법은 특허, 등록상표, 저작, 지적재산권 등 수익을 일정기간동안 창출을 예상할 수 있는 기술을 대상으로 평가할 때도 사용된다.

그림 5-1 농업기술가치의 평가절차

기술 및 시장성 분석	.기술동향, 경쟁력수준, 권리분석 등 기술우수성 .시장규모, 성장성, 시장점유율 등 정량적 분석 .수익률, 시장진입시점, 예상매출규모 등 정량 분석
기술의 경제적 수명 추정	.법적보호기간 .인용특허수명지수 .기술수명 영향요인에 대한 정량화 평가지표 .전문가 합의 결정
매출액 추정	.시장점유율, GNP탄성치, 최소자승법에 의한 추정 .실무편법에 의한 매출액추정 등
추정재무제표 작성	.자산추정, 각 계정과목 계산
여유현금흐름 추정	.평가대상기술 업종에 대한 표준 재무제표 및 재무 비율 선택 .기술수명에 따른 여유현금흐름 추정 (세후영업이익, 감가상각, 자본적 지출, 운전자본증감 등)
할인율 추정	.기술군 및 기업형태별/규모별 할인율의 선택 적용
현재가치 및 현재가치의 합 계산	
기술기여도 추정	.업종에 따른 산업기술요소 선정 .개별기술강도의 계산
기술가치 추정	기술의 가치 $= \sum_{t=1}^{n} \frac{FCF_t}{(1+r)^t} \times$ 기술기여도 FCF= 여유현금흐름 n = 기술의 경제적 수명 r = 할인율

(2) 시장접근법

시장접근법은 시장에서 거래되고 있는 농업기술의 가격을 비교 검토하여 기술 가치를 산출하는 방법이다. 신농업기술의 가치는 유사한 농업기술이 시장에서 거래된 금액에 조정승수를 곱하여(시장가치 = 매매사례가격 × 변동요인) 산출하는데 조정승수는 거래조건, 시장조건, 변화의 정도 등을 감안하여 조정한다. 이 방법은 기존 거래시장이 효율성, 완전성, 비교가능성 차원에서 가치평가 목적에 부합하다는 것을 가정하고 있는데 새로운 농산물은 유용한 정보가 있을 정도의 활발한 시장이 존재하지 않는 경우가 많기 때문에 농업기술의 가치평가에서 잘 활용되지 않는 방법이다.

(3) 비용접근법

이 방법은 신기술로 생산된 농산물이 시장에서 계속 팔리기 위해서는 기술개발에 소요된 비용보다 더 많은 가치를 받아야만 한다는 원리에 근거를 두고 그 최소한의 기술개발 비용을 기술 가치로 보는 것이다. 비용접근법은 농기업이 유사 농업기술을 내부에서 개발하거나 외부로부터 도입하는데 드는 모든 비용을 계산함으로서 기술가치를 평가하는 방법이다. 재료비, 노무비, 경비, 기술개발자의 이익, 사업가의 보상 등 일반적인 구성의 비용이나 실제 어떤 요소를 포함하고 있고 어떤 요소를 배제할 것인가를 구분하는 것이 어렵다. 이 방법은 미래의 농업기술이 가져올 경제적 이익의 산출이 불확실할 때 평가하는데 유용하고 수익접근법의 보완으로서 사용된다.

(4) 부분예산법

현재의 생산물 및 생산구조의 일부분이 대체 또는 변경됨에 따라 농가 수익구조가 어떻게 변화하는지를 분석하는 방법으로 비교적 간단하고 결과가 명료하다는 장점이 있다. 생산물을 다른 생산물 생산으로 대체하는 경우(예: 답리작으로 쌀보리를 재배하던 농가가 쌀보리 대신 양파 재배)에 농가의 수입과 비용구조가 어떻게 달라지는지를 분석하는 방법이다. 또는 기술개발로 생산요소간 대체변화를 수반(예: 인력수확에서 콤바인을 이용한 기계수확으로 변경)하는 경우 비용절감 규모를 산정한다. 부분예산법 모형은 손실적 요소를 차변에 기록하고, 이익적 요소를 대변에 기록하여 새로운 농업기술의 도입에 따른 이익-손실 차액으로 기술도입의 유리성을 판단하게 된다.

1.2 경제적 파급효과 분석방법

농업 기술의 경제적 파급효과 분석은 산업연관표를 이용하여 농업생산을 중심으로 한 전후방산업의 생산유발효과 분석을 통해서 경제적 효과를 계측하는 방법이다. 개별 산업부문은 각각의 고유한 생산 활동을 위해 상호 간에 재화와 서비스를 구입 · 판매하는 과정을 통해 직접 또는 간접적으로 서로 관계를 맺게 된다. 이러한 산업간 거래관계를 나타내는 통계표가 산업연관표인데 농업기술의 경제적 파급효과는 이러한 산업연관표를 이용해 농업과 관련 산업간 상호의존관계를 수량적으로 분석하여 계산하는 방법이라고 할 수 있다. 예를 들어 신품종 쌀을 생산하기 위해서는 비료, 농약, 종자, 농기계 등 수많은 농자재가 필요하고 이렇게 생산된 신품종 쌀은 다시 떡, 주류, 외식 등의 원재료로 투입되게 되는데 이러한 과정을 연쇄적 가치사슬의 관점에서 파악하여 경제적 파급효과를 계산하게 된다. 즉 신기술로 개발된 새로운 품종의 쌀이 어느 산업부문의 생산 활동에 어느 정도로 경제적 영향을 미치게 될 것인가를 파악하고자 할 때 이용하는 방법이라고 할 수 있다.

이와 같이 농업기술의 경제적 가치를 분석하는 방법은 앞서의 기술가치에 대한 경영적 평가와 함께 기술의 경제적 파급효과를 분석하는 방법이 있다(표 5-9). 개별기업의 기술개발사업의 성과를 측정하는데는 기술가치의 경영적 평가 기법을 사용하고, 기술의 경제적 파급효과를 측정하는데는 관련 산업 전체의 생산활동 을 분석하기 위해서는 산업연관분석기법을 이용하게 된다. 농업기술의 경우 공공재로서의 역할이 크기 때문에 개별적 사업단위로 볼 때 기술적 가치는 작으나 국가 경제적 파급효과는 크게 산출되는 경우가 많다.

표 5-9 농업기술의 가치평가방법 비교

	경영적 가치평가(수익접근법)	경제적 파급효과분석
개념	기술 사업화를 통해 창출되는 기대 수익을 바탕으로 기술의 가격을 측정	산업 및 연관 산업부문에 연속적으로 발생하는 기술개발의 파급효과를 추정
활용 목적	기술의 적정 가격을 추정하여 기술거래, 기술담보 등에 활용	기술개발을 통한 국가경제에 대한 기여도를 측정
기간	기술이 경쟁력을 보유한 기간으로 사업을 통한 이익을 개발자에게 나눠주는 기간	기술의 경쟁력 유무와는 상관없이 실제 시장에서 도태되어 사라지는 기간
산출 방식	매출액×영업이익률×기술기여율	매출액×부가가치율×유발계수
주요 요소	영업이익률: 생산 및 영업 활동 후 매출액 대비 사업자가 얻게 되는 실제 수익률 기술기여율 : 이익 발생에 기술이 기여한 비율	부가가치율: 상품을 생산하는 과정에서 생산요소에 의해 추가로 증가하는 매출액-중간재 유발계수: 한 산업의 성장이 타 산업에 파급되어 성장을 유발시키는 모든 효과
모형	산업통상부 기술가치평가 가이드	산업연관분석

자료: 농촌진흥청, 2013

2. 농업기술의 경제성 분석 사례

농업기술의 개발 이전에 따른 경제적 파급효과를 계측한 연구로서 1981년에서 2006년까지 농업부문의 R&D 투자에 따른 경제적 효과를 추정한 결과가 있다. 동기간동안 756조 원의 농업총생산액 증가 중에서 기술개발로 인한 기여도 효과는 165조 원이며 비율로는 21.8%로 추정되었다. 한편 기술개발에 의한 농가소득 기여액은 1981년 185,980원/호에서 2006년 4,895천 원/호로 늘어난 것으로 보고된 바 있다.[3]

한편 농촌진흥청에서 농업기술의 경제적 파급효과를 추정한 사례로서 2000년 이후 개발된 기술 중 10개의 핵심기술을 선발해 경제적 효과를 추정한 결과, 총 6조7666억원에 달하는 것으로 나타났다. 영농기술, 신품종육성, 특허 등 3개 분야로 나누어 평가를 했는데 영농기술에서는 과수와 시설채소 재배 농가를 대상으로 보급한 '화분매개용 수정벌' 등 4가지 영농기술의 경제적 파급효과는 총 4조 6,845억 원으로 산출됐다. 신품종 육성 분야에서는 2002년 육성 · 보급한 수량 많고 밥맛 좋은 신품종 '동진1호' 수출용 국화품종인 '백마' 씨돼지 품종인 '축진듀록' 등 4개 품종의 경제적 파급효과가 총 1조 8,034억원으로 분석됐다. 특허분야에서는 채소 접목로봇은 186억, 관수제어 시스템 개발은 2,602억 원의 경제적 파급효과를 가지고 있는 것으로 나타났다.

한편 2012년~2014년 동안 농촌진흥청이 농업R&D사업으로 개발한 신품종 · 영농기술 · 특허 기술 등 주요 기술의 경제적 파급효과는 총 41,352억 원으로 분석하였고 기술의 경영적 가치인 기술사용료(기술거래 가치)금액은 206억 원으로 추정하였다. 예로서 벼 4품종('삼광', '하이아미', '현품', '새일미')의 경제적 파급효과는 15,653억 원이고 예상기술사용료(기술거래 가치)는 74억 원으로 추정했으며 사과 '아리수' 품종의 경제적 파급효과는 566억 원, 예상기술사용료(기술거래 가치)는 38백만 원으로 추정하였다.(2016. 1. 13 농촌진흥청 보도자료) 다음은 신농업 기술의 개발로 인하여 발생하는 기술의 경영적 가치 및 경제적 파급효과를 분석한 사례이다.

3 임승빈외,(농업 R&D 보급 성과확산사업의 비용편익 분석, 2009)의 내용을 인용하였음.

2.1 축열식 수평형 지열 히트 펌프

(1) 기술의 개요

농촌진흥청에서는 2003년부터 5년 간의 연구 끝에 수평형 지열시스템을 독창적으로 개발하여 원예농가의 난방비를 절감하는 데 크게 기여했는데 기술의 분류체계는 농작업기계, 농업시설 환경관리기이다. 수평형 지열시스템은 지하 150m 깊이에 파이프를 설치하여 지열을 활용하는 수직형 지열시스템과는 달리 지하 3m 내외 깊이에 파이프를 수평으로 설치함으로써 난방 효과는 동일하지만 설치하기도 쉽고 설치비용도 현저하게 절감할 수 있다. 더욱이 수평형 지열시스템은 지하수를 펌프로 끌어올리는 것이 아니라 파이프를 설치하여 물을 순환시키는 밀폐형으로만 설치되어, 기존의 수직형 지열시스템(개방형)의 문제점이었던 지하수 오염의 문제점을 개선하여 환경 보호에도 기여하는 측면이 있다.

기술의 주요 특징은 지열을 이용한 신재생에너지 난방시스템이고 축열식 수평형 지열히트펌프를 이용하여 난방비 절감 및 탄소배출권 확보를 목적으로 개발되었다. 기술의 수명주기는 냉난방 기술의 수명 18년으로서 가치평가 산정기간 11년(2010~2020) 이며 할인율 : WACC + 기술위험 프리미엄 = 12% + 4.5% = 16.5% 이고 기술기여도는 산업기술요소 × 개별기술강도 = 32.88% × 91.42 = 30.06%로 계산하였다.

그림 5-2 축열식 수평형 지열 히트 펌프 모식도

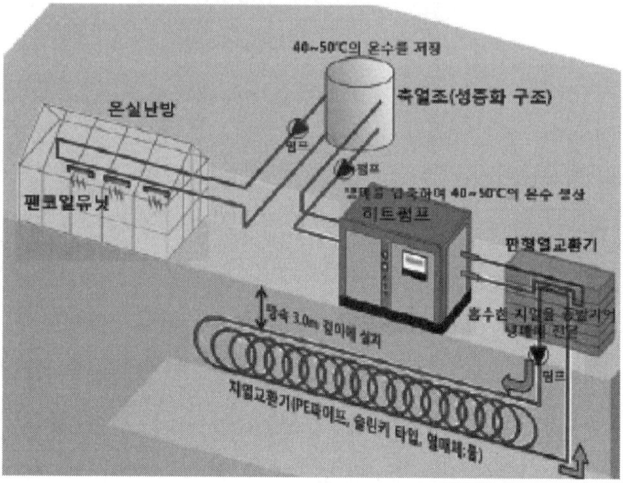

(2) 수익접근법에 의한 기술가치 평가

축열식 수평형 지열 히트펌프 시스템은 온실 1개 동(1,000㎡)을 겨울철(12월~이듬해 3월)에 운영할 경우 경유난방기 대비 총 약 1,100만여 원을 절약할 수 있을 것으로 평가되었다. 지식경제부에서는 이를 '농어촌 신재생에너지 보급사업'의 일환으로 보급하기 위해 2008년에 1,166억 원을 투입했으며, 2009년부터 향후 5년간 8,000억 원을 투입하였으며 우리나라 시설원에 난방면적 1만 3,000ha의 10%(1,300ha)를 보급한다고 가정할 경우 연간 난방비 1,458억 원을 절감하는 효과가 나올 것으로 평가되었다.

표 5-10 축열식 수평형 지열 히트펌프 시스템의 가치평가결과

항목	평가내용	
기술성 분석	개발단계	시범보급
	경쟁력	① 성능 : 난방성능은 전력사용량의 3~4배, 냉방성능은 에어컨의 1.2배임 ② 난방비 절감 효과 : 경유대비 겨울철 난방비 약 78% 절감 효과가 있음 ③ 작물 품질향상 효과 : 온/습도 관리로 작물의 품질을 향상, 농가 소득이 증대됨
	수명주기	11년(2010년~2020년) - 냉난방 기술의 평균 수명주기 중 본 기술 사업화를 통한 경제적 수명
시장성 분석	시장규모	전국 시설원예난방면적 : 13,329ha 고온성 작물 면적 : 6,664ha 지열난방 면적 : 3,332ha(예상) 수평형 지열히트펌프 면적 : 1,717ha(예상) - 시설재배면적 중 난방면적은 약 25% 그 중 고온성 작물 면적은 약 40%로 전체 시설재 배면적의 10%에 이름 - 지열난방이 중 고온성 작물면적의 최대 50%까지 보급, 축열식수평형 히트펌프는 지열 난방면적의 초기 11%에 보급되는 것을 시작으로 최대 30%, 전체 시설면적의 3%까지 보급될 것으로 예상함
	예상 매출액	2010년 3%~2018년 10%(업체별 평균 점유율 + 시장성장률 적용) 약 28억 원(2017)
평가 결과	기술 가치 : 1억 52백만 원(신기술 기술기여도 30.06% 적용)	

(3) 부분 예산법에 의한 기술가치 평가

한편 축열식 수평형 지열 히트펌프 시스템의 기술가치의 평가를 부분예산법으로 분석하였는데 이는 본 시설을 활용하였을 경우 농가 편익 및 탄소배출량 감소에 따른 환경 친화적 효과에 대한 경제적 효과를 측정하는데 목적이 있다. 주요 분석항목은 경유난방(10a당) 대비 시설원예농가 난방비 절감비용, 파프리카 생산농가의 작물 품질향상 효과, 탄소배출량 감소에 따른 탄소배출권 확보권 등이나. 축열식수평형 지열 히드펌프의 상업적 수명

은 11년(2010~2020), 히트펌프 설치에 따른 농가 및 사회적 편익효과는 18년(2008~2025)으로 예상하였으며 2015년까지 국내 보급률을 전체 시설원예난방시설 면적의 약 10%로 가정할 경우 경제적 편익효과는 6,330억으로 추정하였다.

표 5-11 수평형 축열식 지열 히트펌프의 부분예산법 평가결과

항 목	분 석 내 용
분석대상	수평형 축열식 지열 히트펌프의 경제적 효과
분석의 목적	시설원예 난방에 축열식 수평형 지열 히트펌프 시설을 활용하였을 경우 농가 편익 및 탄소배출량 감소에 따른 환경 친화적 효과에 대한 경제적 효과 분석
대조구	현 시설원예난방에 90% 가량 사용되는 경유난방을 대조구로 설정
분석항목	경유난방(10a당) 대비 시설원예농가 난방비 절감 파프리카 생산농가의 작물 품질향상 효과 탄소배출량 감소에 따른 탄소배출권 확보
분석방식	부분예산법
수명주기	축열식수평형 지열 히트펌프의 상업적 수명은 11년(2010~2020), 히트펌프 설치에 따른 농가 및 사회적 편익효과는 18년(2008~2025)으로 추정
최대보급률	2015년에 국내 보급률 162ha로 전체 난방시설 면적의 약 10%로 추정
현재가치 할인율	4.52%(5년 만기 채권의 평균금리)
외부효과	국가 에너지 자립도 제고, 관련산업 발전
평가 결과	경제적 효과 : 6,330억 원 (국가 보조금 80% 유지 가정)

2.2 벼 중모 기계이앙 기술[4]

(1) 기술의 개요

중모기계 이앙재배 확립을 위한 상자육묘방법, 본답시험 등이 작물시험장에서 다양하게 수행되어 중모기계이앙은 1980년도부터, 어린모는 1990년도부터 농가에 보급되기 시작하였다. 벼 중모 기계이앙 기술은 농촌진흥청 국립식량과학원에서 개발되었으며 농업기술의 분류체계상 농업공학 → 농작업기계 → 파종이식기계에 속한다. 기술의 주요 특징은 육묘기술과 본답 재배기술, 잡초방제 기술로 구성된 복합기술이며 기술개발의 주요 목적은 재배 기술의 차이에 따른 경영비 및 노력비 절감이며 기술의 수명주기는 20년이다.

벼 중모 기계이앙은 규격에 맞는 중모를 전용 육묘상자에서 키워 전용 동력 이앙기에 의해 기계이앙 하는 것으로 중모 기계이앙을 위한 육묘기술은 상토조건, 파종량, 시비량, 출아방법, 보온을 위한 피복자재, 생장 조정제, 물관리가 중요하다.

그림 5-3 벼 중묘 기계 이앙 작업

4 농촌진흥청(농촌진흥사업 핵심개발기술의 기술가치 및 경제적 효과분석, 2010)의 자료에서 발췌

⑵ 기술가치의 경영적 가치 평가

중모 기계이앙 기술보급에 따른 경영적 가치평가는 기존 농진청 연구 자료를 활용하여 노동력 절감시간, 비용절감액 등 산출하였다. 또한 재배면적/10a당 생산량/판매단가, 농업 노임 등은 통계청 및 농식품부 각종 통계자료를 활용하였다. 현재가치 산정을 위한 할인율은 5년 만기('09년)국고채의 최근 1년 간 평균금리 4.640%를 적용하여 산정하였다. 단위당 판매량 증가분은 1975~1990년까지 통일벼 수량증대 효과를 제외한 순수증대 효과분을 감안하여 수익 증가액을 산출하였다.

비용증가액은 이앙기 신규 구입에 따른 감가상각/유지비는 농가구입가격지수를 적용하여 연차별 변동폭 적용하여 산출하였다. 기계이앙기 신규 구입으로 인한 감가상각비 증가액은 대당 연평균 작업면적 자료를 적용하여 단위당 감가상각비를 산출하였다. 10a당 노력절감액은 관행재배 대비 중모 기계이앙으로 인한 노력 절감시간을 적용하여 산출하였다. 연차별 기술보급효과면적은 재배양식별 보급주기, 최대보급률에 따른 싸인함수(sin(x))값을 토대로 산출하였다. 순보급 증가율은 해당년도 보급률에서 1980년(초기보급율)을 제외한 기술보급 면적 증가율을 산출하였다. 기존 벼 재배농가에 중모 기계이앙 재배기술이 보급됨에 따른 전체 경제성 효과를 생산성 및 가격구조 차이에 의한 소득 증가와 재배 방식 차이에 따른 경영비 및 노력비 절감효과를 추정하여 산출하였다.

표 5-12 중모기계 이앙재배 기술가치의 평가결과

구 분		단 위		'80~'90	'90~'00	'00~'90	'10~'30	합 계
수익 증가액	실험증감량	kg/10a		71.3	71.3	71.3	71.3	71.3
	편차조정 증감량	kg/10a	평균	79.6	79.6	79.6	79.6	79.6
	판매단가	원/kg		857	1,515	1,893	1,840	1,574
단위당 수익증가분	판매증가액	원/10a		68,221	120,599	150,644	146,423	125,252
비용증가액	감가상각비	원/10a		1,077	2,707	5,499	12,184	6,487
10a당 경영수익 합계		원/10a		67,145	117,892	145,145	134,239	118,765
- 노력비 절감액	노동력 절감시간	시간/10a		9.0	9.0	9.0	9.0	9.0
	노력비 절감액	원/10a		10,857	34,139	59,138	80,944	52,245
10a당 순손익		원/10a		78,001	152,032	204,282	215,184	171,010
보급효과 면적계산	총재배면적	ha	평균	1,230,101	1,106,439	988,846	925,511	1,036,101
	중모이앙 보급률	%	구간	5.4~66.0	66.0~76.9	76.9~81.3	82.1~82.4	5.4~82.4
	시초보급률	%	동일	5.4	5.4	5.4	5.4	5.4
	순보급 증가면적	ha	평균	66,858	60,136	53,745	50,303	56,313
전체 순익(10a당순익 보급면적)		백만원	합계	575,200	90,485	100,761	108,242	82,723
2009년 기준 현재가치		10억원	합계	1,673.4	1,856.5	1,364.0	1,403.8	5,952.8

분석대상 기술의 순현재 가치는 비용편익분석(Benefit/CostAnalysis)방법론을 적용하여 연도별 편익과 비용의 차에 대해 매년 할인율인 4.64%를 복리로 할인하여 현재가치의 총합을 환산한 결과 2010~2030년 기간에 총 13,466억 원으로 추계되었다. 한편, 편익-비용 비율은 년도 별로 비용과 편익의 순현재가치를 구하여 합계한 후 편익의 순현재가치 총액을 비용의 순현재가치 총액으로 나누었다.

중모기계이앙 기술보급에 따른 기술가치 평가 결과를 요약하면 아래 표와 같다. 2009년 기준으로 현재가치를 살펴보면, 관행방식에서 이앙재배를 대체함으로써 발생하는 편익효과는 14,505억 원으로 나타났다. 또한 순현재가치(NPV)는 13,466억 원, B/C Ratio는 14.0배로 높게 산출되었으며, 대상기술의 투자수익률이 높은 것으로 추계되었다(표 5-13, 표 5-14).

표 5-13 중모기계이앙 기술의 비용편익분석(2009년 기준 현재가치) (단위 : 백만원)

구 분	'90~'00년	'01~'10년	'10~'30년	총합계
투입비용(Ct)	137,725	79,865	103,946	321,536
편 익(Bt)	1,856,542	1,287,323	1,450,577	4,594,442
순현재가치(NPV)	1,718,817	1,207,458	1,346,631	4,272,907
B/C Ratio	13.5	16.1	14.0	14.3

표 5-14 중모기계이앙 기술가치의 평가 요약(2009년 기준 현재가치) (단위 : 백만원)

구 분	경제적 기술가치 평가액
분석기간(수명주기)	2010~2030년
경제적 효과(편익)	1,450,577
투입 비용	103,946
순현재가치(NPV)	1,346,631
B/C ratio	14.0

참고문헌

농촌진흥청(2012), 농업신기술의 가치? How Much, 농업경영자료 2012-03.

농촌진흥청(2010), 농촌진흥사업 핵심개발기술의 기술가치 및 경제적 효과분석, 강원대학교 산학협력단.

농촌진흥청(2016) 농촌진흥청이 개발한 농업기술 77개 파급효과, 보도자료 2016년 1월 14일.

농촌진흥청 국립축산과학원(2013), 2013 축산기술개발 경제성분석방법 및 사례.

이재억외(2001) 기술가치평가기법 개발을 위한 연구, 정책연구 2000-11, 과학기술정책연구원.

윤관호(2008), 기술가치 평가기법에 관한 연구, 한국세무회계학회.

윤명환외(2003), 기술 가치평가: 기술 통합에 의한 가치평가 방법론, 한국경영과학회/ 대한산업공학회 2003 춘계공동학술대회.

이명택(2001), 특허기술의 경제적 가치평가에 관한 연구, 문화국제특허법률사무소, 통권 제65호.

지식경제부(2008), 기술가치 평가실무요령.

이재영외(2005), 연구성과 확산을 위한 기술가치평가사업, 사업보고 2005-04, 한국과학기술기획평가원.

박지윤(1999), 기업가치평가방법론에 관한 연구, 한국정보통신대학원 석사학위논문.

황규승(2001), 기술 가치평가 기법과 연구방향, 경영학연구 제30권 제2호, 451-473.

Amram, M. and Kolatilaka N.(1999), Real Options, Harvard Business School Press.

Autio, E. and Laamanen T.(1995), Measurement and Evaluation of Technology Transfer : Review of Technology Transfer Mechanism and Indicators, International Journal of Technology Management, 10(7/8), pp.643-664.

Boer,F.P(1999)., The Valuation of Technology, John Wiley &Sons.

Capon, N. & R. Glazer(1987), "Marketing and Technology: A Strategic Coalignment," Journal of Marketing, 51, pp.1-14.

Clark, F.(1985), The Interaction of Design Hierarchies and Market Concepts in Technological Innovation, Research Policy, 14, pp.235-251.

Daddario, E.(1968), Technology Assessment, Subcommittee on Science, Research, and

Development of the Committee on Science and Astronautics, U.S. Congress.
Dosi, G.(1982), Technological Paradigms and Technological Trajectories: A Suggested Interpretation of the Determinants and Directions of Technical.
McGrath, R.G.(1997) "A Real Options Logic for Initiating Technology Positioning Investments", Academy of Management Review.
Reilly, Robert F. ; Schweihs, Robert P. (1998) Valuing Intangible Assets, New York: McGraw-Hill.

06

농업기술과 농업의 미래

06

농업기술과 농업의 미래

미래의 농업은 1차 산업만이 아니고 식품, 보건, 외식, ICT, 유통, 금융, 기계산업 등 2, 3차 산업이 광범위하게 연계된 종합산업으로서 고용창출 효과가 뛰어난 신성장 동력이자 첨단산업으로 발전할 전망이다. 이에 따라 농업기술의 내용과 범위가 넓어지고 농업구조의 변화에 미치는 영향도 더욱 확대될 것이다. 기존의 생산 중심구조를 벗어나기 위해서는 농업의 산업적 특수성인 생산활동의 시간성과 공간적 제약을 뛰어 넘을 수 있는 혁신적인 기술개발이 요구되고 있다.

농업활동의 시간성은 인간의 영농활동과정에서 노동과정이라고 하는 시간성과 대상 농작물의 생육기간의 시간성이라는 두 가지 측면을 의미한다. 영농작업은 시간적인 흐름속에서 이루어지고 농업생산과정도 시간적 관계속에서 시기의 제한을 받고 있어 농업활동은 결국 시간이라는 변수의 제약을 받게 된다. 농업노동의 과정은 일정한 시간의 전후 관계속에서 순시를 따라 조작 및 공정 과정을 집합적으로 처리하는 활동이고 노동의 결과인 농축산물의 생산도 자연적 환경과 기술적 변수에 따라 시간적 순서의 과정에 맞추어 나가야 하기 때문이다.

농업노동의 시간적 과정은 공업생산의 시간적 과정과 다르기 때문에 영농활동의 단계별로 이질적이고 불균등한 노동량을 필요로 하고 있다. 따라서 농업 노동의 시간성을 극복하는 기술수단인 농기구와 농기계는 노동시간과 그 질의 변화, 재배작물 및 가축의 선택과 기간에 영향을 주는 기술적 수단으로서 노동 작업의 시간을 효율적으로 관리해주는 역할을 하여 왔다. 미래에는 농업 노동의 시간적 제약성을 뛰어 넘을 수 있는 방향으로 농업기술이 발전하게 될 것이며 이는 농기계의 무인화, 자동화, 로봇트화라는 트랜드를 따라 기술혁신이 진행될 것임을 의미한다.

한편 농업은 인간 활동의 대상으로서의 공간을 필요로 하고 있는데 이는 공업과 달리 생산을 위한 일정한 토지 면적이 있어야 함을 의미한다. 농업은 토지라는 공간위에서 기술적 수단매개로 하는 생산 활동이 이루어지며 생산의 대상인 유기물체를 재배, 사육하는 장소를 필요로 하기 때문이다. 토지 공간은 노동활동이 이루어지는 장소로서의 대상일 뿐만 아니라 토지 자체가 농업생산의 투입수단 및 자재라는 의미를 지닌다. 농업활동에 있어 토지라는 공간의 제약성을 극복하기 위한 수단은 생물화학적 기술로서 토지의 질적 가치를 높여주는 역할을 하게 된다. 토지의 공간적 제약을 벗어나려는 노력은 역사적으로 생명과학을 기반으로 한 육종기술과 화학적 기술을 이용한 비료, 농약제조 기술의 진보를 가져 왔다. 미래의 농업은 생명공학기술과 화학적 기술에 의해 토지라는 공간적 제약환경을 벗어나고자 하는 방향으로 새로운 기술혁신이 일어날 전망이다. 이하에서는 농업의 시간성과 공간적 제약조건을 개선하여 노동생산성과 토지생산성을 높일 수 있는 미래의 핵심적 농업기술인 스마트 농업과 농업생명공학 기술과 그리고 상품성과 부가가치를 높여주는 수확후 기술의 동향과 미래를 살펴보기로 한다.

제1절 미래의 농업기술 전망

1. 스마트 농업기술

스마트농업 기술은 기존의 농업 기술에 정보화기술, 자동제어기술 등의 IT 기술 융합을 통하여 농업의 생산 · 유통 · 소비 전 과정에 걸쳐 생산성과 효율성 및 품질 향상 등의 고부가가치 창출을 목적으로 한다. 스마트 농업분야는 IT기술을 이용해 품종, 토양, 기후, 곡물시장 동향 자료를 '빅 데이터' 기법으로 종합 분석해 최적의 농법을 추구하는 '처방 농법'이 새로운 흐름으로 떠오르고 있다. 다음은 한국일보 2016년 1월의 미국 농업의 르뽀 기사이다.

2015년 5월, 미국 중서부 곡창지대 인디애나 주 팔미라의 한 농가. 아직 20대 농부인 크리스 존스가 집을 나선다. 그는 인디애나 주의 명문 퍼듀대 출신이지만 또래 친구와는 달리 고향의 가족 농장으로 돌아와 농사를 짓고 있다. 집 앞에 세워진 농기계 콤바인에 오른 존스 앞에는 마치 비행기 조종사 좌석처럼 복잡한 운전석이 펼쳐져 있고 각종 센서와 모니터가 장착되어 있다. 운전대 좌우와 아래로 모니터 여러 대가 달려 있고, 충전기와 무선통신용 중계기를 연결하는 전선이 복잡하게 얽혀 있다. 시동을 걸자 파종 모니터가 깜박이며 토질과 토양의 수분 함량을 측정한다. 곧바로 최적 깊이로 옥수수 씨앗을 심도록 파종기를 조절하고 감시한다. 씨앗이 뿌려지는 것과 동시에 또 다른 모니터에는 토양의 비옥도 정보가 실시간 제공된다.

그림 6-1 미국 농가의 주문 농업용 농기계 내부 모습

파종 후 집에 들어와 컴퓨터를 켜자, 화면에 존스가 소유한 6,000에이커(24만㎡) 농장이 담긴 구글 지도가 나타난다. 화면 한 구석에 날씨 정보가 실시간으로 업데이트되는 가운데 파종한 옥수수 품종 번호를 입력하자, 예상 수확일자와 수확량은 물론이고 톤당 가격까지 제공된다. 농업용 '클라이밋 프로' (Climate Pro) 시스템이 이지역의 30년 기후 토질과 토양의 수분함량, 파종된 종자의 특성을 '빅 데이터'관리 방식으로 즉석에서 분석해 냈기 때문이다. 그는 "프로그램을 제공한 '클라이밋 코퍼레이션'에 에이커당 15달러 이용료를 내지만 시스템 덕분에 에이커당 수익이 100달러나 늘었다"고 말했다. 그는 "이제는 이러한 농업 시스템이 없으면 농사를 못할 지경"이라고 덧붙였다.

팔미라 농장 사례가 보여주듯 미국 농촌에 농업의 미래를 획기적으로 바꿀 신농업혁명, 즉 '처방(Prescription) 농법'바람이 불고 있다. 1960년대 녹색혁명은 관개시설 확충 · 화학비료 공급확대와 품종개량 덕분이었고, 1990년대 농업혁명이 유전자 변형(GMO) 혁명이었다면 최근 시작된 신 농업혁명은 고도로 발달된 첨단 정보기술이 바탕이다. 농기계와 농경지 이곳 저곳에 센서를 최대한 장착하고 이들이 쏟아내는 방대한 자료를 '빅 데이터'기법으로 분석, 해당 지역에 최적 농법을 처방하는 방식이다.

처방 농법은 농부들에게 토양정보, 일기예보는 물론 곡물 시세에 이르는

다양한 정보를 제공한다. 토양 상태, 작물의 생장 상황, 일기예보, 심지어 지난 수십 년 간의 기후변화 도표에 이르기까지 없는 것이 없다. 다국적 종자 회사들은 지난 수 십년간 종자 개량을 위해 다수 품종을 재배하며 축적한 자료를 농부들에게 제공한다. 초기 단계이기는 하지만 처방 농법의 성과는 놀랄 만하다. 미 국무부 과학자문관인 라즈 코슬라 박사는 "IT기술을 접목한 농법을 일부분만 채용하더라도 물 사용량을 50%나 줄이면서도 수확량은 15% 이상 늘릴 수 있다"고 말했다. 미국농장연합회(AFBF)도 "일부 과정에서 빅 데이터 도움을 받을 경우 비용은 15% 줄어들고 생산량은 13% 가량 늘어나는 결과가 확인됐다"고 밝혔다. 농부는 곡물을 재배하는 과정에서 작물 선택, 파종 시기, 시비량 조절 등 40가지 의사결정을 내려야 하는데 이 가운데 한 두 가지만 정확하게 이뤄지면 농업 생산성이 크게 높아진다는 것이다. 처방 농업이 미국 전역에서 전면 실시될 경우의 파급 효과 예상치는 천문학적 규모다. 처방 농법으로 미국 옥수수 농가의 에이커 당 생산량은 160부셸(4,352kg)에서 200부셸(5,440kg)수준까지 높아질 것이라고 예측했다. 곡물의 최적 생산으로 추가되는 부가가치도 연간 200억달러(24조원)에 달한다는 추정이다.

그림 6-2 농장의 최적 작업 상황을 알려주는 실시간 컴퓨터 화면

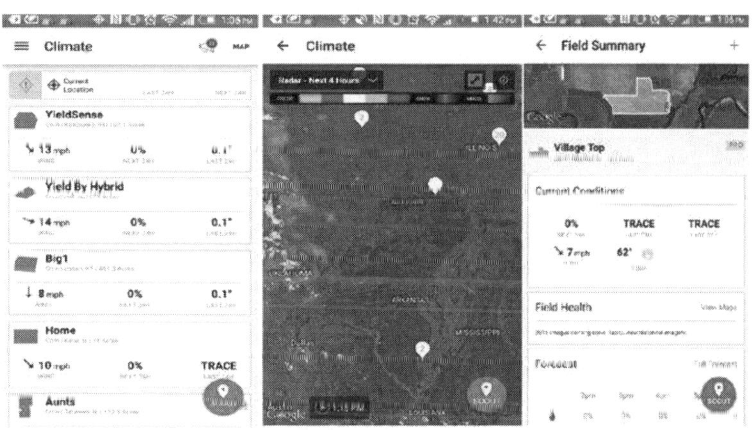

이같이 스마트 농업은 미래농업의 주요 동인으로 지목되고 있으며 식량부족 및 식품 안전성 문제의 대안 책으로 주목받고 있다. 2010년 전 세계 곡물의 시장규모는 1조 4,000억 달러인데 스마트 농업기술의 발전으로 미래의 식량 문제를 해결하는데 그 역할의 중요성이 더욱 커질 전망이다. 세계적으로 스마트농업 기술은 생산량을 높이기 위한 정밀 제어, 유통 전반에 걸친 유통관리시스템 및 에너지 절감을 위한 시설기술에 대한 연구개발이 중심을 이루고 있다. 네덜란드에서는 RFID, Labor Tracking 등의 기술을 이용한 작물 수확량 모니터링이 가능한 원예 자동화 시스템을 개발하였다, 또한 농업기상정보를 예측하고 시설 내의 온도 편차를 최적화하는 솔루션을 제공하고, 작물 주변 환경정보를 수집하여 소프트웨어 기반의 제어시스템 개발하고 있다.

캐나다에서는 작물의 스트레스를 모니터링하고 최적 생장 조건을 관찰하며 전문가 시스템과 연동함으로써 보다 효과적이고 전문적인 의사결정을 지원 정보를 제공하는 시스템을 개발하였다. 이스라엘은 첨단 센서와 무선통신, 자료 분석 및 수집을 위한 S/W를 적용하여 작물과 경작 환경을 모니터링하는 시스템을 개발하였다.

한편 유통 전반에 걸친 유통관리 시스템 기술은 호주에서 토마토 생산 및 출하 패킹, 유통관리를 시스템 전반에 RFID 기술 도입을 도입한 RFID 토마토 유통관리시스템이 개발되었다. 미국은 RFID와 바코드 기술을 활용해 소의 출생부터 소매업체에서 판매되는 쇠고기 원산지 추적 가능한 이력추적 시스템을 개발하였다.

에너지 절감을 위한 농업시설 관련 기술은 프랑스가 앞서고 있으며 발전소의 온배수 열을 이용하여 토마토 재배, 시설 원예 및 화훼, 목재 건조 등을 하고 있다. 또한 일본의 경우 작물수확, 접목로봇 등 농업용 로봇위주의 스마트 농업 기술을 개발 추진 중이며 기술적인 측면에서 정밀도가 최고 수준이나 개발비용 상승에 따른 원가증가로 상용화가 어려운 추세이다.

생장분야에서는 전통적으로 생장상태 측정기기 업체, 재배지원 솔루션 업체, 재배 지원 서비스 업체 등이 활성화되어 있으나, 근래에 무선센서 네트워크(WSN) 및 저전력 센서 네트워킹 제품의 등장으로 무선센서네트워크(WSN) 기반 센싱 및 모니터링 시스템 기술 제공업체가 등장하고 있는 추세이다. 무선센서네트워크(WSN) 세계시장은 2008년 약 34억불 수준에서 2018년에는 약 610억불 규모에 이를 것으로 전망되며, 33.5%의 성장추세를 이어갈 것으로 예상된다.

2010년 880억달러에 이르는 세계 농업기계 시장규모 중 IT 기반 정밀 농업기계는 약 10%인 80억달러이며 2014년까지 250억달러 규모로 성장할 것이라 예상되고 있다. 농업 선진국인 미국, 일본, 네덜란드 등은 선진 재배기술과 함께 특히 최근의 유무선기술, 생장 및 생육환경 측정기술 등을 기반으로 고품질, 고수확 또는 재배비용 절감 등을 위한 다양한 요소 기술들을 개발하고 있다.

도시형 식물공장 구축을 위한 노력이 있지만 품질과 다양성에서는 아직까지 시장요구를 만족시키지 못하고 있기 때문에 현재까지 엽채류 위주의 도시형 식물공장만 구축되고 있을 뿐 다른 작물에 대한 고려는 아직까지 부족한 실정이다. 이러한 문제점을 극복하기 위하여 에너지 절약에 필요한 LED 조명, 태양광 발전, 히트펌프, 식물공장의 환경제어를 위한 기술 등이 연구되고 있다. 일본의 경우 식물공장 건설시장이 2009년 53억엔, 식물공장 제품시장이 42억엔 정도로 추산되며, 2020년 식물공장 건설규모가 129억엔으로 해외로 확장할 경우 중동, 중국, 러시아를 주요 수요처로 삼을 것으로 보인다.

우리나라의 경우 농업 인력의 고령화가 급속도로 진행됨에 따라, 65세 이상의 고령층 비중은 1990년에 비하여 2008년에는 약 3배나 증가하고 있다. 농가 경영주의 고령화 현상을 감안하였을 경우, 경영주 연령이 60대 이상인 농가는 2005년 58%에서 2020년에는 80%, 2030년에는 84%에 이를 것으로 전망되고 있다. 이렇듯 한정된 농촌인구와 기업농 확대로 인해 가까운 미래에 스마트농업이 유력한 대안으로 등장할 전망이다.

우리나라의 스마트농업 기술은 2011년 기준 선진국의 60% 중반 수준으로 기술격차가 매우 심한 편이며, 관련 농업분야의 과학기술 격차 또한 최대 4년 가까운 격차를 보이고 있다. 따라서 농업 관련 선진국과의 기술격차를 따라잡기 위한 우리나라의 발달된 IT를 농업에 융합시키는 스마트농업 기술에 대한 관심이 급증하고 있다. 하지만 국내의 경우 세계 최고 수준의 IT 경쟁력에도 불구하고, 아직까지 사업성 미흡, 기존 관행 유지 및 인식부족 등으로 IT의 농업분야 적용은 아직 초기단계에 머물고 있는 실정이다.

스마트 농업의 핵심 기술인 농업용 로봇 시장은 빠른 성장세를 지속할 전망이다. 현재 세계적으로 약 500여종의 농업로봇이 연구되고 있으며, 이 중 일부는 실용화를 위한 기술개발 진행 중이다. 농업용 로봇은 안전 농산물 생산, 노동력 고투입 농작업, 단순 반복, 고역 농작업, 농산물의 부가가치를 높이기 위한 정밀 농작업 분야를 중심으로 우선 산업화가 진행될 전망이다.

농업용 로봇이란 농업 생산과 가공, 유통, 소비의 전과정에서 스스로 서비스 환경을 인식하고, 상황을 판단하여 자율적인 동작을 통해 지능화된 작업이나 서비스를 제공하는 기계를 말한다. 농업용 로봇산업은 전문서비스용 로봇산업 분류에 속해 있으며 농업 생산과 소비, 유통과 경영 등의 전과정에서 자율적인 기능을 통해 농작업이나 농업 관련 서비스를 제공하는 로봇을 제조하는 산업이다. 농업노동비용이 증가하고 농작업 여건 및 생산 환경 개선 등 농업의 환경 변화에 따른 로봇 도입 시 비용대비 효과 측면의 이점이 부각되면서 농업용 로봇은 인력 작업을 대체하는 수단으로서 도입이 점차 확산되는 추세이다.

그림 6-3 로봇산업의 분류체계

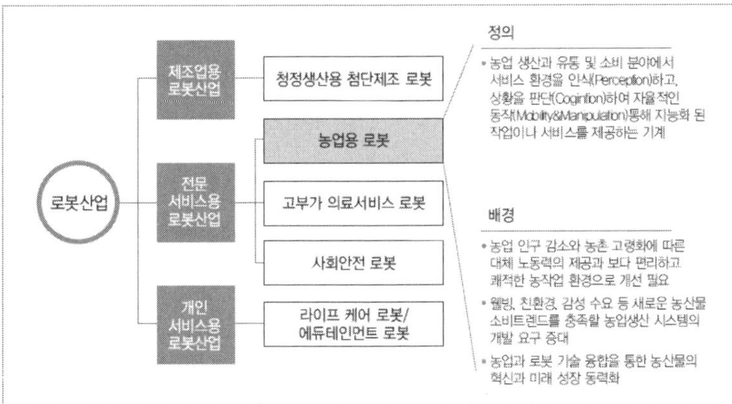

자료: 박현섭외(2015)

우리나라의 경우 농작업의 로봇화는 무선제어 또는 유도케이블에 의한 방제로봇 등이 실용화단계에 있으며, 과일 등의 수확로봇과 착유로봇은 기초연구를 완료하고 실용화 연구에 들어가 있다. 또한 전자공학적 기술을 응용한 신 농업기술은 동식물의 생장반응, 농산물의 숙도, 당도 등 생체의 품질을 비파괴로 신속히 계측하는 비파괴 생체계측기술(非破壞 生體計測技術)과 일정한 간격을 두고 사람을 따라 다니며 시설 내 수확 및 운반과 재배관리 작업에 이용될 수 있는 파트너 로봇은 개발이 완료되었으며, 보식(補植)로봇은 기초연구단계인 것으로 알려져 있다. 이 같은 추세라면 컴퓨터와 로봇에 의해 운영되는 완전 자동화된 미래농장이 20년 내에 등장할 것으로 예측하고 있다.

농촌진흥청에서 수평형 식물공장 모델 개발을 시작하여 2005년부터 태양광 이용형 수평형 식물공장을 가동 중에 있으며, 2009년부터는 수식 형 식물공장 시스템을 개발한 바 있다. 2011년 KT가 시연한 원격 농업현장 모니터링 및 감시 제어를 위한 스마트 팜 서비스는 실시간 모니터링을 수행하고, 환경제어 이력조회 등을 가능하도록 지원하고 있다. 지금까지 스마트농업 관련된 기술 개발 및 표준화는 주로 부분적인 기술에 집중하여 이루어져 왔다. 스마트농업은 순수 농업 기술뿐만 아니라 IT, 기계, 건축, 바이오, 화학 등 어느 단편적인 기술에 종속되기 보다는 수 많은 기술들의 서로 융복합되어야 하는 매우 어려운 분야라고 볼 수 있다. 그렇기 때문에 농산물의 생산에서 소비, 유통에 이르는 전반적인 에코시스템에 융복합 기술이 잘 스며들어야 하며, 이들 기술들 간에 유기적인 연결이 마련되어야 한다. 따라서 스마트 농업관련 기본 프레임워크에 대한 표준 개발과 더불어 각각의 요소 기술들이 상호 유기적으로 융복합하기 위한 공통언어인 농업 메타데이터 요소에 대한 표준화가 미래에 중요한 과제가 되고 있다.

표 6-1 식물공장의 핵심기술

구 분	내 용
Place(장소)	자연환경에 제한을 받지 않고 어느 장소에서든지 사용하는 시설기술
Light(조명)	음극선관, 형광등, 고압나트륨등 다양한 광원을 이용하여 작물의 광합성과 생육을 조절하는 기술
Auto(자동화)	로봇화, 원격제어기술등을 이용하여 파종부터 수확까지 전과정을 자동화하는 기술
Nutrient(양분)	식물생장에 적합한 양분을 자동으로 공급하고 기능성분을 강화하는 기술
Temperature(온도)	다양한 기후대의 작물을 재배하고 생육속도와 수확기를 조정하는 온도조정 기술

자료: 김연중외(스마트 농업의 현황과 발전방향, 2013)

2. 농업생명공학기술

식량문제의 해결을 위하여 1960년대에 등장한 녹색혁명은 수확량이 많은 개량종을 도입해 식량 증산을 도모한 대표적인 농업생명공학분야의 기술혁신과정이었다. 1960년대 중반부터 미국을 중심으로 각지의 농업 연구소에서 쌀과 밀 등을 품종개량하고, 식량부족의 어려움을 겪던 개발도상국에 이 품종을 적극 도입하여 농업 생산량 증대에 획기적인 역할을 했다. 이러한 녹색혁명은 비료, 물 등의 추가투입과 생명공학 기술에 의한 새로운 품종개발과 재배기술의 개선을 통해 가능했다. 그에 따른 곡물생산성은 1950년대 ha당 1,2톤이던 것이 1990년대에는 3.4톤으로 증가했다.

하지만 물 부족, 자연자원 결핍의 문제는 녹색혁명을 성취하기 위한 새로운 농업혁명의 필요성을 인식하고 있다. 2010년 전 세계 곡물 시장규모는 1조 4,000억달러로서 자동차 시장규모인 1조 6,000억달러와 비슷하지만, 2010년 기준 곡물 재고율의 경우 20%의 낮은 수준에 머물고 있다. 이렇게 낮은 곡물 재고율은 최근 바이오 연료용 곡물과 가축사료용 곡물 수요가 증가됨에 곡물 재고율이 낮아지기 때문이다.

바이오연료 주요 생산국들의 미래 정책목표를 고려하였을 경우, 2016년 바이오 연료 생산에 이용될 옥수수는 2007년 사용량의 2.6배인 2억 5천만 톤(세계 생산량 전망치의 28%), 대두는 현재 사용량의 2.1배인 9,200만 톤(세계 생산량 전망치의 31%)이 필요할 것으로 전망된다. 특히 인구가 많은 중국과 인도 등 신흥시장의 식용 및 사료용 곡물 수요가 급증하는 추세이며, 향후 상당 기간 소득증가에 따라 곡물소비가 증가할 것으로 전망된다. 2000년대 이후 전 세계적으로 곡물의 재고율 하락이 장기화되고, 인구증가 및 생활 여건의 개선에 따라 향후에는 심각한 식량 부족상태가 예측됨에 따라 세계 각국은 곡물의 생산성 제고 및 품질향상 방안을 확보하기 위하여 다방면으로 노력하고 있다.

그림6-4 세계 곡물 재고율 추이

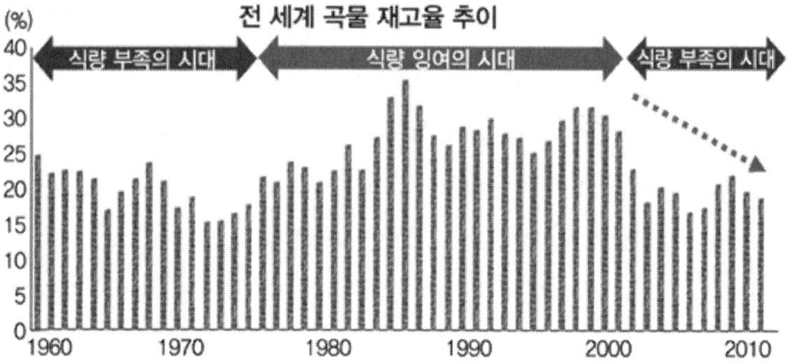

이러한 문제에 직면하여 세계는 생명공학기술을 이용하여 지속가능한 작물 증산을 하고자 노력하고 있다. 생명공학(biotechnology)은 산업적으로 유용한 제품을 개발하거나 공정을 개선하기 위하여 생체나 생체유래물질 또는 생물학적 시스템을 활용하는 기술을 총칭하는 것으로 전통적인 생명공학기술과 신생명 공학기술로 대별될 수 있다.

전통적인 생명공학기술(old biotech)은 미생물이나 동 · 식물의 유용한 기능을 경험적인 방법으로 활용하는 기술로써 식품발효 기술, 육종 기술 등이 여기에 해당된다. 신생명공학기술(new biotech)은 1973년 유전자 재조합기술의 도입을 계기로 새롭게 대두된 생명공학기술로 유전공학기술, 세포배양기술, 생물공정기술 등이 포함되는데 생명공학은 21세기에 가장 큰 부가가치를 낳을 산업으로 평가되고 있다.

유전공학기술은 생명공학에 포함되는 기술로 유전자를 조작해서 생명체의 기능을 보강하거나 전혀 새로운 생명체를 만드는 생체개조기술이라고 할 수 있다. 최근 유전자 염기배열의 일부에 다른 생물의 특정 유전자를 편입시켜 유전자를 변환시키는 유전자변형농산물(GMO)을 개발하는 등 유전공학기술이 급진적으로 발달하고 있다. 유전공학기술은 유용한 유전자를 재조합하여 보다 싸고 유익한 물질을 생산할 수 있는 기술로 금세기 4대 난제인 식량, 에너지, 의학 및 환경보전 문제를 해결할 수 있는 첨단기술로 기대되고 있다. 특히 유전자공학기술은 21세기 식량문제 해결의 유일한 대안으로 인식되고 있다. 또한 농산물의 생산성, 영양가, 기호도, 기능적 특성을 향상시킬 수 있는 열쇠의 하나로도 인식되고 있다.

유전공학기술은 하나의 세포에 새로운 유전자를 첨가 · 삭제 · 재결합 · 조정함으로써 농축산물의 생산방법을 근본적으로 바꾸어 놓고 있다. 유전자 조작을 통해 병충해에 강하고 생산성을 획기적으로 증대시키는 새로운 품종을 만들어 낼 뿐만 아니라, 전혀 다른 종(species)간에 유전자를 이식 또는 재결합함으로써 수많은 새로운 종을 탄생시킬 가능성이 있으며, 종의 기존 개념을 변화시키고 있다. 종간(種間) 유전자 이식 연구는 무수히 이루어지고 있다. 예를 들어 과학자들은 연어 · 잉어 · 송어의 성장을 빠르게 하는 유전자를 만들기 위해 인간이나 보바인(bovine, 소과 동물)의 유전자까지 이식했으며, 물고기의 내상성(耐霜性) 유전자를 토마토 유전자 코드에 이식했다. 이러한 유전자조작을 통해 전혀 새로운 종의 탄생도 쉽게 예상할 수 있다.

바이오 테크시대(The Biothech Century, 1998)의 저자인 Jeremy Rifkin는 생명공학기술을 '문화적 · 경제적 요구와 수요에 부응하도록 생물의 유전암호를 다시 프로그램 하는 것'이라고 규정했다. 생명공학 시대에는 하나의 생물체를 서로 다른 명칭을 가진 특정의 종이란 개념으로 정의하지 않고, 무수한 생물학적 조합으로 다시 프로그램할 수 있는 하나의 정보 시스템 개념으로 인식되고 있다. 따라서 지금까지 생명공학 산업은 기존의 유전물질을 캐내는 추출산업의 수준에 머물렀으나 앞으로는 새로운 유전자 물질을 창조하는 산업으로 발전할 전망이다.

또한 유전공학 기법은 전통적 육종기법에 비해 그 영역이 광범위하고, 육종기간을 단축시킬 수 있다는 면에서 적극적으로 활용할 가치가 있다. 기존 작물에 새로운 기능물질 생산능력을 부여함으로써 작물의 가치를 높여 경쟁력을 제고하는 것은 종전의 육종기술로는 성취하기 어려운 첨단기술이며, 작물의 내재해성(耐災害性) 육종의 경우에는 유전공학적 기법과 전통적 육종기법을 조절함으로써 짧은 기간 내에 육종 목표의 성취를 가져 올 수 있다.

그러나 유전자공학 기술은 종교 · 윤리 · 환경 및 식품의 안전성 문제로 그 개발에 많은 제약이 있을 것으로 예상된다. 유전공학기술은 안전성 문제, 환경 문제, 독과점 문제 등이 미해결 상태이기는 하나 경작지 감소, 인구증가 등으로 인한 식량부족 문제를 해결하는 데 기여할 것으로 기대되어 21C 핵심 기술로 부상될 전망이며, 산업적 상업적 잠재력 또한 확대될 것으로 보인다. 그럼에도 불구하고 유전자조작 농산물이 갖는 높은 생산성과 경제성, 그리고 과학자들의 새로운 세계를 추구하고자 하는 호기심으로 인해 유전공학은 계속 발전할 것이며, 유전자조작 농산물의 생산도 지속적으로 확대될 것이다.

유전자변형 작물은 1996년부터 시판되어 오고 있고, 목화, 옥수수, 대두 등을 재배하고 있다. 승인된 변형식물은 75% 이상의 제초제 내성이나 내충성 유전자를 포함하고 있는데 향후 전 세계 작물 재배량에서 바이오기술로 변형된 작물의 점유율은 꾸준히 늘어날 전망이다. 유전자변형작물은 산업화가 빠른 속도로 확대되어, 1996년에 170만 ha에 불과하던 재배면적이 2009년에는 1억 3천 4백만 ha에 달하는 등 연평균 10% 이상의 증가율을 보이고, 이는 세계경지 면적의 9%에 해당한다. 재배 국가는 25개국에 달하며, 그 속에서 살고 있는 사람들을 숫자로 환산하면 세계인구의 54%에 달하는 36억 명에 이른다. 국가별로 보면 미국이 세계재배면적의 48%를 차지하고 있으며, 자국에서 재배되는 콩의 94%, 옥수수의 85%, 그리고 목화의 90%가 이미 유전자변형작물이다. 또한 유통측면을 보면 32개국으로 수출되어 모두 55개국 45억 명의 인구가 소비하고 있다.

머지않아 비타민, 필수아미노산이 강화된 쌀이나 옥수수, 트랜스지방이 없이 저가의 불포화지방산이 강화된 식용유를 생산할 수 있는 대두와 유채 등이 생산되면서 '제2세대 유전자변형작물'의 시대가 도래할 것으로 보인다. 또한 다음 세대에 가서는 이 기술을 이용하여 의약물질 등 정밀화학제품은 물론이고 플라스틱 원료 등 석유 화학제품을 대체할 수 있는 대용량의 유용물질을 효과적으로 생산할 수 있는 식물이 개발될 것으로 기대되고 있다. 따라서 전 세계 주요 작물 재배지 중 유전자변형작물 점유율이 지속적으로 증가할 전망이다.[1]

유전자변형농산물 재배면적은 선진국을 중심으로 급속하게 확산되고 있지만, 최근 개도국에서의 재배면적도 빠르게 증가하고 있다. 특히 유전자변형농산물 재배면적은 급격하게 증가하고 있다. 이러한 추세는 앞으로도 지속되어 1997년 6억7천만달러인 유전자변형농산물의 시장규모가 2010년에는 250억달러에 달할 것으로 추정되고 있다. 최근까지 개발된 유전자변형농산물은 생산자 측면에서 재배상의 편리를 위해 개발된 상품이 주류를 이루었으나, 앞으로는 소비자측면에서 영양을 강화하거나 특수성분을 가진 기능성 상품의 개발이 주를 이룰 것으로 예상된다. 이러한 기술혁신은 세계사에서 유례를 찾아볼 수 없는 세계농업의 생산성 향상과 투입노동력 절감을 가져 올 것이며, 장차 50년 내에 실험실에서의 분자조작에 의해 전통적인 옥외영농이 크게 위축될 것으로 전망되고 있다.

예를 들어, 미국 생명공학회사들은 바닐라 나무에서 고(高)생산성 세포조직을 선별, 조직배양함으로써 가장 인기있는 향료인 바닐라를 실험실에서 생산하는데 성공했다. 농장에서 생산된 바닐라가 파운드당 약 1,200달러에 거래되는데 반해, 실험실에서의 바닐라 생산비는 파운드당 25달러에도 못미치고 있다. 바닐라는 세계 생산량의 98% 이상이 Madagascar 등 인도양의 3개 작은 섬나라에서 생산되며, 이들 국가의 주 수출품목으로 7만명의 농민이 바닐라 생산에 생계를 전적으로 의존하고 있다. 결국 바닐라의 실험실 생산으로 이들 농민들은 생계수단을 잃을 운명에 놓여 있으며, 이들 국가의 경제도 위축될 것으로 보인다.

1 최용경(바이오 경제시대, 생명공학의 연구동향, 2011)

또한 서아프리카에서 성장하는 식물인 쏘마틴(thaumatin)의 과실인 쏘마틴은 현재까지 자연에서 발견된 것 중 가장 당도가 높은 물질로서 순수 쏘마틴은 설탕에 비해 당도가 10만배나 된다. 몇몇 생명공학회사가 1980년대 중반에 이를 무성생식시키는데 성공하여, 농축 쏘마틴을 실험실에서 생산하고 있다. 실험실에서 생산되는 쏘마틴과 다른 인공 감미료들은 세계 설탕시장을 위축시키고 있다. 네델란드의 한 연구는 수년 내에 제 3세계 1천만명 이상의 농민들이 생활터전을 잃을 것으로 전망하고 있다. 그리고 산업분석가들은 오렌지 주스가 실험실의 양조용 통에서 생산될 날도 멀지 않은 것으로 보고 있다.

우리 나라 생명공학의 전반적 기술경쟁력 수준은 선진국 대비(미국=100) 60%수준으로 평가되고 있다. 발효산업기술은 국제경쟁력이 있는 것으로 평가되나, 기초기술에 있어서는 기술기반은 어느 정도 축적되어 있지만 아직은 개발된 기술의 모방가능단계이다. 유전공학과 관련한 농업분야의 국내 연구는 농촌진흥청과 대학을 중심으로 상당한 연구가 진행되고 있으며, 많은 연구결과가 나타나고 있으나 아직 기초연구단계에 머물고 있다고 보아야 할 것이다. 그러나 유전자 변형 기술을 이용한 형질전환 가축은 현재 4종이 생산되어 있으며, 복제기술에 의한 쌍둥이 숫 송아지가 탄생시킨바 있다.

우리의 주식인 쌀의 유전자변형은 국제미작연구소(International Rice Research Institute, IRRI)를 비롯하여 우리 나라, 일본, 필리핀, 중국 등에서 적극 개발해 왔고, 다국적 민간기업도 아시아 시장을 겨냥하여 개발을 추진하여 왔으나 아직까지 상업화에 성공하지는 못했다. 그러나 조만간 유전자변형 쌀이 시중에 유통될 것으로 예상하고 있다. 우리나라의 경우 현재 벼 · 감자 · 토마토 등 8개 품목에 대한 유전자변형 신품종 개발연구가 진행 중이나, 국내 유전자 변형농산물 연구는 초기단계로 실용화는 7~8년 후에나 가능할 것으로 예상하고 있다.

3. 식품 가공기술

식품 산업 분야의 1950년대 이후 기술 및 산업 발전의 흐름을 살펴보면 1950년대 초반에는 농수축산물의 1차 산업이 주종을 이루고 이와 관련되어 밀가루나 통조림 등을 만드는 기술이 발전하였다. 1960년대에는 현재 식품 기술의 기초가 되는 단위 조작 기술이 발전되었으며, 1980년대에는 자동화 기술과 압출(extrusion)기술이 이용되었고, 2000년대 들어서는 가공식품의 산업생산성이나 식품 안정성, 고품질 등이 화두가 되고 있다. 이러한 발전은 화학, 기계 공학 기술 등이 농업 기술과 식품 가공 기술과 접목되면서 이루어졌다.

표 6-2 농식품 산업의 기술발전 과정

	~1950년대	~1960년대	~1970년대	~1980년대	~2000년대
기술단계	원료농산물 가공기술	산업화, 대량생산 기술	산업화 서구화	에너지 생산성	고품질 가공식품, 생산성
식품관련 주요기술	도정, 통조림 제분기술 냉동,냉장 원두커피 전자렌지	단위조작기술 밀가루 설탕	제과, 제빵, 제면기술 식품소재생산기술	자동화 기술 아이스크림 Extrusion 기술	유가공, 육가공 유지기술, 과채가공기술 GM Food
연관기술	화학 공학 기술, 기계 공학 기술, 농업 기술, 식품 가공 기술				

자료: 신정규(식품의 신제품 개발 및 기술연구동향, 2005)

식품 가공기술의 발전은 1차 산업에 의해 생산된 농작물을 물리적인 방법에 의해 단순 가공하는 것으로 시작하여 화학 공학의 도입에 의해 특정 성분의 분리, 보다 미세한 분쇄를 통해 제품을 생산하는 기술을 발전시켜 왔다. 이러한 기술을 이용하여 여러 가지 성분의 조합에 의한 새로운 제품을 내놓고, 이후에는 집에서 조리하여 먹던 것을 규격화 내지는 간편화하여 싼 가격으로 가공식품을 구입할 수 있는 방향으로 기술의 개발이 진행되어왔다.

1990년대부터는 다양한 기술의 급격한 발전으로 인하여 식품 및 농업 기술도 급격히 발전되어 왔으며, 2000년대 들어서는 영화나 소설 속에서나 가능하리라고 생각되었던 식품가공제품들이 실현되기 시작하였다. 생물공학기술과 식품산업 기술간 융합으로 맞춤형 기능성식품, 생리활성 물질의 정제 및 생산, 특정질병예방 식품, 노화조절 식품 및 면역기능개선 제품 등의 개발 등이 활발하게 이루어지고 있다. 나노기술에 의해 식품가공기술은 마이크로 및 나노수준의 가공, 제품개발, 식품안전을 위한 방법의 설계와 계측장비 및 바이오보안기술이 더욱 발전해 나갈 것이다. 이렇게 기술의 개발 속도가 급격해 지면서 세계 각 나라에서는 자국의 식품가공기술이 어떻게 발전할 것인가에 대한 예측을 하고 어느 방향으로 기술의 발전 방향을 가져가야 할 것인가에 대한 논의가 일어나고 있다.

식품 분야의 미래 기술은 특정 대상을 위한 식품, 조리시설이 필요없는 초간편 즉석 식품, 맞춤형 식품 및 식품 대체 캡슐형 제품 개발, 노화 억제 식품소재 개발, 스트레스 해소를 위한 마음조절(mind control)용 식품, 고기능성 식품, 치료용 의약식품, 개개인의 유전자 정보를 근거로 질병 발생을 예방할 수 있는 맞춤 식품의 보급 기술 등이다.

표 6-3 미래의 식품 산업기술 및 제품 전망

~2005년	~2010년	~2015년	~2020년	~Future
Designed Species 생분해성 포장재, 오염물 신속 검출 기술, 항산화제품, 변비개선, 비만 방지	Therapeutic Food, 비열 살균 기술, 전분 노화 방지 기술, 두뇌영양, 당뇨 예방, 고혈압, 뇌졸중 예방	유기농, 정밀농업, 탄수화물 기능성 소재, 고령자용 특화식품, 품질 측정 센서 실용화 고혈압용 GM Foods, 노화억제, 치매예방, 암예방, 면역조절	Aquaculture 개인형 맞춤형 식품, 질병 예방 야채, 알레르기 비유발 축산식품	인 공 재 료 식품
식품 가공 기술, 나노 기술, 바이오 기술, 정보 기술				

자료: 신정구(2015)

향후 식품 기술은 탐색 기술, 소재화 기술, 제품화 기술, 제품 안전 기술 등이 크게 발전할 것으로 보이며, 탐색 기술은 HTS(high throughput screening) 수준의 질환 모델, 동물 개발, 인체내 발현 기작 규명, 소재화 기술은 생물전환 기술 및 생물 공정 기술, 화학적 · 효소적 수식기술, 합성기술, 고분자의 중저분자화, 자원의 분자육종기술, 제품화 기술로는 최종 제품의 유효성/위해성 임상평가기술, 소재의 다용도화, 다기능 제품, 유용 성분 전달기술, 그리고 제품 안전 기술에는 실시간 센서기술, 포장재료 기술 등이 언급 되고 있다.

이러한 식품산업의 미래 기술들은 지금까지 발전되어 온 농업 및 식품 가공 기술에 나노 기술(품질 센서 실용화, 오염물 신속 검출, 로봇 실용화, 영양성분 전달 방법 등), 바이오 기술(GM Foods, 심해 생물 이용 생리활성 물질, 알레르기 비유발 식품, 질병 예방 야채, 형질 전환 가축 등), 정보화 기술(자동화 시설, 개인 맞춤형 기능성 식품, Artificial Foods 등)이 도입되어서 식품 가공 기술과 연계화가 되어야만 가능할 것으로 보인다. 그리고 이 기술들의 발전의 동향을 보면 향후에는 결국 모든 농업 식품 기술들은 사람의 질병 치료의 목적, 노화 억제, 인체 안전성 등을 목표로 하는 방향을 지향하게 될 것으로 예상하고 있다.

우리나라도 식품 산업 분야에서 많은 미래의 유망 기술들이 개발되고 발전할 것으로 예상은 되지만 국내 식품 산업 기술의 수준은 대부분 선진국 대비 평균 60% 내외로 평가되고 있다. 물론 일부 분야에서는 선진 기술에 80~90%에 도달하는 것으로 예상하고 있으나 국내에서 예상되는 기술의 실현 시기와 일본이나 미국 등에서 예상하는 시기에는 약 3-5년 이상의 차이를 보이고 있다. 결국 현재 예측되어 있는 미래 기술들의 실현 시기는 식품기술의 연구개발에 대한 정책과 관련기술의 융합화 정도에 따라서 그 시기가 앞당겨질 수 있을 것이다.

제2절 기술혁신과 미래의 농업

농업기술혁신으로 인해 농업생산구조가 변화하면서 예상되는 주요한 결과는 농업GDP 비중의 축소 및 농가수와 농촌인구의 지속적인 감소 현상이다. 농가들이 새로운 농업 생산기술을 광범위하게 수용하면서 농업노동력이 기계, 시설 등 자본재로 대체되는 현상이 일어나고 규모의 경제 및 이익증대를 위하여 농가수의 감소와 통합과정이 일어날 것이다. 효율적인 생력화기술이 발전하면서 농작업에 투입되는 노동시간이 대폭 줄어들어 농민들이 더 이상 많은 시간을 영농활동에 쏟아 붓지 않아도 됨에 따라 여가활동의 기회가 넓어지면서 농민들의 삶의 질이 크게 향상될 것이다. 한편 영농의 규모화가 진행되면서 소규모 농장을 대체하는 대규모 농장의 등장과 농촌인구의 감소 현상이 가속화 되면서 농촌소재 서비스기업의 위축 및 농촌의 기업의 몰락과 그리고 농촌공동체의 붕괴현상 등이 일어날 것이다. 이하에서 농업기술혁신으로 인해 농산물의 생산단계부터 유통 단계에 걸쳐 미래에 농업 및 농촌이 어떻게 변화될지 전망하기로 한다.

1. 농산물 생산단계

경종작물의 생산 분야에서는 고품질, 기능성, 생력화 생산기술이나 품종개발과 형질전환 품종 기술개발에 따라 농업의 지역적 특화생산보다 기능적 특화 생산 중심으로 생산구조가 개편될 것이다. 또한 정밀농업 기계기술의 개발에 따라 정밀 토양관리가 이루어지는 친환경 정밀농업이 작물 생산분야에서 일반화될 것이다. 친환경 농업에 생명공학기술을 적용하여 기능성식품과 고효율 형질전환이 가능한 작물품종과 재배기술이 실용화되고 우주환경 적응작물도 개발되어 작물재배의 한계가 넓어지게 될 것이다. 원예작물 생산은 기능성 원예작물, 생력기술 및 친환경 생산과 식물공장형 원예작물 생산이 이루어 질 것이고 기술과 시설집약적인 생산체제가 이루어질 것이다.

축산 · 수의분야는 기능성 가축육종기술, 첨단생명공학 기술을 활용한 동물성 단백질 생산 및 대체장기 생산용 형질전환 가축의 생산기술이 실용화 될 것이다. 축산오염물을 적정 처리하고 생태계와 조화를 이룬 생산 체계 및 사육관리 기술이 가능할 것이다. 주문자의 요구에 맞는 축산물 생산기술이 실용화되고 축산물 원산지 추적 및 비파괴 검사, 항생제 내성 및 잔류성 여부를 신속히 판정하는 기술이 개발될 것이다.

ICT기술을 접합한 정보집약적인 시스템이 출현하고 농업의 산업화 과정이 더욱 진전되면서 농업생산구조가 고도화 단계로 진입할 것이다. 이러한 농업생산시스템의 특징은 생산요소 공급자, 생산농민, 바이어, 가공업체, 유통집배업체간의 관계가 점점 더 긴밀해진다는 것이다. 정보 집약적 농업생산 시스템내에서는 관련 업체간 연계성이 긴밀해짐에 따라 다양한 형태의 결합이 일어나게 될 것이다.

1개의 단일 기업체가 원자재 구입, 농산물 생산, 가공, 분배, 마케팅 까지의 모든 생산과정을 운영하는 소위 수직적 통합형태(vertically integrated)가 하나의 예가 된다. 또는 몇몇 독립적인 기업들이 서로 간에 장기적인 매매계약을 하는 형태가 발달할 것이다. 판매기업이 구매기업의 요구에 맞추어 생산시기와 생산량, 상품형태를 계약조건으로 명시하는 것인데 이는 다음 단계의 구매기업이 요구하는 바에 따라 제3 판매기업이 공급조건을 변경하는 과정으로 이어지게 된다. 이러한 연쇄적인 계약관계는 수직적인 연합(vertically coordination)으로 정의되며 구매자와 판매자간의 전략적 연합에 의존하는 연계과정에서 가격은 주요한 고려사항이 되지 않을 것이다.

농업 생산 분야에 왜 이러한 변화가 나타나고 있는가? 그 이유는 농업생산을 둘러 싼 전후방 연관산업들이 완전경쟁으로부터 벗어나게 하는 수단으로 ICT기술을 이용하여 정보집약적인 경영전략을 추구할 경우 보다 많은 이윤

창출이 가능하기 때문이다. 이러한 경영전략의 예를 들면 다음과 같다.

첫째, 다른 농민들보다 신농업기술을 먼저 수용한 농민들은 경쟁적 시장환경을 벗어나 더 많은 이익창출을 기대할 수 있을 것이다. 그러나 다른 농민들도 나중에 신기술을 수용하게 되면 초기에 신기술을 수용한 농민들은 기술수준의 차이를 통한 추가이익의 실현가능성이 없어지게 될 것이다. 즉 신기술의 유용성은 다른 경쟁 생산자들이 수용하기 전까지이며 신기술 정보의 편익주기는 점점 더 짧아지고 있다는 사실을 농민들은 잘 이해하고 있다. 농민들은 단기적인 관점에서 신기술 정보를 도입하는 한편 생산비를 줄이기 위하여 영농규모를 계속해서 늘려가고자 할 것이다.

둘째, 농민들은 농업생산외의 전후방 관련산업의 영역에서도 추가적인 이익을 올릴 수 있는 기회가 있다고 믿고 농장생산물을 통한 소득외에 농산물의 시장판매 확대와 소비자 수요의 변화에 대한 정보를 이용하여 이익창출 기회를 얻고자 할 것이다. 농민들은 생산, 가공, 배송, 유통 등 정보화된 식품 시스템의 일부과정에 참여하는 추세가 늘어날 것이고 이에 따른 특정한 농산물 생산의 전문화가 진행될 것이다.

셋째, 농가와 기업체간 합의계약(예 양돈산업의 종자특허기술 사용계약)을 통해 제한 된 수의 농가들만이 신기술의 혜택을 누리는 기간이 유효하게 지속되면서 신기술 수용 농가들에게 소득 증가를 가져다 줄 것이다. 즉 농기업체와 특혜적인 협력계약을 맺은 농가들은 시장정보와 시장판매기회에 접근성을 높여 타 일반 농가들보다 더 많은 이익창출 기회를 가지게 될 것이다. 부가가치를 높일 수 있는 농산물의 가공사업에 계약을 통해 참여하는 농가들은 농산물의 동질성과 완전경쟁 시장적 요인에 의한 제한을 벗어나 농산물의 상품적 가치를 더 높일 수 있을 것이다.

농업이 정보집약적인 산업으로 전환하면서 일어나는 이러한 변화의 예는 농민들이 농산물의 완전경쟁적 시장구조에 따른 이익창출의 어려움에서 벗어나 불완전경쟁 시장구조로 이동하기 위한 전략으로 해석할 수 있다. 농가들이 완전경쟁을 벗어나고자 수직적 연합전략(vertical coordination)을 추구하는 과정에서 농가들의 마케팅과 생산활동은 농가들의 다양한 전략에 의해 많은 영향을 받게 된다.

농가들이 가공업자와의 전략적 연합을 맺게 되면 농가들은 그들이 생산하는 농산물을 시장에서 파는 것에 더 이상 관심을 두지 않고 가공업자들이 요구하는 농산물을 생산하는데 중점을 두게 된다. 즉 농가들은 궁극적으로 소비자의 기호에 맞추어 생산방식을 어떻게 적응시켜나갈 것 인가에 초점을 두고 노력하게 된다는 것이다.

정보 집약적인 농업생산시스템 과정에서 나타나는 또 다른 특징은 농가들이 시장정보보다는 생산기술, 판매기회, 협약체결 같은 개별적이고 사적인 정보내용에 보다 더 의존하게 된다는 것이다. 정보집약적인 농업시대에 있어서는 공적 또는 사적인 수많은 데이터를 어떻게 수집하여 분석하고 농업경영에 어떻게 이용하는가가 중요한 전략이 된다. 농가들은 공개된 시장에서 농산물을 사고 파는 전략보다는 가격과 기타 시장 정보들이 쉽게 알려지지 않은 생산물을 사고 파는 마케팅 전략으로 많이 변화하게 된다. 즉 정보화 농업시대에는 농가들이 이익창출을 위해서 자기만의 생산방식과 시장정보를 필요로 하고 이를 위해서는 지속적으로 유효한 정보를 수집하고 활용할 수 있는 능력이 요구된다.

정보집약적 농업생산시스템하에서 수직적 관계에 있는 농기업들간에 내부적으로 서로 의존도가 높아지고 새로운 정보를 얻을수 있는 기회도 많아질 것이나. 한편 자기들 그룹 또는 연합관계를 벗어난 외부조직에 대해서는 경쟁적 관계로 간주하고 공급자와 구매자는 잠재적인 파트너로 볼 것이다. 시장정보가 보다 사적인 관계를 통해서 얻어짐에 따라 점점 더 많은 사람들이 필요한 정보를 얻지 못해 시장에서 요구하는 제품이나 서비스를 제공하기 어렵게 될 것이다.

정보를 획득하고 관리하는 방법의 하나는 공급계약을 맺거나 미리 계획된

스케줄에 따라 상품의 생산량과 품질을 정하여 수년간 장기 계약을 맺는 방법이 될 것이다. 이 경우 구매의사결정은 단지 가격이나 품질에 의해서만 정해지지 않고 공급자가 얼마나 구매자의 필요에 잘 맞춰줄 수 있는지에 따라 영향을 받을 것이다. 농민들은 동료 농민들을 경쟁자로 보는 반면에 다양한 지역과 분야에 걸쳐 있는 농기업체를 성공적인 사업의 잠재적인 사업파트너로 보게 될 것이다.

2. 농산물 유통단계

미래의 농산물 유통 시스템은 대형 유통업체, 전자 상거래업체, 통신 판매회사 등 유통주체가 다양화하고 통신거래, 전자거래, 예약거래, 표본거래 방식이 보편화될 것이다. 또한 산지 생산자 조직이 소비지 대형 유통업체, 식품가공업체, 외식 및 식자재 업체의 수요패턴에 따라 맞춤형 생산과 맞춤형 유통관행이 가능할 것이다. 소득증가와 핵가족화, 여성 활동 증가로 인하여 고품질, 친환경, 기능성, 개별맞춤형 농산물 등 소비자의 선호변화에 부응하여 품질관리, 포장기술, 저장기술, 물류기술이 발전하게 되면 농산물 유통도 대형화, 고도화되고 유통과정에서 발생하는 감모나 시간 등 낭비요소가 제거되고 유통거래가 간편화 되어 유통효율이 높아지게 될 것이다.

건강성, 편의성, 안정성, 친환경성을 지향하는 농식품 가공기술의 발달로 고품질, 기능성, 고급 브랜드화된 식품소비가 늘어가면서 식품소비행태가 달라질 것이다. 식품소비구조는 표준화된 농산물의 소비에서 개별적 선호에 따른 차별화된 식품소비가 가능해지면서 소비구조가 양극화될 것이다. 즉 농산물의 가격만이 아니라 품질의 다양화로 식품 소비패턴이 다양해지면서 농산물 수요가 차별화가 가능하게 될 것이다.

농가들은 단일 농산물의 생산에만 매달리지 않고 농자재(예 석유제품)의 공급과 농산물 가공 및 판매활동을 위해서 협동조합사업을 영위하면서 경영

전략이 수직적 통합(vertical integration)방식에서 벗어나 수직적 연합(vertical coordination)으로 확장될 것이다. 수직적 연합과정에서 유통업체와 장기계약을 하는 농가들은 생산량, 품질, 인도시기에 대한 구체적인 이행의무를 지게 되며 이에 따른 위험부담을 안게 된다. 그러나 다른 한편 농가들로 하여금 완전경쟁에서 불완전 경쟁적 환경으로 옮겨갈 수 있게 해주는 기회가 되는 것이다.

농업의 복합 산업화로 인해 농업관련 산업만 영향을 받는 것은 아니고 농촌지역의 기업체들과 농촌주민들에게도 영향을 미치게 된다. 정보집약적인 농업생산 시스템을 추구하는 농가들은 현지 농촌기업들에 대한 의존도가 점점 적어지게 된다. 이들 정보화된 농가들은 필요한 농자재를 지역의 업체들로부터 구입하지 않고 수직적 통합 또는 연합관계에 있는 업체들에게 더 의존하는 경향이 커질 것이며 농산물의 판매영역도 지역시장을 떠나 광역 푸드 시스템에 편입될 것이다.

정보통신, 수송기술의 발달과 함께 소비자, 납세자, 사업가, 농촌주민들의 높은 기대치는 농업인의 경영방식에 혁신적 변화를 이끌어내는 요인이 되고 있다. 이러한 변화들은 경쟁의 심화같은 도전을 가져오기도 하지만 특화된 농산물을 생산하거나 새로운 시장을 창출하는 기회를 제공하기도 한다.

농촌에서의 비니지스기회는 농업생산과 농산업을 소비자의 요구에 맞도록 서비스를 특화하는데서 찾아야 할 것이다. 이들 사업체들은 멀리 떨어진 시장까지 도달하기 위하여 발달된 정보통신기술을 이용할 수 있을 것이다. 많은 농기업경영자들은 그들의 사업체를 완전경쟁으로부터 벗어나도록 하는 전략을 채택하고자 한다. 통신과 수송기술의 발달과 세계화는 국경을 넘어 농산물의 시장경쟁을 더 치열해지게 하고 있다. 이에 따라 농산업체들은 효율적인 기술경영 전략을 찾는 한편 차별화된 농산물을 직거래할 수 있는 방법을 찾아가면서 완전경생의 틀을 벗어나고자 할 것이다. 통신과 수송기술의 발달로 농산업체의 노동시장의 이동성이 커지면서 고용기회에 대한 정보획득이 쉽게 되고 직업의 이동을 쉽게 할 수 있게 되지만 농업 노동자간의 취업 경쟁도 심해질 것이다.

소비자, 납세자, 농촌거주자, 농민, 농기업체 직원, 농촌기업체 직원의 기대치 변화가 농업의 고도 산업화를 이끌 것이다. 소비자들은 식품이 저렴한 비용으로 구입이 가능하고 영양이 풍부하고, 안전하고 맛이 좋고 먹기 편리하며 품질이 균일한 것을 요구할 것이다. 만약 이러한 기대에 어긋나면 소비자들은 대체재를 찾거나 브랜드를 변경하거나 수입품을 선호하게 될 것이다. 이러한 식품에 대한 소비자들의 전적인 요구의 크기는 농산물 무역정책에 반영될 것이고 소비자 정보수집의 필요성을 더 크게 만들 것이다.

납세자들은 농민들의 생활수준을 높이는 정책과 소비자의 이익을 위하여 농산물을 안정적으로 생산하는 정책을 지원하는데 예산지원을 허용해왔다. 그러나 농가소득이 도시소득과 균형을 이루고 식품가격의 폭등위험성이 낮다는 것을 납세자들이 인식하고 농가지원 정책에 대한 지지를 축소시킬 가능성이 높아지면서 농가들은 새로운 경영전략을 세워야 할 때가 올 것이다.

농촌거주민들은 도시거주자와 비슷한 생활스타일을 기대하고 있고 농업이 농촌환경에 미치는 부정적 영향에도 관심이 높아지고 있어 이러한 추세가 농업구조의 변화에 영향을 줄 것이다. 농장, 농기업, 농촌기업의 소유자는 기업적 이윤 추구외에 농촌생활, 기업 소유의식, 고용창출같은 비화폐적인 보상이나 다른 사업보다 상대적으로 위험부담이 적은 사업을 추구하는 과정에서 새로운 농업구조의 변화가 나타날 가능성이 있다. 결론적으로 농업기술의 발달과 높아진 소비자들의 기대수준이 농업을 완전경쟁적인 시장에서 벗어나 불완전경쟁하에서 차별화된 유통전략을 세우도록 하는 근원이라고 할 수 있다. 통신 수송기술의 발달은 농산업체 간에 시장경쟁을 격화시키기도 하지만 기술혁신을 통한 성장의 찬스를 잡으려는 업체들에게는 기회의 요인이 될 것이다.

참고문헌

강성수 외(2011), "USN 기반 농업 IT 융합기술 동향," 전자통신동향분석, 제26권 제6호.

구한승외(2015) 스마트 농업동향분석, 전자통신동향분석 제30권 제2호, 한국전자통신연구원.

월간 SW중심사회, 농업: 스마트농업의 확산, 2014.11.

김도선외(2012). 농업생명공학 이야기, RDA Interrobang 51호, 농촌진흥청.

김두호(2015), 농업 R&D로 농 생명산업의 지속적 발전과 변화 선도, 과학기술정책 통권 208호.

김민석외(2016), 제 4차 산업혁명과 농업, 농림수산식품기술기획평가원(IPET).

김상철, 최규홍, 홍영기(2011), "스마트 시대, 스마트 농업," RDA Interrobang, 제13호.

김연중외(2013), 스마트농업의 현황과 발전방향, 정책연구보고 P176, 한국농촌경제연구원.

김정호(2010), 전문가들이 보는 2050 농업 · 농촌의 미래, D286, 한국농촌경제연구원.

농촌진흥청(2010), 미래 농업기술 발전 전망 : 미래학자가 바라보는 2050 농업전망.

박상우외(2000), 21세기 농업과학기술의 좌표와 정책방향, 한국농촌경제연구원.

박정근(2007), 농업기술발전의 장기전망, 위탁연구보고서 D233-2, 한국농촌경제연구원, 2007.

박현섭외(2015), 농업로봇 기술동향과 산업전망 PD ISSUE REPORT 15-2, 한국기술평가관리원.

이철우외(2011), 농업과학기술의 미래 예측, 제14회 미래전망 2011, 한국농촌경제연구원.

이종원(2016), 해외 스마트농업 사례, 세계농업 185호, 한국농촌경제연구원.

신정규(2005) 식품의 신제품 개발 및 기술연구동향, R&D 동향 41, CJ식품연구소.

제레미 리프킨(1999) 바이오테크 시대, 전영택 외 옮김, 민음사.

제레미 리프킨(2005), 노동의 종말, 민음사.

최용경(2011), 바이오 경제시대, 생명공학의 연구동향, 과학기술정책 24권 1호.

한국농촌경제연구원(2010), 2020 농어업 · 농어촌 비전과 전략.

한국산업기술진흥원(2013), 미국의 바이오 산업의 현황 및 정책동향, 산업기술정책 브리프.

인터넷 자료

IoT 기반 스마트농업 · 스마트팜 국내외 시장전망과 핵심기술 개발동향. 산업기술자료센터 http://www.sitec21.com/product_info.php?pid=64237

07

농업기술정책의 이론과 실제

07

농업기술정책의 이론과 실제

제1절 기술정책의 이론적 배경

1. 기술정책의 필요성

기술정책은 정부가 기술개발을 위한 연구 및 개발을 효율적으로 추진하기 위하여 인적 물적 자원의 적정배분 및 동원을 추구하는 행위이다. 일반적으로 정부가 기술개발에 개입하는 이유는 다음과 같다. 첫째, 기술개발의 비시장성으로 인해 기술개발을 시장 메커니즘에 맡길 경우 기술자원의 산업간 배분이 적정하게 일어날 수 없는 경우가 생긴다. 시장의 원리가 이윤 극대화에 있기 때문에 단기간 내에는 시장성이 없으나 국가차원에서 필요한 보건, 위생 및 농업, 국방분야 등 공공적 기술을 개발하기 위해서는 국가가 개입하여야 한다. 특히 농업기술은 일반 산업기술과 비교하여 기술지식의 개발과 응용과정에서 공공재의 성격, 외부성, 비경쟁적 구조 때문에 시장의 실패가 일어나기 쉽다. 이 경우 농업기술 시장이 사회적으로 바람직한 기술진보를 가져오지 못할 가능성이 높기 때문에 정부는 기술개발의 효율성을 높이기 위한 개입이 필요하다.

둘째, 기술개발의 위험성과 불확실성으로서 새로운 기술개발에는 막대한 자금과 연구 인력이 필요한 반면에 이에 대한 연구결과에 대해서는 투자의 불확실성과 위험이 따르게 된다. 민간 기업에서 기술개발에 따른 부담이 많을 경우 국가적인 기술개발차원에서 정부가 연구개발 자금을 지원할 필요성이 있다. 농업기술 연구 프로젝트는 결과가 불확실하고 장기간의 투자를 필요로 하는 경우가 많기 때문에 정부에 의해서 주도되어야 한다.

셋째, 기술개발의 외연성으로서 기술개발이 특정의 집단이나 구성원에게 영향을 줄 수 있는 분야는 정부가 개입하여 조정할 필요가 있다. 농업기술은 농업현장에서 필요한 응용기술개발의 기초가 되는 농업기초과학기술의 공공성 때문에 정부의 농업기술 지원은 농가들의 상업적 기술수용을 촉진시키게 된다.

넷째, 국가안보의 기능을 하고 있다. 기술수준은 한 나라의 국력을 나타내는 지표가 되며 국가의 안보와 경쟁력을 높이기 위하여 정부가 기술정책의 목표와 방향을 설정할 필요가 있다. 식량안보의 책임이 정부에 있다고 주장할 경우 기술진보가 농업생산 증대와 생산성 향상을 가져 오기 때문에 정부는 농업기술의 진보를 위하여 지원해야 한다는 것이다.

2. 기술정책의 수단

기술개발을 위한 정책적 수단을 보면 기술개발에 대한 세제지원, 금융지원제도, 신기술의 산업화 지원, 민간기업의 연구개발체제 강화 등 다양한 종류가 있다. 첫째는 기술개발을 위한 R&D자금을 지원하는 형태의 정책수단이 있다. 농업기술의 진보와 혁신의 원천은 공공재적 성격을 가지고 있는 농업기초과학지식의 발달에 있으므로 정부는 농업기초과학에 R&D 자금을 정책적으로 지원하는 것이다. 또한 농업과학기술의 개발을 위한 산학 연계 연구도 대학의 기초 및 응용연구결과가 농업부문의 성장에 중요한 역할을 하기 때문에 이를 지원하는 정책을 펴나가고 있는 것이다. 대학과 산업계와의 연계정책은 농업현장에서 이슈가 되는 새로운 기술의 개발과제가 대학의 연구내용과 교육방향에 영향을 줄 수 있기 때문이다.

둘째는 연구기반 조성정책으로서 공공연구기금은 활용하여 농업기술 연구개발을 할 때 비학계 연구기관의 기여도를 높이려는 정책수단이다. 농업부문에서 응용이 가능한 기술개발을 위한 민간 연구부문에 대한 공공지출정책은 다음 3가지 방향으로 농업기술혁신에 영향을 끼친다. (1) 민간 농업 R&D 지출을 보조해줌으로써 농업 전체에 대한 R&D 투자의 증가를 유도한다. (2) 기업 간 연계의 촉진제 구실을 함으로써 민간과 공공 R&D투자의 효율성을 증가 시킨다. (3) 민간기업의 관리하에 있는 특정한 기술을 정부가 개발목표로 정할 수 있다. 농기업체의 R&D 투자를 촉진하기 위한 세금, 보조금 제도의 도입도 이러한 정책수단으로 볼 수 있다.

셋째, 연구비용의 절감, 위험의 회피, 기업 간 기술독점과 R&D 투자의 저해요인감소, R&D 투자의 규모의 경제성을 위하여 기업연합 컨소시움, 대학 간 연합, 기업과 대학 간의 협동연구 프로그램을 정부가 운영한다.

넷째, 농업기술의 이전과 확산을 신속하게 달성하기 위하여 신 농업기술 채택에 대한 보조금 지급, 기술정보의 제공, 기술표준의 설정, 외국 기관에 대한 기술 이전의 요구 및 지적재산권 보호정책을 수행한다. 그 밖에 정부는 기술개발을 추진하는 관계 기관 및 산업체간에 경쟁을 촉진하는 법과 제도라는 수단을 사용함으로써 기술혁신을 촉진시키는 역할을 하게 된다.

제2절 농업기술개발정책

1. 개념

농업기술개발정책은 농업의 성장과 발전의 원천이 농업기술의 진보에 있다고 보고 정부가 농업기술의 개발을 유도하기 위하여 정책적으로 개입하는 행위를 말한다. 농업기술진보의 패턴은 여러 농업기술의 유형이 결합되어 나타나는 복합적 현상으로서 농업기술의 특정한 발전 경로로 나타나게 된다. 농업기술 진보의 유형을 크게 생물 · 화학적기술, 기계화 기술로 나누어 볼 때 농업기술의 유형별로 토지생산성, 노동생산성에 미치는 영향이 달라지게 된다.

농업기술개발정책은 기술유형에 따라 생물 · 화학적 기술, 기계화 기술로 구분 할 수 있으며 최근 상업농의 비중과 역할이 커지면서 대두되고 있는 수확후 기술을 들 수 있다. 생물 · 화학적 기술개발정책은 품종개량과 재배기술의 개선으로 토지생산성의 향상을 가져오는 반면 기계화 기술개발정책은 노동력을 절감하여 노동생산성을 향상시켜준다. 수확후 기술은 생산된 농산물이 소비자에게 이르기까지 유통과정에서 품질을 높이고 비용을 절감시켜주는 기술로서 농산물의 상품성과 부가가치를 높여주게 된다. 전통적으로 기술개발정책의 유형은 자본과 노동 등 생산요소의 부존자원의 제약조건으로부터 유발되는 경향이 강하다.

농업생산 요소 중에서 상대적으로 부족하여 비싸진 생산요소를 상대적으로 값싼 생산요소가 대체함으로써 농업자원의 배분을 효율화하고 비용을 최소화시키는 방향으로 기술개발정책이 진행된다는 것이다. 예를 들어 하이야미와 루탄(Hayami-Ruttan,1985)이 강조한 바와 같이 토지자원이 부족한 국가는 생물 · 화학적 기술이 유발적으로 발전하면서 토지절약적 기술진보의 경로를 밟게 된다는 것이다.

역사적으로 20세기 초 일본과 대만의 쌀 생산 증가 요인을 보면 그 당시 상대적으로 풍부한 농업노동력을 바탕으로 한정된 토지자원을 집약적으로 이용할 수 있는 품종과 비료 등 생물화학적 기술개발 정책의 추진에 의한 것으로 보고되고 있다.[1] 이러한 기술개발정책은 토지생산성의 향상을 가져와 부족한 식량자원을 확보하는데 크게 기여를 한 바 있다. 한편 미국 농업의 경우 상대적으로 풍부한 경지자원에 비해 부족한 농업노동력을 대체하기 위하여 기계화 기술을 개발하는 방향으로 정책이 추진되었다. 그 결과 농업생산에 노동력을 보다 효율적으로 투입할 수 있게 됨에 따라 농민 1인당 수확량이 크게 늘 어 났고 노동생산성의 향상을 가져올 수 있었다.

한편 최근 소비자들이 농신물이나 농산 기공식품에 대한 수요 선호도가 모양, 맛, 신선도 등 고품질의 농산물과 안전성, 건강 기능성 등을 갖춘 농산품을 선호하는 경향이다. 따라서 생산 농민, 저장, 가공, 유통업자들은 최종 소비단계에 도달할 때까지 최고의 품질이 유지되도록 농산물을 관리할 수 있는 수확후 기술의 개발이 중요한 과제로 대두하고 있다. 농산물의 국내외 시장 출하비율이 높아지고 농업의 경쟁력 제고가 중요해짐에 따라 농산물이 소비자들에게 제값 받고 팔릴 수 있도록 상품성을 높이는 기술개발이 중요한 정책과제가 되고 있다. 따라서 정부는 수확후 관리 · 기술 개발의 중요성을 받아들여 품질 및 안전관리기술, 안전성 위해인자 검출 및 추적기술, 품질관리 유통기술 등 관련 농업기술의 개발에 정책적으로 지원하여 농산물의 부가가치를 높이고 농업소득을 올릴 수 있도록 노력하고 있다

1 Johnston and Mellor(1961)

2. 현황분석

농업 총산출은 농업생산성의 향상에 의해서 증가하는데 기계적 기술에 기반한 노동생산성과 생화학적 기술에 기반한 토지생산성이라는 요소 생산성이 농업의 성장단계에 따라 차별적으로 영향을 주면서 농업의 성장경로가 변하게 된다. 그림 7-1에서 한국농업의 성장과정을 보면 1950년대 중반까지 농업기술개발에 대한 정부의 정책적 노력이 없이 토지, 노동 등 전통적인 자원위주의 생산방식을 유지하여 저성장 경로를 밟아 왔다. 그러다가 1950년대 중반부터 1970년대 까지는 식량부족문제를 해결하기 위하여 단위 면적당 생산량을 높일 수 있는 토지생산성 향상에 중점을 두는 생물화학적 기술개발정책을 추진하면서 농업 성장이 노동생산성보다는 토지생산성에 의해서 이끌려지는 시기였다고 할 수 있다.(그림 7-2) 즉 비료, 농약 등 토지집약적인 기술이 내재된 투입재에 의해서 농업생산의 증가와 농업성장이 가능했다고 할 수 있다.[2] 특히 1960년대부터 1970년대 말은 신품종 벼의 개발을 통하여 녹색혁명이라고 불리는 생물화학적 기술개발정책에 의하여 토지 생산성이 크게 증가한 시기이다. 한국 농업은 1960~70년대의 토지생산성의 중심의 농업기술정책으로 1960년대에는 년 평균 4.5%의 농업성장을 달성할 수 있었으며 1970년대에도 2.7%의 성장을 달성할 수 있었다.

2 박정근(2007), 농업기술발전의 장기전망, pp. 6~8의 내용을 인용하였음.

그림 7-1 한국 농업의 총산출, 총투입, 요소생산성 지표(1918-2000)

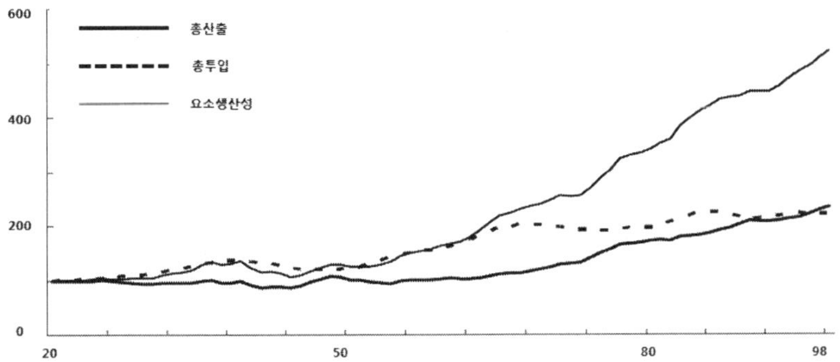

자료: 박정근(2007), 농업기술발전의 전망 D233-2, p.7

1980년대 중반 이후 농촌 노동력의 부족과 이농 현상에 따른 노임상승에 따라 이를 대체하기 위한 경운기, 이앙기 등 기계화 기술개발정책에 의하여 노동생산성이 크게 신장된 시기이다. 특히 대농을 중심으로 확대된 직파재배 기술도 노동력을 절감시키는 노동절약적 기술로서 노동생산성의 향상에 기여한 바 있다. 또한 비닐 등 화학적 기술을 이용한 시설원예농업과 시설양축업의 발전으로 토지생산성과 노동생산성이 동시에 증가한 시기이기도 하다. 이리하여 1980년대에는 노동력을 절감시켜주는 기술진보로 인해 대체적으로 노동생산성이 농업 성장을 주도하면서 연간 2%의 농업 성장률을 달성한 시기이다.

그림 7-2 한국농업의 노동생산성 토지생산성의 변화 추이(1918-2000)

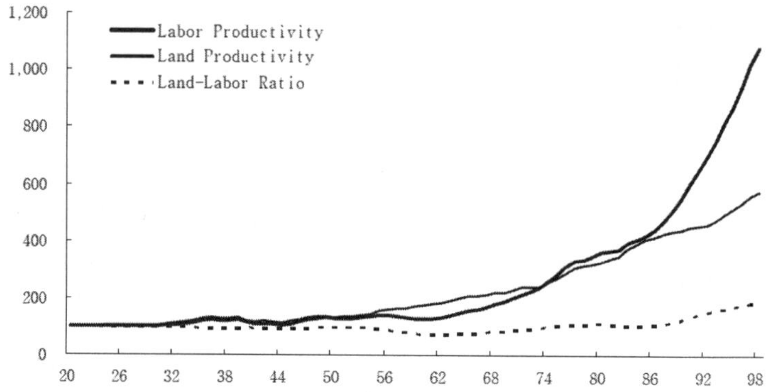

자료: 박정근(2007) 농업기술발전의 장기전망, D233-2, p.8

1990년대 이후 시장 개방화로 해외 농산물의 수입이 확대되고 농산물의 국내 생산량이 증가하면서 수요를 초과하는 공급확대가 일어나면서 우리 농업은 만성적인 공급과잉기조를 맞이하게 된다. 이는 농업의 성장단계상 공급량이 수요량을 초과하는 산업화 단계로 들어서게 되었으며 기술개발정책의 방향을 토지생산성 중심에서 노동생산성 중심으로 전환하여야 함을 의미한다. 하지만 한국 농업의 성장경로는 계속 토지생산성 중심의 생물화학적 기술개발에 중심을 두는 정책을 추진하면서 농업의 성장동력이 점차 소진되는 시기를 맞이하게 된다.

1990년대 이후 농업 성장율은 연평균 1%대로 떨어졌으며 2000년 이후에는 더욱 낮아져 1% 미만의 저성장을 기록하고 있다. 1995년 UR협상 타결 이전에 한국 농업은 자급형 수급구조로서 농산물의 생산과 농업소득이 같은 방향으로 연동되는 구조였다. UR협상 이후 개방화 시대에 들어서면서 수입 농산물의 가격이 국내농산물 가격의 하방 압력요인으로 작용하여 농산물 가격의 천장화현상이 나타나면서 성장과 소득의 괴리 현상이 나타나고 저성장 기조가 계속되고 있다.

UR협상 이후 실질 농산물가격지수는 1995년 135.6에서 2012년 115.5로 하락했으며 호당 명목 농업소득도 1995년 10,469천 원에서 2012년 9,127천 원으로 감소했고 실질가격 기준으로는 1995년 12,830천 원에서 2012년 7,432천 원으로 42.1%가 감소했다. 이에 따라 도시근로자가구 소득 대비 농가소득의 비율은 1995년 95.1%에서 2012년 57.6%로 떨어지면서 농가경제가 크게 위축되고 있다.

UR이후 농업생산성의 상승률이 크게 낮아지고 있는데 주된 이유는 종자, 비료, 농약 등 생물화학적 기술이 한국 농업을 고품질 저비용 생산구조를 전환시키는데 더 이상 기여할 수 없게 되었기 때문으로 볼 수 있다. 호당 평균 실질 노동생산성은 1970년 시간당 2,465원에서 2012년 13,972원으로 연평균 4.22%씩 증가한 것으로 나타났다, 이를 UR 이전과 UR 이후를 비교하면 UR 이전에는 노동생산성이 연평균 6.24% 증가한데 비해, UR 이후에는 연평균 2.24% 증가하여 노동생산성의 상승폭이 크게 감소했다. 호당 평균 실질 토지생산성은 1970년 10a당 482천 원에서 2012년 961천 원으로 연평균 1.66%씩 증가했다. 이를 UR 전후로 나누어 살펴보면 UR 이전에는 토지생산성이 연평균 3.7% 증가했으나, UR 이후에 0.2% 로 감소했다. UR 이후 농산물의 공급과잉 시대를 맞아 비료 농약, 인건비 등 영농비용은 증가했으나 농산물의 가격하락으로 농업 부가가치가 감소했기 때문으로 추정된다.

우리 농업은 다른 산업과 비교하여 농업 총생산액에서 차지하는 부가가치율은 높지만 타 산업과의 연관정도가 낮아 그동안 저성장형 기초산업으로 분류되어 왔으나 1980년대 이후 최종 수요형 기초산업에서 중간 수요형 산업으로 전환되는 구조적인 변화가 일어나면서 농업의 산업화 초기단계에 있다고 할 수 있다.

UR이후 우리 농업은 농산물 시장의 개방화로 수입농산물이 국산농산물의 대체재로서 국내시장을 급속하게 잠식하면서 농업의 산업화 과정에서 구조적으로 심각한 왜곡현상이 발생하고 있다. 특히 한국과 미국, EU간의 FTA 및 한 · 중 FTA 체결은 우리 농업이 선진국형 산업화 구조로 전환하는데 있어 크나큰 걸림돌로 작용하고 있는 것이다. UR 이전에 국산 농산물의 생산량을 국내 소비수요의 증가로 대부분 흡수해 왔으나 UR 이후에는 수입 농산물이 국산 농산물을 대체하면서 국내수요를 크게 잠식하면서 수급구조가 불안정해지고 있다. 농업기술정책의 방향을 노동생산성을 높이는 방향으로 전환하지 못하면 한국 농업은 경쟁력의 약화와 함께 만성적인 공급과잉 구조의 지속으로 궁극적으로 농업생산기반의 상실이라는 피해를 가져올 것으로 전망되고 있다.

농업의 산업화 시대를 맞이하게 되면 농가들은 토지생산성을 통한 농업소득의 증대 노력이 한계에 부딪치게 된다. 즉 토지생산성 = $\frac{\text{생산량} \times \text{가격} - \text{경영비}}{\text{평}}$ 인데 농업 생산량이 수요를 초과하여 증가하면 농산물 가격하락으로 판매수입이 줄어들고 경영비까지 증가하면서 단위 면적당 농업소득을 늘리기 어려운 구조적 문제가 나타나게 된다. 반면에 노동생산성은 단위 면적에서 단위 시간당 올린 농업소득으로서 노동생산성= $\frac{\text{생산량} \times \text{가격} - \text{경영비}}{\text{평/시간}}$ 으로 표시되는데 분모항인 단위 면적당 노동시간을 줄일 수 있으면 노동생산성이 높아지게 된다. 농산물 가격의 하락으로 단위 면적당 농업소득은 감소하더라도 생력화 기술이 체화된 농자재를 투입하여 노동시간을 줄임으로써 노동생산성을 향상시키면서 영농규모화를 진행해 나가면 호당 농업소득이 증가하게 된다.

선진국들의 농업기술개발정책의 추이를 살펴보면 국민경제가 발전하고 농산물의 공급이 수요를 초과하는 단계에 들어서면 토지생산성보다는 노동생산성을 향상시킬 수 있는 분야에 대한 기술개발정책으로 전환했음을 알수 있었다. 특히 농업 IT와 자동화기술과 관련된 농자재 산업을 육성함으로써 노동생산성을 향상시키고 농업경영 효율성을 높여 자국의 농업 경쟁력을 높여 갔음을 확인할 수 있다. 네덜란드 농업의 경우 기계화 자동화기술에 대한 R&D투자로 노동생산성이 크게 증가했으며 농가 호당 경지면적도 1950년대의 5ha에서 2005년에 24ha까지 늘어나면서 농업소득도 크게 늘릴 수 있었다.

한국 농업의 발전단계를 생각할 때 농업경쟁력 강화를 위해서는 노동시간당 생산액을 높일 수 있는 기계화 생력화 기술이 체화된 농자재의 역할과 중요성이 커짐에 따라 이들 농자재 산업의 육성 방안을 강구할 필요성이 높아지고 있다. 특히 ICT와 BT를 융합한 첨단 농자재 산업을 중점적으로 육성하여 농업노동 생산성을 높이고 영농규모화를 달성함으로써 농업경쟁력을 제고하는 방안을 시급하게 강구해야 할 것이다. 하지만 1990년대 이후 노동생산성을 높일 수 있는 기계화 기술정책이 지체됨으로서 농업생산성과 경쟁력 제고에 제약을 받고 있는 실정이다.[3]

새로운 농업기술의 확산과정에서 농민들은 농업생산 활동과정에 신기술이 체화된 농자재를 어떻게 투입하여야 가장 효율적인 경영성과를 올릴 수 있는가를 판단하는 것이 중요한 과제가 된다. 농업의 산업화 이전 단계에서는 농가들이 자급적 생계농 수준에 있기 때문에 농산물의 양적 생산량을 확대하는데 영농목적을 두고 있다. 이 단계에서는 종자, 비료, 농약 등 주로 생물화학적 기술이 체화된 농자재에 대한 수요가 커지는데 농가들은 이들 농자재를 사용하여 토지집약적인 생산방식으로 토지생산성을 높여 농업소득을 올릴 수 있기 때문이다. 국가적으로 보면 농산물 수요가 공급보다 많은 수요부족 시대로서 단위면적당 수확량의 증가 즉 토지생산성의 증가가 중요한 성과지표로서 정부는 생물화학적 기술진보정책을 추진되게 된다.

농업이 산업화 단계에 들어서게 되면 농작업 기계, 농업시설자재 등 노동력을 절감시킬 수 있는 농자재들이 노동생산성의 향상과 경쟁력 제고를 위한 핵심 농자재로서 그 역할과 비중이 커지게 된다. ICT와 BT의 융복합을 통하여 저비용 고품질 생산구조로의 전환과 농업경영 효율성의 제고를 위해서는 기술개발정책의 방향을 노동생산성의 향상에 중심을 두고 추진해 나가야 할

3 서종혁 (한국농업기술 이노베이션, 2007)에서 인용

것이다.

1990년대 후반부터 농산물 시장의 개방화가 확대되면서 농산물의 국제 경쟁력을 높이고 부가가치를 높이기 위한 상품화 기술개발정책이 추진되고 있다. 이에 따라 농산물의 규격화 포장화를 통하여 소비자 시장을 중심으로 유통기술이 발달하고 저장 및 수송기술, 정보화 기술의 발달로 고부가가치 농업구조로 진행하고 있다. 농업 경쟁력은 국가 간 비교척도 지표로서 상대적인 개념이기 때문에 해외의 값싼 농산물과 경쟁하는 과정에서 국산 농산물 가격의 하향화 추세에 따라 농업생산성을 올릴 수 있는 기회가 좁혀지면서 그 결과 농업경쟁력도 그 만큼 하향할 수밖에 없었기 때문이다.

한편 농업기술개발정책으로 농산물의 생산량이 수요를 초과하여 증가하면 농산물 가격의 하락으로 농업소득이 상대적으로 침체되고 농업의 산업적 구조가 불안정해지고 국민경제 전체에도 부정적인 파급효과를 미칠 수 있다. 또한 농산물의 수급은 본질적으로 예측할 수 없는 불안정한 성격을 가지고 있는데 이는 농업생산은 기술적인 조건 외에 자연적인 기후조건에도 좌우되는 경우가 많기 때문이다.

제3절 농업기술혁신정책[4]

1. 개념

농업과학기술의 급격한 발달로 인해 농업의 산업적 구조가 크게 변화하는 과정을 농업기술혁신이라고 하며 정부가 농업혁신을 촉진시키기 위하여 개입하는 행위를 농업기술혁신정책이라고 말한다. OECD 국가들은 자국의 농업혁신 현황을 분석하고 개선방안을 제시하기 위하여 일반경제정책, 농업정책, 농업기술혁신정책이 농업기술혁신에 미치는 영향을 살펴보고자 다양한 관련 지표를 활용하여 정책을 분석하고 있다. 기술혁신의 촉진을 위하여 정부가 하는 역할을 보면 첫째, 일반정책이 농식품 산업에 미치는 영향을 분석하고 산업 간 연계를 강화하는 정책과 신용 접근성을 높이는 정책, 농업 인프라 투자정책, 세제유인, 농업정보시스템 등을 운영하고 있다. 둘째, 농업인이 시장 수요에 합리적으로 반응할 수 있도록 규제의 틀을 명확히 하고, 정보접근성을 개선하거나, 농업구조조정의 장애물을 제거하고 농산물 생산 및 시장 왜곡을 요인 제거하며 위험관리의 효율성을 제고한다. 셋째, 국가 농업혁신시스템(Agricultural Innovation System, AIS)의 육성으로서 공공 · 민간 농업투자 가이드의 명확화, 정보시스템의 발전과 접근을 촉진시키며 공공 R&D는 기초연구와 공익이슈에 초점을 두고, 민관 연구 파트너십의 활성화, 농촌지도(extension) 서비스의 경쟁 촉진 등이 있다. 넷째, 혁신정책의 일관성과 거버넌스 개선으로 정책 우선순위에 맞춰 농업혁신의 인센티브를 조정하고, 혁신의 사례 결과 등에 대한 정보 축적 및 제공 확대 등이다. 다섯째, 농업분야의 국제협력 강화로서 가축질병과 같은 국가경계를 넘어서는 이슈에 대한 협

4 송남근(농업혁신 촉진을 위한 정부역할 분석 및 네덜란드 사례, 2015) 내용을 요약 정리함.

력 강화, 국가 간 정보 지식의 교환과 접근 촉진 등이다.

여기서 농업혁신시스템(AIS)은 기술혁신의 촉진을 위한 정책적 핵심수단이 되고 있다. 농업혁신시스템은 단순히 R&D정책을 넘어서는 개념이며, 새로운 또는 개선된 농산품의 생산과정, 새로운 마케팅, 새로운 조직운영 방법의 실행을 의미한다. 농업혁신의 주체는 정부, 연구자, 기업인, 농가, NGO, 시장, 소비자 등이다. 농업혁신시스템은 농업생산성 향상의 핵심 동인이며, 특히 총 요소 생산성(TFP)과 경쟁력 향상에 큰 영향을 미치고 있다. 농업혁신시스템은 국가단위 농업의 경쟁력뿐만 아니라, 농가단위에서 자원의 효율적 사용, 높은 생산성과 소득증대에 기여하며 최근 중요성이 증가하고 있는 농장의 환경적 성과 개선에도 기여한다. 한편 농업혁신시스템은 그 실행의 과정에서 예산제약, 연구 우선순위에 대한 갈등, 연구-적용-사업화 결과까지 오랜 시간 소요 등의 도전에 직면하고 있다. 하지만, 농산물시장이 성장하면서 농업에 대한 투자 유인이 증가하고, 식량공급의 불안정성 해소를 위한 국제적 관심이 증가함에 따라 농업혁신시스템의 필요성과 유용성이 커지고 있다.

농업혁신체계에 대한 측정과 평가는 혁신과정이 지속적이고 복잡하기 때문에 측정이 어렵고 측정 범위의 정의가 곤란하다는 문제가 있다. 그동안 농업혁신을 위한 활동 과정인 R&D 지출과 혁신의 결과(예, 특허수), 혁신의 효과(예, 총요소생산성, 혁신기업의 변화 수)를 측정하려는 노력이 진행되어 왔다. 다양한 정부의 정책이 농업기술혁신에 영향을 주는데 농업혁신시스템의 관점에서 보면, 시장실패 → 신기술 수요 → 기술개발 → 지도(extension) → 적용 → 구조변화 → 신기술 수요 과정이 순환 되는 과정이다.

그림 7-3에서 농업혁신체계의 순환과정을 보면 농업 R&D투자를 통해서 새로운 지식을 획득하거나 지적재산권을 확보하게 되면 공공부문의 농업지도 활동을 통하여 농가들에게 신지식이 전파된다. 농가단계에서는 종전의 지식과 신지식간의 융합과정이 일어나면서 새로운 시장 수요를 창출하거나 적응과정을 거쳐서 농업구조의 질적인 변화가 일어나게 되는 것이다. 이러한 변

화는 피드백 효과에 의해 새로운 농업 R&D 투자를 불러일으키고 이는 다시 유발적 기술혁신으로 순환하게 된다는 것이다.

그림 7-3 농업혁신시스템의 순환과정

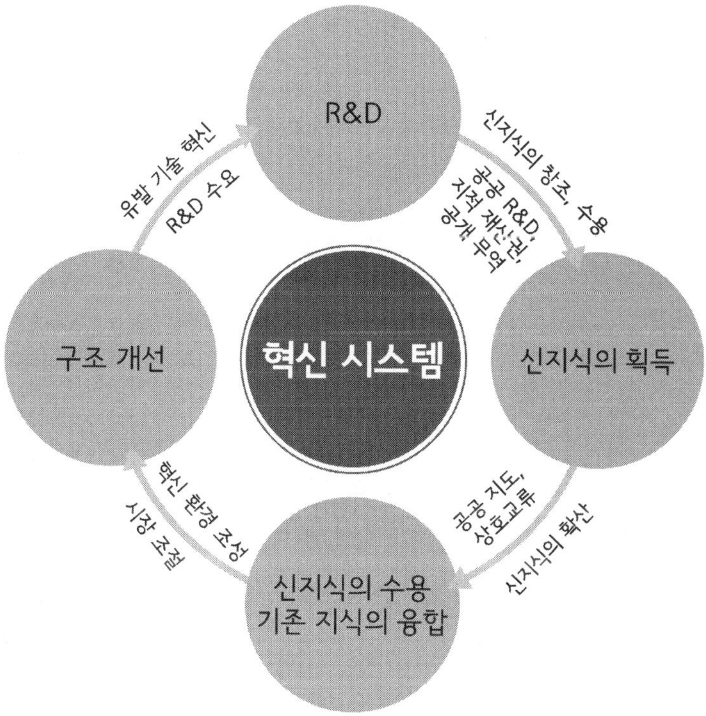

자료: OECD(2013)

2. 정책의 내용

농업혁신시스템(AIS)에는 혁신의 지도, 촉진, 금융, 창조 및 확산에 많은 조직들이 역할을 하고 있으며, 공적 농업 R&D, 교육 및 지도 기관이 중요한 기능을 담당하고 있다. 공적 농업R&D는 대학 또는 농업담당 부처나 과학 · 기술 · 혁신담당 부처의 책임아래 있는 연구소에서 추진되는데 농업담당부처의 기능은 공적 농업R&D를 정의, 조정 및 평가(캐나다, 프랑스, 덴마크, 일본)하거나 혁신주관부서에서 만들어진 전략을 이행(멕시코, 뉴질랜드, 칠레 등)하는 것으로 구분할 수 있다. 농업기술 이전 확산을 위한 지도(extension) 서비스는 정부 책임하의 공공기관(이태리 등)에서 완전 민간 주도(네덜란드 등)까지 국가마다 다양하게 나타나고 있다.

표 7-1 OECD 회원국의 농업지도서비스 비교

조직 유형	주요 기관	자금지원형태	해당국가
국가공공기관	지역과 중앙정부의 공공기관	정부지원 공적자금	미국, 일본, 스웨덴, 이태리, 그리스
공익적 개인기관	개인컨설턴트기업	농민지원자금	캐나다 오스트레일리아, 칠레, 헝가리
농민단체	농업인 조직체	회비와 농민납부금	오스트리아, 프랑스, 덴마크, 독일
일반기업체	상업적 기업 및 개인들	프로젝트 베이스 지원금	영국, 네덜란드, 뉴질랜드

자료: OECD(2013, 2015)

농업혁신 시스템(AIS)은 비용 효율성과 사회적 대응성 향상을 위해 공급자 주도의 혁신에서 이해 관계자와의 상호작용과 수요 중심으로 전환하고 있다. 기술의 전략적 개발 및 우선순위의 설정에서 조정 메커니즘을 강화하는 과정에서 이해관계자의 참여가 확대되고 있다. 매년 농업 R&D 기관의 연구활동 순이익 발표 등 국가 농업혁신시스템을 점검하고 평가하는 메카니즘이 발전하고 있다.

AIS내 또는 AIS와 일반 혁신시스템과의 조정의 예로서 네덜란드는 농업분야 응용연구 및 대학을 와게닝겐 대학으로 합병하였다. 이는 농업R&D가 공적지출에 의해서 추진되지만, 민간분야 역할이 확대되는 과정에서 민관 파트너십이 촉진역할을 하며 지적재산권 강화 및 프로젝트 연구 확대가 혁신확대에 긍정적인 영향을 주고 있기 때문이다. 농업연구개발과제가 결과지향적으로 변화되면서 농업기술 지도에서는 공적 서비스는 축소되고 민간분야가 출현 · 성장하고 있으며 중간조직이나 혁신중개자가 나타나고 정보 · 지식공유 노력이 확대되고 있다.

아직까지 공공분야가 농업분야 R&D의 주요역할을 담당하고 있으며 주요국가의 정부와 고등교육기관에서 수행한 농업 R&D비중이 45~90%이나, 2000년대 후반이후 공공지출이 줄어드는 추세이다. OECD회원국의 농업 지도서비스 분야에 대한 정부지출이 1% 내외로 증가하고 있으나, 그 속도가 2000년대 들어 줄어들고 있다. 농업혁신시스템에 영향을 주는 정부정책 분야를 일반정책, 농업정책, 농업혁신정책으로 구분하여 살펴보면 다음과 같다.

2.1. 일반 경제정책과 농업기술혁신

거시경제, 보건 및 교육 정책과 규제 등이 농업혁신을 위한 사회 · 경제적 여건과 농식품분야 혁신에 영향을 주고 있다. 안정적인 거시경제 정책은 새로운 품목과 생산방식을 도입하려고 하는 농장 또는 농기업의 투자에 유리한 환경을 조성하는데 중요한 역할을 담당한다. 잘 작동하는 거버넌스 시스템은 정부의 책임성, 투명성 및 예측가능성을 높여 농업투자에 유리한 환경을 조성하고, 투입재와 농산물 시장의 효율적 기능에 기여한다. 규제는 기업의 진입과 퇴출 조건, 각종 규제부담 등 혁신에 많은 영향을 미치며, 특히 지적재산권 보호는 민간투자의 이윤을 보호해준다. 벤처캐피탈, 외국인 직접투자(FDI), 이자율, 주식시장 및 신용보증 등은 혁신을 위한 투자 자금 비용과 밀접히 관련되고 정부지원은 위험이 큰 분야(소기업, 새로운 분야 등)에 집중되어야 한다.

민간투자에 대한 세제우대, 새로운 기술에 대한 세금 인센티브 등이 농업혁신에 많은 영향을 미친다. 세제는 농식품 기업의 크기, 토지 · 노동 · 자본의 조합에 영향을 준다. 농업혁신은 창조·실행할 수 있는 경쟁수준을 유지하면서 혁신에 대한 적당한 보상 제공과 협력 촉진 사이에서 균형을 유지해야한다. 농업협동조합이 경쟁에 우호적이고 효율성을 높이는 잠재성이 있으나, 가격이나 공급물량 설정에 초점을 두면, 소비자에게 피해를 준다.

농업기술혁신가에게 더 넓은 시장 제공, 지식·기술 등의 전파, 숙련 연구자의 국제적 이동성 증가, FDI 유치 등 혁신의 국제적 확산(spill-over)에 중요하다. 무역정책은 농산물 원료의 국제적 조달 등을 통해 농업관련 전후방사업의 혁신에 영향을 미친다. 농업관련 물리적 또는 지식 인프라는 중요한 사회서비스(보건과 교육)에 대한 접근, 농업인과 시장 간의 연결 등에 중요하다. 농촌발전정책은 비농업소득의 기회를 창출하고, 이는 생산시스템의 결정, 수입위험의 완화 및 농장 투자 촉진 등에 기여한다. 노동·토지정책은 노동시장의 유연성과 비농업일자리의 창출은 농업의 규모화와 구조조정에 중요한 영향을 미친다. 농지와 관련한 소유, 세제, 거래 등은 농가혁신에 큰 영향을 미친다.

사회적으로 높은 수준의 교육은 기술혁신의 수용도가 높기 때문에, 혁신시스템은 잘 훈련된 연구자, 교사 및 생산자를 필요로 한다. 양질의 일반 기업기술 교육을 받은 생산자들이 혁신기술을 채택하기가 용이하다. 또한, 건강하고 교육수준이 높은 노동력이 생산성과 고용기회가 높다. 소비자 환경 정책인 소비자와 환경을 보호하기 위한 규제와 관련되며 이런 종류의 규제는 기술 중립적이고 과학에 근거를 두었을 때 농업혁신의 확산과 농산물 시장왜곡 최소화에 가장 효과적이다.

2.2. 농업정책과 농업기술혁신

농업과 농촌정책은 농업인이 생산시스템과 농산물 마케팅의 혁신에 참여하고 적응하기 위한 의지와 역량에 좀 더 특수하게 영향을 미친다. 국내 농업정책인 소득 및 투자 보조정책은 농업인들의 투자역량을 높이지만, 보편적인 소득 보조는 경쟁을 제한하고 구조조정을 더디게 한다. 소득 보조는 특별한 시장실패 개선 목적에 맞추어 추진되어야 한다.

투입재 보조는 생산방식(즉, 혁신의 선택)에 영향을 미친다. 투입재 보조는 경제 · 환경적으로 지속가능하지 못한 방식을 유도할 수 있으므로 기술 중립적이어야 하며 한시적으로 시행되고 정기적으로 평가되어야 한다. 교육 훈련 정보 프로그램은 지역의 특수성에 맞게 수정되고, 정부지원은 시장에서 공급되지 않는 서비스의 공급(수요)을 위해 추진되어야 한다.

위험관리를 위해 특정 정보(예, 가격)에 의존하면 안 되고, 모든 위험과 그들의 관계를 평가하는 종합적인(holistic) 접근을 해야 한다. 위험은 농업인들이 담당할 수 있도록 해야 하며, 정보제공 및 훈련을 통해서 농업인이 위험을 평가하고 관리하도록 지원한다. 정부는 큰 재해 대응에 초점을 두고, 재해지원을 위한 보험제도가 재해발생시 추가적인 임시 지원을 없애지는 못한다. 결론적으로 소득, 농산물 생산 또는 투입재 이용을 지원하기 보다는 농업혁신을 촉진하기 위한 구체적인 조치(R&D 투자, 농업교육 훈련, 기술자문, 정보시스템, 운송, 관개, 마케팅인프라 등)가 훨씬 효과적이다.

농업 무역정책으로서 농업무역 제한 조치들(관세, 비관세 장벽)은 국내가격을 국경가격보다 높이고, 혁신가와 소비자를 위한 혁신을 제한시킨다. 농업무역정책은 시장 기회 확대, 경쟁 촉진 및 투입재 가격 인하로 인한 새로운 기술 도입 촉진 등을 유도한다.

농업관련 규제로서 지적재산권(Intellectual Property Right, IPR) 보호, 보건과 식품안전, 검역, 농장 건물 및 농기계 규제 등은 농업혁신과 밀접히 관련이 되어 있다. 농장건물에 대한 규제가 낮아지면 새로운 투자가 늘어날 것이며, 협동조합 등 생산자 조직에 적용되는 규제는 경쟁을 줄이게 된다. 동식물검역(Sanitary and Phytosanitory Measures, SPS) 분야는 기술 중립적이고 과학에 기초한 접근을 할 때 가장 효과적이며 농업혁신을 촉진할 수 있다.

2.3. 기술혁신정책과 농업혁신시스템(AIS)

혁신시스템의 거버넌스와 지식의 창조·확산 등을 위한 정부의 역할이 중요하며 이는 일반혁신과 농업혁신에서 함께 고려되어야 한다. 기술 혁신정책은 농업혁신시스템의 개선에 중요하며 농업혁신은 농업담당부서에서 주도하고 이들의 역할이 중요하나, 과학, 교육, 환경 등 관련분야와 농업혁신이 밀접하게 관련이 되기 때문에 이런 분야와 연결을 강화하고 더 발전된 통합이 필요하다.

공공영역은 지식인프라 공급(예, 커뮤니케이션 기술, 데이터뱅크, 기술전환 센터), 기초연구 자금지원, 장기적이고 공익적인 연구(특히, 농업과 자연자원 관리) 등에 주요한 역할을 담당한다. 공공영역은 농업을 위한 R&D의 주요한 자금원이며 담당자이다. 정부는 민간분야의 혁신활동을 다양한 방식을 통해 독려해야 한다. 지적재산권보호를 통한 지식시장의 활성화, 민관파트너십에 참여, 정보 제공, 공공연구 결과 공유, 직간접 금융 인센티브 제공 등이 있다.

3. 정책 분석의 사례

국가 AIS의 거버넌스는 일반 혁신전략과 좀 더 통합되고 다양한 AIS 주체들간 조정이 강화됨으로 개선될 수 있다. 이는 공공과 민간의 역할, 상호 관심 및 협력이 가능한 분야를 명확하게 정의하는 것이 중요하다. 국가 AIS의 제도적 디자인의 개선을 위해서는 전략 기획과 규칙적인 점검 및 평가 메커니즘의 강화가 필요하며 또한, 정보시스템(데이터베이스, 모델링과 예측수단, 유전자뱅크 등) 접근을 촉진하는 노력들이 취해져야 한다.

국가단위의 정책일관성이 AIS의 성과를 개선하는데 근본적이며 특히, 농업혁신에 영향을 주는 국내무역, 규제정책의 설계를 개선하기 위해서는 목적(objectives)이 명확히 정립되어야 한다. 국제협력은 재원과 결과를 공유함으로써 국가 AIS의 비용효율성을 개선하는데 크게 기여할 수 있다. 글로벌 도전과 경계를 넘어서는 이슈들을 해결할 수 있도록 조정 · 협력이 점진적으로 필요하다. 효율적인 국가단위의 AIS를 위한 정해진 디자인은 없기 때문에 각각의 특수한 맥락에 맞추어져야(customized)하지만, 국가간 정보공유는 서로 도움을 줄 수 있다.

OECD는 기존의 혁신 분석 틀을 좀 더 발전시켜 정책분야를 ⅰ)경제적 안정성과 제도적인 신뢰, ⅱ)민간투자 유인, ⅲ)역량향상과 서비스, ⅳ)농업정책(국내 및 무역관련), ⅴ)농업혁신시스템으로 구분하여 동기화(incentive, disincentive) 과정을 분석하고 있다. 이러한 분석을 토대로 지속가능한 생산성 향상을 위한 정책개선을 권고하고 있다.(그림 7-4 참조)

그림 7-4 식품과 농업분야 혁신, 생산성, 지속가능성의 정책 동인들

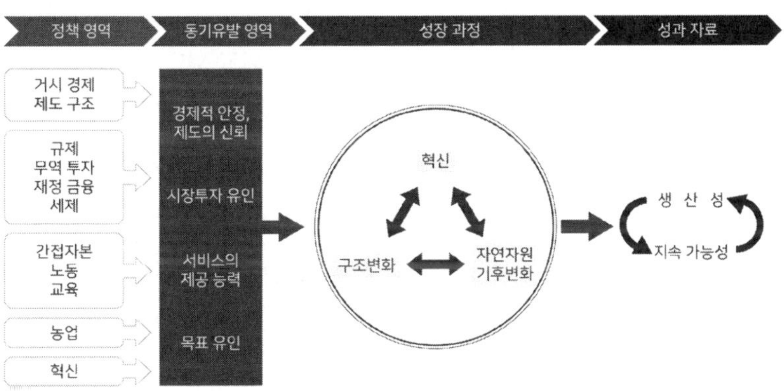

이러한 혁신정책의 분석틀을 네덜란드 농업에 적용하여 분석한 결과를 살펴보기로 하자. 네덜란드는 1990년까지는 농업생산량의 확대를 중심으로 한 기술정책을 펴왔으나, 최근 20년간은 투입재 축소에 초점에 두면서 식품 · 원예분야가 혁신적이고 수출지향적 구조로 변화하고 있다. 네덜란드의 농업혁신시스템은 세계와 비교해 높은 수준이며 수요지향적이고 연구 · 교육 ·

산업간 강한 협력을 기반으로 농가 및 농식품 기업에서 폭 넓게 혁신 결과를 수용하고 있다. 국가차원의 Top Sector 정책에 따라 농식품, 원예 · 증식소재가 선정되어 여기에 R&D지원이 집중되고 민간의 역할이 확대되고 있다. 농업정책은 덜 시장 왜곡적이고 가장 효율적인 정책을 채택하며 EU 공동농업정책(CAP) 하에서 품목 특정적 지원의 최소화, 공동농업정책(Common Agricultural Policy, CAP) 농촌발전자금으로 동물복지, 환경 친화적 농업, 농촌활동 등을 지원하고 있다.

그 결과 네덜란드의 농식품(agri-food)산업은 2011년 국가 GDP와 고용의 10% 수준 차지하고 있으며 고도화된 지식기반 경제, 무역 · 투자에 대한 개방, EU 공동시장과 5억 소비자 시장, 신뢰수준이 높고 기능적으로 잘 작동하는 제도, 높은 수준의 인프라 교육제도, 교육 기술수준이 높은 노동력 등 보유하고 있다. 하지만, 금융위기 이후 정부지원 축소 등으로 중소기업들이 자본과 혁신투자에 접근이 어려워져 이런 곳에 대한 직접지원 필요하며 절차의 간소화, 노동시장과 이민정책의 유연화 등이 요구되고 있다. 네덜란드의 농업혁신시스템은 경쟁강화, 민간분야 강화 등으로 효율성은 증가하였으나, 거래비용 증가, 공공성이 강한 분야에 대한 투자 축소 등이 문제가 되고 있다. 미래의 농업발전을 위해서 네덜란드는 민간투자 인센티브 개선, 농업기술혁신을 위한 역량 개선, 농업정책 혁신 인센티브 강화, 혁신시스템의 장기성과 강화 등이 필요하다.

제4절 한국의 농업기술개발정책

1. 농업기술개발정책의 현황[5]

농림축산식품부는 FTA 확산 등으로 농산물의 국제 경쟁이 심화됨에 따라 농업의 지속적 성장과 발전을 위하여 ICT · BT, 농업생명공학 등 고부가가치형 농업 기술개발정책을 다음과 같은 방향으로 추진하고 있다. 첫째, 농업기술개발정책의 목표 실현에 R&D가 실질적으로 기여하는 시스템을 구축하기 위하여 정책목표 → R&D목표 → 필요기술을 연계하는 시스템을 구축하고 투자의 타당성, 기술개발 목표설정 등 전략적 의사결정 구조를 확립한다. 국가의 농업기술 개발정책은 국가식량의 안정적 확보, 농산업 경쟁력강화, 농업정책지원 등 농업농촌의 기반 유지를 목표로 두고 이를 달성하기 위한 연구개발투자를 추진한다.

둘째, 기술공급단계, 기술이전단계, 기술사업화 단계에 대한 지원강화와 중앙 부처 간, 중앙-지방 R&D 기관 간 기술개발정책을 조정 통합하거나 공동기획과 연구기능의 배분을 효율적으로 추진한다.

5 농림축산식품부(농식품 R&D 정책 및 투자방향 2015)의 내용을 요약 정리하였음.

그림 7-5 기술개발정책의 단계별 지원체계

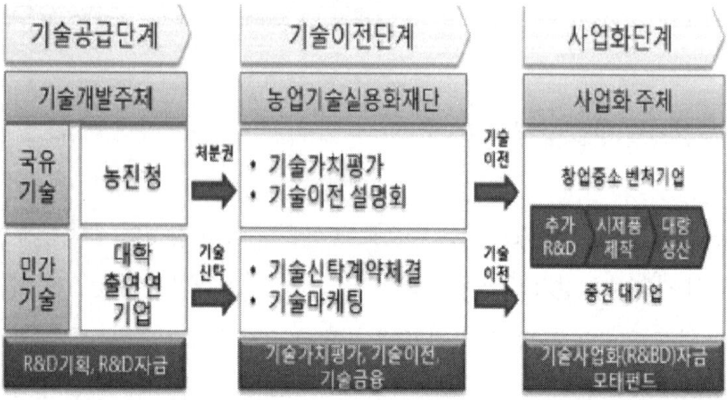

자료: 농림축산식품부(2015)

셋째, 기술개발 로드맵(TRM)의 전략적 우선순위 판단 시스템 구축 산업 발전과 농업인 국민이 체감할 수 있는 50대 핵심 기술을 선정하여 선택과 집중을 통한 문제 해결형 R&D 체계를 구축한다. 이를 위하여 다음과 같이 4대 중점 기술개발정책 분야를 선정하고 각 분야별로 맞춤형 지원정책을 추진한다.

1.1. 농식품산업 경쟁력 강화를 위한 기술개발정책

첫째, 원예특작, 축산, 식품산업의 글로벌 경쟁력 강화를 위하여 농업과 ICT 융복합을 통한 미래 산업으로 전환을 촉진시키고 둘째, 농업과 식품산업을 연계한 고부가가치 식품기술개발정책을 추진한다.

(1) 기능성식품 : 서구화된 식습관으로 인한 당뇨/비만 등 생활 습관병의 예방을 위한 기능성 식품 기술개발, 질환개선 고부가가치 기능성 식품 기술개발, 건강증진 규명기술

(2) 전통 발효식품 : 전통식품과 농산업의 동반성장 선순환구조 정착을 통한 고부가가치화 및 우리 식문화의 글로벌화 기술개발 고품질/고소득 발효식품 소재화 및 산업화 기술, 발효기반 수출용 HMR(가정대체식) 기술

(3) 식품저장유통 : 식품 품질 유지 및 유통 효율화를 위한 고효율/표준화 물류 시스템 구축 기술개발 품질 유지, 위해 인자 검출 및 제어, 고효율 식품 가공기술, 스마트 식품유통 물류시스템

(4) 식품기자재 : 식품의 전후방 연관산업 확대 및 품질경쟁력 제고를 위한 첨단 식품 포장 기자재 기술개발 · 환경친화적/인체무해 간편한 포장 및 기자재 개발, 편의용 조리기기 및 산업용 기기개발

셋째, 농식품산업과 ICT를 융합한 기술개발을 통한 농업경쟁력을 강화한다.

(1)농가인구 감소, 농업경영비 상승 등에 대처하기 위한 지능화 자동화 기술개발: ICT 융합정밀농업 시스템, 지능형 센서기반 통합 생산제어 기술, UIT-FARM, 수확자동화 로봇 등

(2)유통선진화 및 식품에 대한 소비자 신뢰제고를 위한 유통/물류 효율화: 스마트 소비자 정보제공 기술개발, RFID 활용 농축산물 실시간 유통정보체계 구축, 농축산물 사이버 마켓 활용 모델 개발

1.2. 신성장 동력창출을 위한 기술개발정책

첫째, 농업과 생명공학 융합을 통한 신성장동력 창출을 위하여 지속가능한 미래형 산업기반 조성을 위한 기술개발을 지원한다.

(1)농생명자원의 유전체 정보를 생산 가공분석, 고유/희귀 생물자원 산업석 가치 및 활용성 증대, 오미스 기반 유전자 개발기술, 생물정보 통합 관리 시스템 구축

(2)천연물 의약품 실용화 연구 및 동물 바이오 장기, 신약개발, 이종간 면역제어 유전자 분석기술, 장기이식용 형질전환 무균 돼지, 바이오신약 생성용 형질전환 동물

(3)생명자원 활용 고부가가치 신소재 개발을 통한 신시장 창출 및 글로벌 시장 선점, 바이오 플라스틱, 천연 항생제, 대체제 등 천연물 유래 신소재, 건

강증진, 질병예방을 위한 식품 바이오 신소재 개발

둘째, 골든씨드 프로젝트로 종자강국 실현을 위한 수출용 종자개발 및 대량생산체제를 구축한다.

(1)품종개발 : 종자 주권확보, 로열티 절감용 품종 및 글로벌 시장선점을 위한 해외 수출용 품종 기술 개발, 유전자원 수집 및 유용형질 분석, 특정형질 확보를 위한 분자마커 개발 등

(2) 수출지원 : 수출종자의 대량 생산, 유통보급을 위한 기술개발 대상국시험 / 채종포 기술지원, 프라이밍 기술, 비파괴 종자선별 기술, 병리검정 및 성분분석 기술 등

셋째, 농업 농촌형 에너지 기술개발을 촉진한다.

농업농촌 에너지 기술개발 성과의 극대화를 위해 부처 간 협업 및 농업농촌 에너지와 신재생 에너지 통합 활용 기술 개발, 바이오에너지 원료작물 대량생산 작부체계 개발, 바이오매스 현지 1차 전처리 기술개발 보급, 바이오매스와 열, 풍력 등 신재생 에너지원과의 통합에너지 생산관리 시스템 개발

1.3. 안정적 식량공급을 위한 기술개발정책

첫째, 곡물자급율 제고를 위한 기술개발을 촉진시킨다.

쌀 신수요 창출을 위한 품질고급화 가공이용성 증진, 곡물 생산성 향상 및 품질고급화 기술 개발 고품질 밥쌀용/식가공용 신품종, 초다수성 및 보리 품종 개발, 밭작물 생산비 절감을 위한 일관기계화 기술개발, 밭작물 기능성 향상 품종개발, 식가공용 품종개발, 경사지용 소형, 경량 수확기/파종기, 밭작물 일관 기계화 자동화 기술, 조사료 생산성 증대를 위한 생산기술 개발, 간척지 등 경지이용률 제고를 위한 기술개발, 고품질 다수성 사료작물 품종개발, 면적 단위당 생산성 향상 기술, 조사료 품질향상 및 규격화

둘째, 기후변화 대응 폭설 폭염 등 이상기상에 따른 농림축산 기후변화 영향평가 및 안정적 수급을 위한 기술개발을 지원한다.

농림축산 생태계 및 생산성 변화 감시체계 구축, 농림축산 기후변화 정밀 영향 평가 및 대응 모델개발, 농업 기상재해 및 악기상 조기경보체계 고도화, 이상기상 적응 품종 및 안정생산 기술 개발, 신소득 유망 아열대 작물 선발 및 재배 기술 등 RFID 활용 농축산물 실시간 유통정보체계 구축, 농축산물 사이버 마켓 활용 모델 개발

셋째, 재해질병 방제기술로서, 구제역 AI등 확산이 빠른 전염병의 피해 최소화를 위한 가축질병 사전적 대응 기술을 개발한다.

가축질병 위해요소 감지 및 조기, 경보 시스템 개발, 위해요소별 위험평가 모델 개발, 해외발생 질병의 국내 유입차단 및 국내 발생 시 조기근절을 위한 기술개발, 국내외 전염병 역학적 특성연구, 해외 병해충 유입감시 및 방제시스템 구축, 가축질병 및 인수공동 감염병의 근절에 필요한 동물 의약품의 국산화 기술개발, 가축질병 통합 치료용 백신개발, 가축전염병 제어용 신소재 개발, 동물의약품 개발

1.4. 국민행복제고를 위한 기술개발정책

첫째, 농업농촌 가치제고로서 농촌 전통의 보존과 자원화, 농촌 관광 활성화 등 농외 소득 증대를 위한 기술을 개발한다.

농촌경관 보존 및 공간계획, 전통지식 문화콘텐츠 개발, 농촌관광 다양화 등, 시민의 농업에 대한 이해 증진과 정서함양, 도시의 환경 및 경관개선을 위한 기술개발, 옥상텃밭, 스쿨팜 표준 모델 개발, 건물 옥상 및 벽면등에 녹화식물을 활용한 생태공간, 조성기술 등 도시 재생 기술 개발

둘째, 산림경영 고도화로서 산림자원 가치 증진을 위한 고부가가치 미래 산림자원 조성/육성, 경제수종 교체, 친환경 산림경쟁력 확보 기술을 개발한다.

산림 생태계 유지 관리 기술, 산림재해/병해충 방제기술, 국민 삶의 질 증진을 위한 산림휴양, 치유 수요 충족 및 산림 가치 기능성 확대기술 개발, 산림복지 휴양, 치유 기능 증진 기술, 산림 문화 교육 기능 강화 기술

셋째, 안전한 먹거리 생산으로서 고품질 친환경 농축산물 수요증대에 따라 농축산물 생산과정에서의 위해요소 진단 및 관리를 위한 기술을 개발한다.

농식품 유해물질의 과학적 위해 평가, 진단 분석 및 환경오염 저감기술, 도축전 축산물 안전성 신속진단 기술, 선진국 수준의 안전망 구축을 위한 생산 품질관리 기술개발, 농산물(농식품) 위해요소 분석 및 검출 기술, 식품품질 유지 관리 유통기술, U-IT 기반 전주기 식품 품질관리 시스템 구축

또한 농업자원의 활용분야 확대, 첨단 융 · 복합 연구를 통해 신성장동력 창출과 녹색성장 견인하며, 고품질 안전 농 · 식품 공급, 농축산물 고부가가치화 등 소비자를 위한 농식품산업의 발전을 지향하고 있다. 표 7-3에서 보듯이 국가 농업기술개발을 위해 15대 어젠다 분야로 구분하여 주요 지원 대상을 설정하고 있다.

표 7-2 농업기술개발을 위해 15대 어젠다

지원대상	주요 아젠다
농업현장 대응 분야	- 식량 안정생산 · 경쟁력 제고 기술개발 - 원예 · 특용작물 경쟁력 제고 기술개발 - 축산업 경쟁력 제고 기술개발 - 국내외 현장기술 적용 촉진 및 경영 · 마케팅 기술개발 - 사료비 절감을 위한 조사료 생산 · 이용 기술개발 - 친환경 · 자원순환 농업기술 개발 - 에너지 절감기술 및 바이오에너지 개발
미래성장동력 분야	- 국가 농업 생명공학기술 종합육성 - 농업 생물자원 다양성 확보 및 정보 구축 - 산업곤충 및 녹색경관 이용 기술개발 - 무인자동화 및 동 · 식물 생산공장 시스템 개발 - 기후변화 대응 미래농업 기술개발
소비자 농식품 분야	- 농식품 안전성 관리기술 개발 - 신기능성 농식품 및 부가가치 향상기술개발 - 한식 세계화 및 전통식품 활성화 기술개발

2. 농업 R&D 정책 현황[6]

2007~2011년까지 정부 부처별 R&D 예산 대비 농림축산식품부 및 농촌진흥청의 R&D 예산 비중을 보면 평균 5.23% 수준이며, 2011년의 경우 이들 2개 부 · 처의 R&D 투자액은 7,831억 원으로 국가전체 R&D 투자액의 5.27% 수준으로 나타나고 있다. 농림축산식품부 및 농촌진흥청의 R&D 예산은 소폭 증가하고 있으나 전체 R&D 예산의 평균 증가율보다는 다소 낮은 수준을 보이고 있다. 동기간의 경제사회 목적별 R&D 투자현황을 살펴보면, 농업생산 및 기술은 전체 R&D 투자 중 5년간 평균 약 5.6%의 비중을 차지하고 있으며, 연평균 증가율은 약 6.7%를 나타내고 있다. 연구개발 단계별로 살펴보면, 농촌진흥청은 기초연구와 응용연구 단계에 투자하는 비중이 높은 반면, 농림축산식품부는 실용화 직전인 개발연구 단계에서 가장 많은 투자를 하고 있다.

정부의 농업 R&D 지원 예산은 매년 증가하고 있지만, 균형적 투자배분과 우선순위 결정에 있어서 현장 중심의 다원적 기능이 유지되는 동시에, 미래 고부가가치 영역이 전략적으로 반영될 필요가 있다. 가치사슬관점에서 볼 때, 농업기술투자의 효율성을 높이기 위해 연구기관별 투자배분의 문제를 거버넌스 차원에서 논의될 필요가 있다. 관계부처 간 협력적 농업R&D 추진체계의 강화가 필요하며 이를 통한 R&D 유형 및 가치사슬의 연속성이 확보된 선순환적 R&D 구조를 확립할 필요가 있다.

농업 기술정책의 핵심 수단인 농업 R&D 투자정책은 농촌/농산업 연구, 생명공학연구, 그리고 그 중간에 위치한 식량, 원예, 축산, 농업기초기반 연구 등으로 분류될 수 있다. 농촌/농산업 연구와 농업 생명공학 연구는 실용성 중심의 연구로서 직접적인 가치창출성과를 목표로 삼는 경향이 강하다. 반면에 중간 영역인 농업생산 연구는 농업의 기초기반 연구들을 수행하며 공익적인

6 이명기외(2015), 이주량(2013)의 내용을 요약 정리

가치창출을 목표로 하는 R&D 정책의 비중이 높다. 중간영역인 농업생산의 연구 성과가 지속적으로 실용성 중심의 연구에 영향을 미치면서 농업구조의 변화와 성장을 가져오게 된다.

하지만, 여전히 농업 R&D의 투자 배분과 우선순위에 있어서 미래 고부가 가치 영역에 대한 반영이 미흡한 측면이 있다. 일본의 경우 우리나라와 달리 2013년 R&D의 주요방향을 농업 이노베이션 창출, 혁신적 식품 생산기술의 실현, 과학지식에 기반한 식품의 안전확보 등으로 설정하였으며, 6차 산업화 시장 규모를 확대하기 위한 R&D 혁신에 주력하고 있다.

따라서, 한국 농업 R&D의 방향 역시 농업의 기초기반과 산업화 연구와 함께 미래 성장동력으로서의 잠재가치 가능성이 높은 영역으로의 균형적인 투자를 통한 혁신기반체계가 요구된다. 농업 R&D 분야의 혁신전략 도출을 위해 농업 R&D 분야의 투자 현황을 분석하고 시사점을 도출하여 농업 기술혁신정책의 기반자료로 활용할 필요가 있다. 표 7-3의 농업 R&D 사업분석은 농림축산식품 R&D 통합정보서비스(FRIS)와 농림축산식품부 및 농촌진흥청 예산 자료를 바탕으로 분석하였으며, 표 7-3에서 농업 R&D 사업의 비교를 통해 농업 R&D의 투자 분석 시사점을 제시할 수 있다.

표 7-3 농업 R&D 사업구분

수행기관		사업명(예산 구분)	예산 비중 (2013)
농림축산 식품부 (12개 사업)	농림수산 기술기획 평가원	생명산업기술개발	29.65%
		고부가가치식품기술개발	
		기술사업화지원사업	
		첨단생산기술개발	
		수출전략기술개발	
		농림수산식품연구센터지원	
		가축질병대응기술개발	
		Golden Seed 프로젝트 연구	
	농림수산 검역본부	수의과학기술개발연구	
		구제역백신연구센터 건립	
	농어촌연구원	농촌개발시험연구	
	기타	방사선육종기반구축	
농촌진흥청 (28개 사업)		농업기초기반연구(농업환경연구 등 7개 사업)	70.35%
		농업공동연구(국책기술개발 등 10개 사업)	
		농업기술경영연구(1개 사업)	
		농업시험 및 검정(1개 사업)	
		농업실용화기술R&D지원(1개 사업)	
		원예특작연구(1개 사업)	
		작물시험연구(1개 사업)	
		지역농업 R&D 활성화 지원사업(2개 사업)	
		차세대바이오그린21(1개 사업)	
		축산연구(1개 사업)	
		국제농업 기술협력(2개 사업)	

자료: 이주량(농업의 신성장동력화를 위한 기술혁신의 역할과 기능, 2013) p.53

표 7-4에서 농업 R&D 투자 현황을 보면 크게 농림축산식품부와 농촌진흥청에서 진행하며, 농림축산식품부는 산하기관을 통해 사업을 수행하고 있다. 농림축산식품부 산하 R&D 수행기관은 농림수산식품기술기획평가원, 농림축산검역본부, 농어촌연구원으로 구성된다.

농업 R&D 투자 분석에는 ① R&D 사업의 투자 및 성과 등 일반현황 ② 미래 농업 R&D 유형에 따른 예산현황 ③ 가치사슬상에서의 농업R&D 예산현황 등이 분석된다. 농업 R&D의 투자가 기초에서부터 실용화에 이르는 과정까지 균형적이고 연속성을 가지고 추진되고 있는지를 살펴보고, 또 R&D 지원이 농업분야의 가치사슬차원에서 고르게 편성되어 있는지를 살펴봄으로써 현 R&D 투자구조를 고찰하게 된다.

이러한 분석 과정을 통해 국내의 농업 R&D 방향성을 선진국의 R&D 방향성과 비교하여 봄으로써 앞으로 농업 선진화를 위한 R&D의 전략방향을 제시할 수 있다. 본 분석을 위한 자료는 FRIS의 DB와 농림축산식품부 및 농촌진흥청 예산자료를 활용하였다.

표 7-4 농업 R&D 투자 현황

구분		2009	2010	2011	2012	2013	전년 대비 증가율(%)	연평균 증가율(%)
농림수산식품 기술기획평가원	투자액	90,774	115,183	143,057	145,138	149,945	3.21	11.33
	비중	19.04	21.63	24.23	23.15	23.47		
농림수산검역 검사본부	투자액	17,974	21,207	22,351	26,117	27,483	4.97	9.94
	비중	3.77	3.98	3.79	4.17	4.30		
농어촌 연구원	투자액	1,515	1,392	1,262	1,562	1,562	0.00	0.02
	비중	0.32	0.26	0.21	0.25	0.24		
기타 R&D 예산	투자액	-	500	4,030	3,870	4,800	19.38	34.28
	비중	-	0.09	0.68	0.62	0.75		
농촌 신흥정	투자액	325,478	355,589	382,794	410,383	411,230	0.21	5.63
	비중	68.29	66.76	64.83	65.45	64.37		
정책 R&D 예산(농림부)	투자액	1,760	2,260	2,260	2,960	3,260	9.20	13.74
	비중	0.37	0.42	0.38	0.47	0.51		
정보화 예산 (농림부)	투자액	23,175	20,391	19,043	20,656	23,566	12.35	-0.14
	비중	4.86	3.83	3.22	3.29	3.69		
정보화 예산 (농진청)	투자액	15,965	16,080	15,702	16,355	17,026	3.94	1.56
	비중	3.35	3.02	2.66	2.61	2.67		
합계	투자액	476,641	532,602	590,499	627,041	638,872	1.85	7.00
	비중	100.00	100.00	100.00	100.00	100.00		

자료: 이주량(농업의 신성장동력화를 위한 기술혁신의 역할과 기능,2013) p.62

2012년 연구단계별 투자 현황을 R&D 단계별로 크게, 기초, 응용, 개발 연구로 구분하여 분석하면 다음 표 7-5와 같다.

표 7-5 연구단계별 투자 현황(2012년)

구분	기초연구		응용연구		개발연구		기타	
	건수	금액	건수	금액	건수	금액	건수	금액
농림축산식품부	139	20,230	198	40,920	315	62,292	9	1,554
농촌진흥청	561	87,416	606	100,073	513	73,903	45	8,392
합계	700	107,646	804	140,993	828	136,195	54	9,946

자료: 이주량(농업의 신성장동력화를 위한 기술혁신의 역할과 기능,2013) p.68

표 7-4에서 농림축산식품부와 농촌진흥청의 R&D 예산은 지속적인 증가 되어 온 것으로 나타났다. 특히 글로벌 농업 경쟁력을 확보하기 위한 기술개발 투자가 최근 두드러지게 나타나고 있음을 알 수 있다. 과학기술 6대 분야별 투자 현황에 있어서는 BT 분야가 가장 높은 비중을 차지하고 있으나, 증가율에 있어서는 감소하고 있다. 표 7-5에서 R&D 단계별 투자를 보면 농림축산식품부는 주로 개발연구가 높은 비중을 나타내는 등 농촌진흥청과는 다른 특성을 보이고 있다.

국내 농업 R&D 현황을 R&D 유형, 연구지원 관점으로 구분하여 분석하였을때, 주로 기초기반 연구와 농촌, 산업연구 비중이 상대적으로 높은 것으로 나타났다. 가치사슬 관점에서는 생산 및 품종 분야에서 높은 비중을 보이고 있었다. 2013년을 기준을 전년 대비 예산 증가율에 있어서 농림축산식품부는 농촌, 산업연구 분야 R&D 투자를 증대시키고 있으며, 농촌진흥청의 경우 생명공학 분야에 대한 투자를 증대하고 있는 것으로 나타났다. 품종 및 생산분야에 농업 R&D가 집중 투자되고 있는 반면 유통 및 가공부문에 대한 투자가 상대적으로 미흡한 것으로 나타났다.

3. 농업정보화 기술정책

농림축산식품부는 2002년 1차 농업 농촌 정보화 기본계획 수립(농촌지역에 PC 및 네트워크서비스 제공)을 시작으로 2012년에는 5개 SMART 주요 정책과제 및 세부 추진과제를 포함하는 제3차 정보화 기본계획(2012년~2016년)을 수립하였으며, 미래창조과학부 또한 2013년 농어촌 정보화 인프라 지원을 위한 계획안을 마련하였다.

농업기술 R&D 진흥을 위한 정책과 관련하여 2009년 '농림수산식품과학기술육성법'이 제정됨에 따라 농림수산식품 R&D 정책의 의사결정기구인 농림수산식품과학기술위원회가 구성되었으며 관련 정책수립과 조성하는 역할을 담당하고 있다.

2007년부터 농축산물의 생산 및 유통(물류) 등의 분야에 RFID (Radio-Frequency IDentification)/USN(Ubiquitous Sensor Network) 등 u-IT 원천기술 및 응용기술의 현장검증 성과를 바탕으로 온습도, CO2, pH농도 등 각종 센서와 USN 기술을 활용하여 농축산물의 최적 생산환경을 구현하는 생산 정밀화 모델과 RFID 등 전파인식 기술과 산지 유통센터의 통합 정보시스템(ERP)을 결합시켜 농축산물의 생산, 유통단계 이력정보를 제공하고 있다.

2010년부터 농림축산식품부 주관으로 IT융합기술 확산을 위한 모델 발굴 사업이 추진됨에 따라 RFID/USN 등 신기술을 농수축산 현장에 적용하여 최적의 생산환경을 조성하고 농작업의 자동화를 통해 생산비를 절감하려는 시도가 있었다. 또한 농식품 생산환경의 센싱을 통한 품질의 균일화 및 효율적인 경영계획을 활용하여 경상비 절감효과를 거둔 바 있다. 정부는 2010년부터 농업기술과 ICT 융합을 통해 농식품산업의 생산성을 높이고 경쟁력을 강화하기 위해 농축산 IT 융합 모델화 사업을 추진하고 있으며, 정밀화를 통한 정보화영농을 구현하기 위한 사업이 정부 주도로 시작되었다.

2011년에 이르러 생산단계의 정보화에만 집중되었던 노력이 생산, 소비 및 유통 전 단계로 확장됨으로써, 전자 수주, 발주 및 재고, 유통관리의 효율화를 통한 농축산물 유통비용 절감문제를 해결하는 노력을 기울이고 있다. 모바일을 이용하여 소비자가 유통경로를 확인하는 것이 가능하게 하여 품질 및 안전에 대한 소비자의 신뢰를 확보하는 등 정보화의 효과가 증폭되도록 추진하고 있다. 또한 2012년부터 생산정밀화, 경영, 유통, 효율화 및 소비 안전화 구현이 효율적으로 결합되고 정보흐름에 따른 부가가치가 창출될 수 있도록 생산단계에서 경영정보시스템(ERP)과 소비자이력 정보시스템으로 연계되도록 구현하고 있다.

한편 농림축산식품부는 2012년에 '농림수산식품 IT융합 확산 마스터플랜' 중장기 계획을 수립하여 생산 · 유통 · 소비단계를 아우르는 체계적이고 효율적인 기술개발과 성공모델을 발굴한 바 있다. 미래창조과학부에서는 2013년에 추진한 '비타민 프로젝트'에 농업분야를 Vitamin-A(Agriculture)로 포함시킴과 동시에 '신뢰할 수 있는 사이버 농작물 직거래 장터 활성화' 등 5개 과제를 선정한 바 있다.

2013년도 현재 우리나라 농가경영주의 평균 연령은 65.4세로 유엔의 고령인구 기준인 65세를 돌파하였으며, 70세 이상 농가 경영주는 이중 약 40%에 다다르고 있다. 고령화되어 가고 있는 국내 농촌 인구구조를 고려하였을 때 향후 농가인구의 감소에 따른 인력부족 상황이 예상되고 있다. 이를 극복하기 위해 농업분야에 ICT(Information and Communications Technology)기술을 접목하여 농/축산물 및 식품의 생산, 유통, 판매, 소비 전주기 프로세스에 대한 생산성, 안전성, 경제성 및 품질 향상과 각 단계의 활동주체(생산, 유통, 소비)들 간에 상생의 생태계 구축을 위한 스마트농업 기술이 대안으로 대두되고 있다. 이 스마트농업 기술은 농업 가치사슬 전반에 걸쳐 IT(Information Technology)와의 접목을 통해 1차 산업인 농업을 6차 산업으로 발전시킴으로써, 고기능, 고효율화는 물론, 부가가치 제고, 생산비 절감, 환경오염 최소화, 농촌생활의 편의성을 높이는데 있다.

스마트농업의 범위는 생산성 향상만을 포함하는 것이 아니라, 생산된 농산물의 유통관리, 판매 및 소비 전주기를 보다 스마트하게 진화시킴으로써 각 단계의 활동 주체(농가, 유통사업자, 판매자, 소비자)들 간에 상생의 생태계 구축하는 것을 포함한다. 즉, 스마트농업 기술은 농산물뿐만 아니라 안전한 친환경 먹거리, 생산자와 소비자 간의 믿을 수 있는 유통 에코시스템 등 농식품 생산, 유통, 소비분야에 IT융합기술이 활용 가능함으로써, 사회, 문화 및 경제적 파급 효과를 끼칠 것으로 전망된다.

현재 국내 농업정보화기술의 경우, 과거에 비하여 눈부신 기술 발전을 이루었지만 아직까지 농업 선진국들에 비해 낮은 수준에 머물러 있는 상황이다. 또한 농업 선진국들과의 정보화기술격차를 비교해보면 미국, EU, 일본에 비하여 뒤떨어져 있는 것으로 평가되고 있다.

제5절 외국의 농업기술정책

주요 농업 선진국들이 농업기술의 첨단화 정책을 통해 농업 발전의 지속성을 높이고자 노력하고 있다. 미국은 GMO 관련 기술 등을 통해 세계 농업의 선두를 유지하고 있고, EU는 농식품 안전성 관련 기술이 뛰어나다. 특별히 네덜란드, 덴마크, 벨기에 등은 농업 현장에 부합된 기술혁신을 통해 소농형태에도 불구하고 높은 농업 경쟁력을 유지하고 있다. 일본은 농업의 6차 산업화 전략을 펼치며 다른 산업과의 융복합을 통해 농업의 새로운 도약을 시도하고 있다(표 7-6).

표 7-6 주요 국가의 농업 R&D 투자 동향

국가	중점 투자 분야	추진 배경
공통	생명공학 접목 신품종 개발 식품안전 · 바이오에너지	유전자원 확보 및 종자 개발 경쟁 치열 안전 먹거리에 대한 소비자 니즈 증가 화석연료 대체 시급
미국	글로벌 시장 확보 식품안전 및 건강 바이오에너지	글로벌 시장 경쟁력을 확보 선점 노력 영양, 품질 안전에 대한 지속적 요구 대체 에너지 개발 선점적 지위 유지
EU	지속가능한 생산 · 관리 식품안전 비식품 바이오기술 (에너지 · 소재 · 촉매)	식품망 관리를 통한 국가/지역/글로벌 시장의 소비자 니즈와 기대 충족 유럽 농식품 산업의 국제경쟁력 지원
네덜란드	바이오경제 기후변화 식품, 건강 및 행동 전문가영역(시스템바이오, 바이오 나노기술, 규모와 거버넌스 연계) 지식활용 및 가치증대	사회적 가치경영 및 지속가능성 향상 정책추진 프로그램 혁신을 통한 공공-민간 파트너십 개발 식품과 의료시설과의 연계 강화 산업 · 경제 분야와 연계를 통한 신산업으로의 경쟁력 추구
일본	농림수산업의 지속발전 고품질 안전 식품 확보 농어촌 지역자원 개발 다면적 환경기능 연구 차세대 선도 미래기술	국가차원에서 농림수산업을 차세대 미래 성장 산업으로 육성 환경과 지역경제, 안정적인 식량 공급을 동시에 해결

자료: 국가과학기술심의회(2013)

1. 미국[7]

미국의 농업 R&D 정책은 농무부의 정책목표에 따라 장기적이고 위험도가 높은 고비용의 기반기술 개발을 위한 R&D 연구과제를 주로 수행하고 있다. 미국 농업 R&D분야의 예산은 의회나 농무부의 지침에 따라 배분되고 있으며, 의회를 통한 생산자 단체의 요구수렴, 대학 및 산업체와의 공동연구 수행 및 기술 이전을 통한 개발기술의 산업화가 촉진되고 있다.

미국 농무부 소속의 연구/교육 및 경제부문 차관이 미국 내 농식품 R&D를 총괄하고 있으며, 하부 기관으로는 농업연구청(ARS), 농업경제연구소(ERS), 국립농업통계청(NASS), 국립식품농업연구소(NIFA) 등이 있다. 미국 농무부의 경우, 농업부문의 IT기술 도입을 촉진하기 위한 R&D 수행을 자체기관인 농업연구청(ARS: Agriculture Research Service)을 통하거나, 국립식품농업연구소를 통한 외부 연구기관의 지원을 통하는 두 가지 방법을 병행하고 있다.

2013년 미국 정부의 R&D 예산 중 농업 부문의 R&D 규모는 약 23억 달러로 미농무부 전체 예산의 1.5% 수준을 차지한다. 이중에서 NIFA(National Institute Food and Agriculture) 와 ARS(Agricultural research service)가 90%의 예산을 사용하고 있다.

미국 농업연구청(ARS)의 2013년도 연구예산 변화추세를 살펴보면 전년대비 환경관리(11.68%)와 가축보호(2.56%) 분야에서 두드러진 연구투자 확대가 이루어진 것을 볼 수 있다. 또한, 연구분야 별 규모를 살펴보면 곡물생산(21.58%)이 가장 높은 비중을 차지하고 있으며 환경관리(20.17%), 작물보호(17.34%) 순으로 높게 나타나고 있다.

7 포춘지/ 국립농업연구소 / 비즈니스저널/ 월스트리트 저널 등에서 자료를 인용 정리

표 7-7 미국 농업연구청의 예산 추이(단위: 백만불)

구분	2011		2012		2013		전년 대비 증가율	연평균 증가율
	예산	비중	예산	비중	예산	비중		
신상품/생산품질/가치	105	9.60	101	9.56	93	8.77	-8.60	-6.28
가축생산	81	7.40	76	7.20	71	6.69	-7.04	-6.81
곡물생산	232	21.21	229	21.69	229	21.58	0.00	-0.66
식품안전	107	9.78	106	10.04	108	10.18	1.85	0.45
가축보호	79	7.22	76	7.20	78	7.35	2.56	-0.69
작물보호	203	18.56	194	18.37	184	17.34	-5.43	-5.04
인체영양	85	7.77	85	8.05	84	7.92	-1.19	-0.60
환경관리	201	18.37	189	17.90	214	20.17	11.68	2.67
연구예산 합계	1,094	100.00	1,056	100.00	1,061	100.00	0.47	-1.56

자료: 농림수산식품기술기획평가원(2013)

또한 의회를 통한 생산자 단체의 요구 수렴, 대학 및 산업체와의 공동연구 수행 및 기술이전을 통한 개발기술의 산업화가 촉진되고 있는데, 기술이전의 주목적은 농업연구청의 수익창출이 아닌 개발기술의 산업화이며 기술이전 실적은 연구원의 업적평가 및 승진의 중요한 고려사항이 되고 있다. 이에 따라 IT 융합의 원천기술 개발을 위한 R&D가 확대되고 있으며, IT융합의 기반이 되는 원천기술(융합 SW, 고성능 컴퓨팅, 로봇 등)에 대한 투자 확대가 지속되고 있다. 미국의 국가과학기술위원회(NSTC)는 IT융합의 기반이 되는 원천기술에 대한 R&D 투자를 확대함과 동시에 사회 전반에 IT융합을 촉진할 수 있는 신규 R&D 영역을 개발하고 있다.

미국의 국립 식품농업연구소(National Institute of Food and Agriculture)는

21세기 들어 센서, 장치, 기계, 정보기술 분야의 기술 진보로 현대 농업이 기존과 확연히 다른 양상으로 발전하는 추세를 고려하여 농업 기술혁신의 중요성을 강조하고 있다. 온습도 센서, 항공 영상, GPS 기술과 같은 정밀 기계, 진보된 장비와 정밀농업(precision agriculture), 로봇시스템을 통해 농업은 생산성 높고 효율적이며 안전하고 친환경적인 산업으로 변모하고 있다. 정밀농업(precision agriculture/farming)이란 센서, 판단지원, 기계, ICT의 복합체로 작은 단위의 운영을 원활하게 하는 것으로 가축, 작물재배, 과수, 온실 등 개별 동·식물의 관리가 가능할 정도로 적기에 작은 단위의 관리가 가능한 농업 혁신시스템이다.

농업혁신기술의 활용 분야가 넓어지면서 농부들이 물·농약·비료를 경작지 전체에 동일 양을 살포하기보다 특정 지역에 필요한 최소량만 사용할 수 있으며, 더 나아가 개별 작물 관리가 가능하게 되었다. 높은 작물 생산성, 물·비료·농약 사용의 감소와 이에 따른 비용 절감, 자연 생태계에 대한 영향 감소, 강과 물에 대한 화학물질 감소, 노동자의 안전이 증대되었다. 로봇기술은 신뢰성 높은 모니터링과 공기·수질 등 자연자원 관리능력을 증진시키고, 생산자의 작물 및 동물의 생산·가공·배분·저장 통제 능력을 향상시켰다.

미래의 식량 위기 해결을 위한 기술혁신 정책의 사례로 식량 폐기물(food waste) 감소·활용 정책이 제시되면서 먹지 않고 버려지는 식량 폐기물은 전 세계에서 약 30~50%로 식량 생산 사슬의 전 과정에서 폐기물 감소가 가능하게 되었다. 농산물의 보관·운송 전 과정에 냉장시설 설치 방안은 비용부담이 크므로, 진보된 정보통신 수단을 이용해 시장 정보를 얻고, 수확·분배 계획을 체계적으로 수립하는 방식을 활용하고 있다. ICT 기술을 이용하여 소매 단계에서 판매는 불가능하나 식용 가능한 것들을 필요로 하는 사람에게 연계해주는 다양한 방법도 강구하고 있다.

농부들은 GPS와 컴퓨터가 장착된 트랙터를 통해 어느 정도의 비료, 물, 종자를 어디에 뿌려야 하는지에 대한 데이터를 수집하고 작물 사이로 움직여 어디에 무엇이 필요한지를 파악할 수 있는 보다 진보된 로봇을 장착하거나 드론을 활용한 고해상도 열 · 시각 영상을 통해 정보를 수집하고 있다.

농업혁신 기술 적용을 위한 문화적 측면의 정책도 고려할 필요가 있다. 농업이 지속가능하려면, 소비자의 뿌리 깊은 태도와 행태에 대해서도 깊은 성찰이 필요하며 과도한 육식소비와 같은 식습관에 대한 재고 등 문화적 측면의 정책방안에 대한 검토가 요구되고 있다.

캘리포니아 지역의 5년간 지속된 가뭄에 대응해 최근 실리콘 밸리의 기술 투자자들이 기술 혁신기업과 농부 간 연계를 통해 농업 산업의 전환을 지원하는 정책을 펴나가고 있다. Central Valley의 가뭄은 농업용수 공급과 관계시설 개선 기술의 필요성을 인지시켰고, 이는 기술 투자자나 농작물 재배자 모두에게 농업 산업을 발전시킬 기회를 제공하고 있다. 즉 가뭄이 농업의 산업혁신 수요를 가속화하고, 농업의 산업 주체는 새롭고 혁신적인 기술의 도입을 더욱 증대시키게 된다.

인간분야에서는 구글 벤처캐피탈 회사인 구글 벤처스(Goolge Ventures)가 농업 기술 스타트업인 파머스 비즈니스 네트워크(Farmers Business Network)에 투자 라운딩을 주도하고 있다. Farmers Business Network는 2014년 1월, 전 구글 프로그램 매니저에 의해 공동 설립된 샌프란시스코 기반 회사로 작물 산출 · 날씨 패턴 · 재배 방법에 대한 공공 · 민간 데이터를 평가하는 컴퓨터 시스템을 활용해 농부들에게 작물 산출량의 증대와 낭비되는 비료 · 살충제 절감 방안에 대한 정보를 판매하고 있다.

종자와 토양에 대한 데이터를 바탕으로 농부의 작물 생산량 증대와 예산 절감을 지원해 온 파머스 비즈니스네트워크는 더 많은 주와 작물에 대한 현장 분석 서비스 확대를 위해 투자금을 활용할 예정이다. 기상과 재배 성과에 대한 방대한 데이터는 농부들이 단위 면적 당 더 많은 작물 재배와 불필요한 살충제 및 비료 살포를 줄일 것으로 기대되고 있다.

2. EU[8]

EU는 2015년 밀라노 엑스포와 연계해 지속가능한 농업, 식품 안전 중심의 농업기술혁신 방향에 대해 논의했다. 밀라노 엑스포의 주제는 '지구 식량 공급, 생명의 에너지(Feeding the Planet, Energy for Life)'이며 하위 주제로 과학기술과 문화적 · 사회적 측면에서 식품에 대한 연대와 협력을 다루고 있다. 밀라노 엑스포에서는 농식품 산업에 있어서 R&D연구의 역할과 중요한 발명에 대한 조명, 기술혁신을 통한 개선 사례를 발표하였다. 식품 공급 사슬 혁신을 위한 과학기술의 역할을 조명하고 농업기술 혁신의 역동성을 고찰하고 생물 다양성의 유지와 환경오염을 막아 식품 안전, 환경, 농업 간 관계를 형성할 수 있는 기술혁신 방향을 논의하였다.

유럽집행위원회는 식품 안전과 농업 지속가능성 관련 논의를 주도하며, 지속가능한 식량 생산 개선의 기술혁신의 방향을 소개하고 연구개발 및 기술혁신 우선 순위를 포함한 R&D의 역할을 분석했다. 기존에 농산물 수요에 따른 식량생산 증대에 관심을 가졌다면, 최근에는 낭비되고 손실되는 생산량에 초점을 맞춰 '식량 시스템'적 관점을 취하고 있다. 또한 생산성의 증대뿐만 아니라 온실가스 배출과 같은 부정적인 환경 영향을 제거, 식품 사슬의 각 단계별 폐기물 감소, 더 건강한 음식섭취 지원을 포함하였다. EU가 주력하는 세 가지 중점 분야별 주요 연구질문과 혁신 수요를 소개하면 첫째, 소비 패턴, 식량 안전과 질, 둘째, 폐기물 감소, 자원 관리와 지속가능한 농업, 셋째, 무역과 국제적 평등 분야의 혁신이다.

EU 농업연구상임위원회(SCAR)는 농업 IT융합 R&D 지원을 위한 농업 IT융합 R&D정책을 추진하고 있다. 이를 통하여 세계화, 기후변화, 식량 소비 등 향후 20년간 유럽 농업에 발생 가능한 다양한 위기사항에 대비한 연구

8 유럽연합 / UN 식량농업기구 등에서 자료 수집

를 진행하고 있으며 전문가 그룹을 통해 8가지 농업 관련 주요 이슈(Climate Change, Environment, Energy, Social Changes, Economy and Trade, Health, Rural Economy, Science and Technology)에 대한 자료 수집 및 분석 중에 있다.

농업 IT 융합 R&D 정책은 농식품분야에 대한 투자를 통하여 유럽의 지식기반 바이오 경제를 달성하는 것을 목표로 삼고 있다. 지식기반 바이오 경제는 생산, 관리, 및 생물학 자원을 이용하는 모든 산업분야를 포함하고 있으며 세계경제를 발전시키고 생산성 및 경쟁력 강화, 삶의 질 개선하는 것을 목표로 하고 있다. 이를 통한 시장 규모는 약 1.5조 유로, 고용 규모는 2천 2백만 명 이상의 고용창출이 예상되고 있다.

EU 공동농업정책(CAP: Common Agriculture Policy)의 농식품 R&D 트랜드를 보면, 그간 농산물에 대해 지원하는 방식에서 농업인에 대해 지원하는 방식으로 패러다임이 전환되고 있는데, 이는 그간 농산물의 가격지원을 통해 간접적으로 농업인의 소득을 지원하던 방식에서 농업인의 소득을 직접적으로 지원하는 정책으로 변화되고 있음을 시사한다. 이를 통하여 그간 인위적으로 농산물 가격을 지원하는 데에 사용하던 예산을 절감하는 대신 농업인들로 하여금 정부의 정책이 아닌 시장의 가격을 참고하여 농업생산과 관련된 사항을 결정하는 것을 가능하도록 하였다.

EU 집행위에서는 고위작업반(High Level Group)을 구성하여 낙농산업 안정화를 위한 대책을 논의하였으며 그 결과 고위작업반에서는 낙농시장의 가격 전달 과정상에서 투명성을 제고시키고 낙농 생산자들의 교섭력을 강화시키기 위한 정책 등을 권고한 바 있으며, 2010년 12월에 고위작업반의 권고사항을 기초로 낙농산업 안정화를 위한 대책을 제안한 바 있다.

농업연구상임위원회(SCAR)의 농업 IT 융합 R&D 정책은 EU의 대표적인 농업 IT 융합 R&D 정책으로 향후 20년간 유럽 농업에 발생 가능한 다양한 위기사항에 대비한 연구를 진행하고 있다. EU는 2011년부터 IT 기반 센싱 및 정밀

농업 기술분야를 중점 육성하고 있으며, 향후 농생물 유전체 해독 등 IBT분야의 투자를 확대하는 추세이다. EU의 Agri-net에 따르면 EU 농식품 R&D는 추진주체(위원회 및 그룹)와 개별 회원국(R&D 프로그램)이 농식품 R&D 추진의 주요한 역할을 수행할 것이라고 한다.

표 7-8 EU의 식량 · 영양 관련 중점 연구분야

구분	연구 문야 사례
영양을 통한 공공 건강 개선	· 인구학적 집단 차이에 따른 필요 영양분의 이해 · 저소득층을 위한 건강하고, 안전하고, 지속가능한 식품 제공 역량 제고 · 공공 건강 부담과 농업 환경 비용을 줄일 식품 소비의 변화 방안 · 다양한 작물 재배를 통한 대안 농업 시스템의 확인 · 촉진을 통한 식품의 영양학적 질 제고
식품 안전성과 질 향상	· 개발도상국의 식품 · 물 감염 위험 감소를 위한 생산 · 저장 · 가공 및 물류 시스템 개선 · 식품 운송 · 처리 · 소매 과정 중 위조 방지 및 이력 관리를 위한 실험실 및 현장용 센서 · 시스템 개발 · 미생물 식품이나 동물 기반 식품에 대한 복잡한 전체 위험 평가와 관리전략 개선 · 낭비를 줄이고 안전을 강화할 식품 안전 규제와 관리 등급의 혁신
효율적인 식품 사슬체계	· 공급 사슬 중 식품 손실 · 낭비 발생 단계 확인을 통해 필요한 조치 확인 및 비용편익 분석 실시 · 맛 · 질 · 안전을 유지하며 장기 저장이 가능한 유전학 연구 · 식단, 스마트 냉장고를 통한 가구별 조치와 더불어 품질 인증 날짜(생산자 · 유통기한)를 통한 낭비 감축을 위한 대중 이해 제고 · 에너지 재생, 유기물 · 폐기물의 영양분 활용 및 재사용의 안정성 보장
지속가능한 지반 발전	· '시구생태계'에 대한 이해와 대기 이산화탄소 증대로 인한 기후변화에 대한 영향 연구 · 대지 사용을 최적화할 수 있는 결정지원 도구 개발 연구

농업 산출물의 지속가능한 증대 (sustainable intensification)	· 생태계 서비스와 자연 자원에 미치는 영향력 및 지속가능성과 회복력 측정 지표 개발 · 다양한 지역별 생산에 있어 기후 변화가 미치는 잠재적 영향력과 측정의 불확실성에 대한 이해 · 정밀 재배 및 가축 농업(precision crop and livestock) 개발 · 영양, 탄소저장, 수질 개선을 위한 통합적 토질 관리 및 장기적 지속가능성 제고 · 대안적인 농장 시스템의 개발 혹은 개선
국제적 식품 시스템의 식품 시장 대한 이해	· 효율적이고 투명한 식품 사슬 내 안전을 위한 위험 · 진위 · 가격 안전성을 어떻게 예측, 관리를 할 것인가에 대한 이해 제고 · 가격 상승 시기에 국제적 · 지역적 빈곤에 미치는 퇴행적 영향력을 감소시키기 위한 방안 연구 · 식품, 에너지, 영양과 다른 시장 요소의 강점 및 회복력 평가 · 유럽 내외의 토지와 생산 시설에 대한 외국인직접투자(FDI)의 경제 · 환경 · 사회적 효과 간 균형에 대한 이해
식품 시스템의 평등 증대	· 여성 · 어린이의 영양을 개선하기 위한 문화적으로 세심한 방안 및 식품 생산, 가공, 소매자로서 여성의 경제적 권한 · 농지에 대한 접근권과 소유권이 전세계 생산과 안전을 뒷받침하므로 거버넌스 제도가 토지 관련자 수요를 어떻게 완전하게 고려할 수 있는지 탐구

EU는 창출된 지식의 효용을 높이기 위해서는 선순환과 연계가 필요하므로, 농업 전 분야에 적용될 수 있도록 농업기술혁신 정책의 내용에서 다음과 같은 구조적 이슈를 다루고 있다. 첫째 예측과 미래 연구. 둘째, 다학제적 · 전략적 연구 · 정책 주제 촉진. 셋째, 연구 투자 및 연구 간 조율. 넷째, 연구 지식을 혁신과 실행으로 전환. 다섯째, 대중에 대한 교육과 홍보이다.

3. 일본[9]

최근 일본은 세계적 인구증가와 기후변동에 따른 국제적 식품 수급의 불안에 대응하기 위해 '신농림수산연구 기본계획(안)'을 수립하고 식품자급률 향상, 양질의 식품 안정적 공급, 젊은이가 생산 주체가 되는 농림수산업의 유망산업화 방안을 마련하고 있다. 농업기술혁신 시책의 기본 방향은, 첫째, 수요와 직결된 연구개발의 전략적 전개를 위한 연구개발 관리방식 개혁, 둘째, 기술이전 가속화, 셋째, 다양한 지식 창출 위한 환경 정비이다.

농업기술정책의 목표는 각 지역의 효율적 · 안정적 농업 경영을 실현하고, 품목별 생산 및 유통 과정의 과제를 해결하기 위한 21개 중점 목표를 설정하고 기술개발 결과를 신속하게 생산현장에 보급하는 것이다. 농업기술정책의 향후 추진과제 및 관련 분야를 보면 첫째, 농산물 상품성 강화를 위한 기술개발이다. 국내 및 해외시장 니즈를 토대로 한 신품종을 육성 및 개발하고 신식물육종기술(New plant Breeding Techniques: NBT) 등 차세대 육종추진과 사회 수용에 대한 대응이다. 해외 진출을 위한 품종 및 유전자원 보호, 고부가가치와 지역의 특성을 살린 품종 육성, 기능성식품(Agro-medical foods) 개발이 추진과제가 된다. 둘째, 생산에서 가공 · 유통까지 프로세스 혁신이다. 이를 위하여 생산성 향상에 이바지하는 DB 구축, 정보 플랫폼 정비, 가공 및 식품제조공정의 모니터링 및 빅데이터 분석, 생산에서 유통까지 기능성 성분 이농성도 해식 및 최직 보관기술, 신선도 유지기술 및 품질 · 맛을 유지하는 운송기술 개발에 노력하고 있다. 지역자원(농업)의 가치사슬은 R&D 시스템화(생산 · 가공 · 유통 · 판매 각 단계를 포괄하는 기술)를 기본으로 연구개발 테마와 연계한 패키지화를 통해 해결을 하고자 하고 있다.

9 일본 내각부에서 자료 수집

표 7-9 일본의 6대 농업기술개발분야

기본 방침	중점 목표
안전하고 신뢰가능한 식품의 안정적 공급을 통한 국민건강 기여	· 산업현장에서 식탁까지 철저한 안전관리, 동식물 질병 및 병충해 침해방지 기술 개발 · 건강장수사회를 위한 영양 및 기능성 증진 농림수산물 · 식품 공급 기술 개발
농림수산업 생산유통시스템 혁신을 통한 대폭적 비용절감 실현	· 농림수산물 생산유통시스템 혁신 기술 개발
농 · 산 · 어촌의 신산업 및 고용창출	· 지역자원을 활용한 신산업창출 기술 개발
농림수산물의 품질향상 촉진을 통한 경쟁력 증진	· 세계에 내세울 수 있는 경쟁력 있는 농림수산물 개발
농림수산업의 지속화 · 안정화 도모	· 지구온난화에 대응한 농림수산업 적응기술 개발 · 병충해 및 가축전염병 등 농림어업시스템 확립 · 농 · 산촌의 다면적 기능 제고를 통한 농 · 산 · 어촌 인프라 및 산림의 지속적 정비 · 이용 · 관리 기술 개발 · 해양 생태계와 조화를 이룬 수산기술 개발
전 지구적 식품 · 환경 문제에 대응한 국제적 기여	· 기후변화 등 전 지구적 과제에 대응, 개발도상국의 식품 안정적 생산 등에 관한 국제 연구

2001년의 'e-japan전략', 2004년의 'u-japan전략' 등 일본의 IT 융합 정책이 발표됨에 따라 지방에도 저렴한 인터넷이 보급되면서 농업에 유비쿼터스 기술의 접목이 시도되었다. 2011년에는 'i-japan 2015 전략'을 수립하면서 농업이 IT 융합 기반의 시스템 혁신산업 육성을 위한 6대 중점분야 중 하나로 선정된 바 있다. 'i-japan 2015 전략'은 디지털 기술이 경제사회 전체를 포용하고 생활의 풍요로움과 사람 간의 연결을 실감할 수 있는 사회실현을 청사진으로 제시하고 있다. 한편 일본 총무성은 미래 일본의 지역성장과 경제대국 유지를 위한 '녹색 분권개혁 추진계획'과 'ICT 유신 비전'을 포함한 '하라구치 비

전'을 2010년 4월에 발표한 바 있다.

'ICT 유신 비전'은 지식정보혁명을 실현함으로써 인간의 가치에 대한 투자를 우신적으로 제시하고 있으며 2050년까지 지역 정보격차를 해소하고 경제성장을 위한 고용을 창출하여 세계를 선도하는 환경보호를 목표로 하고 있다. 이중 ICT에 의한 농업 및 의료개혁을 통해 지역 실정에 근거한 농업분야 ICT 프로젝트를 전국적으로 전개할 계획을 포함하고 있다.

일본정부가 2013년에 지출한 전체 R&D 예산은 약 3조 7천억 엔에 달하며, 이 중 농림수산성의 예산은 931억 엔으로 전체 예산의 약 2.6% 수준이다. 일본의 농업 R&D 예산 중 가장 높은 비중을 차지하는 사업으로 농림수산 식품사업의 과학기술 연구 추진(34.59%)이 가장 높고 식품 생산지역 재생 첨단기술(18.72%) 및 유전정보 활용 농축산물 차세대 생산기반기술 개발(18.15%)이 그 다음으로 높은 비중을 보이고 있다. 이는 일본의 농업 R&D 투자의 방향성이 첨단 및 과학기술을 접목한 분야의 농업기술개발에 초점을 맞추고 있는 것으로 해석할 수 있다.

표 7-10 일본의 농업 R&D 예산추이(단위: 백만엔)

주요목표	사업명	2013년 예산	
		예산	비중
농업 이노베이션 창출	농업 이노베이션 창출 연구촉진 사업	1,000	7.80
	농림수산업 · 식품사업 과학기술 연구 추진	4,435	34.59
	지역 열 에너지 효율화 사업	400	3.12
혁신적 식품 생산기술 실현	농림수산자원 신규 수요창출 사업	924	7.21
	유전정보 활용 농축산물 차세대 생산기반 기술 개발	2,328	18.15
	수산재생 프로젝트	442	3.45
과학지식 기반 식품안전 확보	식품 안정성과 동물위생 향상	681	5.31
동일본 대지진 복구 · 재생	식품 생산지역 재생 첨단기술 전개	2,400	18.72
	농지 등 방사성물질 제거 · 저감 기술 개발	213	1.66

자료: 농림수산식품기술기획평가원(2013)

참고문헌

구한승 외(2015). 스마트농업 동향분석, Survey of ICT-Agriculture Convergence Electronics and Telecommunications Trends. Vol. 30, No. 2, pp. 49-58.

김동환 외(2014), 농업분야 미래 성장산업 발굴 및 육성방안 연구, (사)농식품농어촌특별포럼.

김종진,강창용 외(2014), 농림축산식품 민간 R&D 현황 및 활성화 방안 연구, 한국농촌경제연구원.

농림수산식품기술기획평가원(2013), 2013년 미국과 일본의 농식품 R&D전망, 농림수산식품R&D해외동향, 제 3호.

농림축산식품부(2015), 농식품 R&D 정책 및 투자방향.

농촌진흥청(2013), 제 3차 농업생명공학육성(2013~2022년) 중장기 기본계획.

농촌진흥청(2013), 제 6차 농업과학기술 중장기 연구개발계획, (2013~2022년).

박정근(2007), 농업기술혁신의 민간부분확대와 분권화-농업기술개발정책의 선진화를 위한 과제중 발표내용, 연구자료 D234-8, 한국농촌경제연구원.

박정근(2007). 농업기술발전의 장기전망, 위탁연구보고서 D233-2.

백철우외(2006), 주요 선진국의 혁신정책 분석 및 기술혁신의 경제성장효과 관련 정책이슈 발굴, 연구보고 2006-09, 한국과학기술기획평가원.

송남근(2012), 농업분야 경쟁력 측정 및 결정요인, MIMEO.

송남근(2015), 농업혁신 촉진을 위한 정부역할 분석 및 네덜란드 사례, MIMEO.

이명기외(2015), 농업R&D 거버넌스 효율성 제고 및 민간투자 활성화 방안(1/2차연도), 한국농촌경제연구원.

이상현.조하영(2011), 농림축수산물 품질관리 · 유통기술 R&D 동향 및 시사점, 한국과학기술기획평가원(KISTEP).

이주량외(2013), 농업의 신성장 동력화를 위한 기술혁신의 역할과 기능, STEPI, 정책연구.

이주량(2013),미래 농업R&D의 이해와 우리의 선택, 과학기술정책 190호, 과학기술정책연구원.

한국과학기술기획평가원(2015), 농업혁신과 과학기술의 역할, 과학기술정책&ICT 정책기술동향.

Hayami Y. and V. W. Ruttan.(1985). Agricultural Development: An International

Perspective. Johns Hopkins University Press.

Johnston.B.F and John W. Mellor.J.W.(1961)The Role of Agriculture in Economic Development, The American Economic Review, Vol. 51, No. 4, pp. 566-593.

OECD(2011) Fostering Productivity and Competitiveness in Agriculture.

OECD(2013), Agricultural Innovation Systems: A Framework for Analysing the Role of the Government.

OECD(2014) Analysing Policies to improve agricultural productivity growth, sustainably: Revised Framework.

OECE(2015), Innovation, Agricultural Productivity and Sustainability in the Netherlands.

인터넷 자료:

포춘지(Fortune)(2015.5.1) / 국립농업연구소 / 비즈니스저널(2015.5.4) / 월스트리트 저널 (2015.5.19.) 등.

http://fortune.com/2015/05/01/how-tech-can-stop-the-looming-food-crisis/

http://nifa.usda.gov/topic/agriculture-technology

http://www.thebusinessjournal.com/news/agriculture/17486-ag-industry-ripe-for-tech-disruption

http://www.wsj.com/articles/google-ventures-invests-in-agricultural-technology-startup-1432040405

유럽연합 (2015.5.4) / UN 식량농업기구 (2014.7.14.) 등:

http://www.fao.org/ag/humannutrition/25367-05eaea86f3d9477f2492845bcf64d188c.pdf http://europa.eu/expo2015/node/315

일본 내각부 (2015.3.30.):

http://www8.cao.go.jp/cstp/tyousakai/juyoukadai/chiiki_sigen/12kai/siryo4-2.pdf

농업기술경제의 이해

08

농업의 산업화와 기술개발전략

08

농업의 산업화와 기술개발전략

제1절 농업의 산업화 개념

1. 농업의 산업화란

농업의 산업화란 농업이 1차 생산농업중심의 구조에서 벗어나 농업생산과 관련된 전후방 산업과의 연계 및 생산의 우회도가 늘어나면서 새로운 부가가치를 생성해 나가는 과정을 말한다. 이는 농업생산부문의 산출액에서 차지하는 중간 수요재와 중간투입재의 비중이 커지고 농업생산부문과 관련산업간의 상호 연계정도가 밀접해지면서 식품 가공과 유통업을 포함한 농산업으로 확대되는 과정을 의미한다.

농업은 다른 제조 산업과 비교할 때 타 산업과의 연관정도가 상대적으로 낮고 국민경제에 미치는 파급효과가 낮아 저성장형 기초투입재 산업으로 분류되어 왔다. 하지만 농업이 산업화 과정을 밟게 되면 농업생산부문을 중심으로 전후방산업과의 연관관계가 확장되고 중간 투입재의 비중이 높아지면서 기초 투입재 산업에서 중간 수요형 산업으로 전환되는 구조적인 변화가 일어나게 된다.

미국 농업의 경우 1948년에서 2011년 동안 진행되어 온 농업의 산업화 과정을 그래프를 통하여 설명하면 다음과 같다. 그림 8-1에서 보면 미국 농업의 생산액은 지난 60여 년 동안 연간 1.49%씩 증가하여 2배 이상 늘어났는데 비해 노동과 토지의 투입비중은 계속 감소추세를 보이고 있고 동기간 동안 2.41%와 0.9%씩 감소해왔음을 알 수 있다. 반면에 자본과 중간재의 투입액은 년간 0.8%와 1.27% 증가했는데 이는 미국 농업의 구조가 기초재 산업에서 중간수요형 산업으로 변하는 과정에서 중간투입재의 비중이 높아지고 있는 것을 반영하고 있다고 볼 수 있다.

1948년에 중간재 구입비는 농업생산비의 40%를 차지했으나 2011년에는 거의 60%를 차지할 정도로 그 비중이 높아졌고 인건비의 비중은 이 기간 동안에 25%에서 13%로 크게 줄어 들었다. 자본투입액도 1908년 초반까지 증가하다가 그 후 감소하고 있는데 이는 농업용 자본이 중간투입재로 대체되고 있는 것으로 해석할 수 있다. 즉 미국 농업이 노동과 토지라는 기초투입재중심의 생산구조에서 비료, 농약, 농기계등 중간재의 투입으로 대체되면서 이들 후방산업과 생산부문이 밀접하게 연계되어 왔다는 것을 알 수 있다. 이 과정에서 미국 농업생산액의 GDP 비중은 계속 감소해 왔으나 식품, 가공, 유통, 외식서비스 부문 같은 전방연관산업은 계속 성장해 온 사실에 비추어 볼 때 미국 농업이 지난 60여 년 동안 지속적으로 산업화의 과정을 밟아 왔음을 보여주고 있다.

이와 같이 농업의 산업화는 미국 같은 선진 농업국가 뿐 아니라 대부분의 국가에서 발생하는 역사적 과정으로서 농업의 생산비중은 상대적으로 축소하지만 전후방 연관산업을 포함한 농산업은 그 비중이 커지면서 성장하는 것이 농업구조의 변화과정에서 일어나는 일반적인 법칙이라고 할 수 있다. 이에 따라 OECD 등 선진국은 농업의 개념을 전통적인 농업생산부문에 국한시키지 않고, 농업생산부문과 전후방으로 관련된 산업을 모두 포괄하는 것으로 인식하고 있다.

그림 8-1 미국 농업의 생산성 변화(1948-2011)

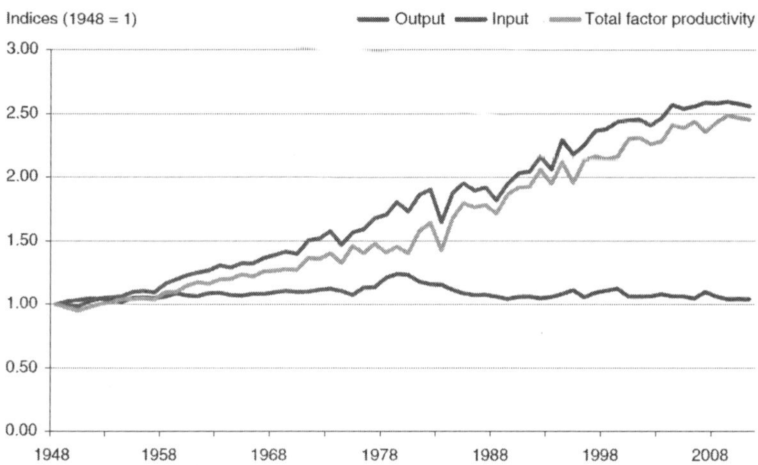

Source: USDA, Economic Research Service productivity accounts.

자료: Sun Ling Wang etc,(2011) 자료를 참조

우리나라의 경우도 국민총생산에서 농업이 차지하는 비중이 1970년 29.2%에서 2010년에는 2.4%로 크게 줄어들었지만 가공과 유통을 포함하는 전체 농산업의 비중은 15% 내외를 유지하면서 성장하고 있다.[1] 농업생산부문이 상대적으로 축소하게 된 원인은 농업기술의 발전으로 식량 공급능력은 확대되는 반면에 수요는 상대적으로 정체하기 때문에 나타나는 농산물 가격의 하향적

1 김완배(2000)의 연구에 의하면 2000년 한국 농업의 GDP 비중이 2.5%에 불과하지만 농산업의 국내총생산액 비중이 15.1%, 농산업 종사자는 전체산업 종사자의 25.3%를 차지한다고 추정하였다.

안정화에 기인한다.

농업기술이 발달하여 농산물의 수요를 초과하는 잉여농산물의 생산이 늘어나게 되면 이는 농산물 가격의 하락 -> 농가소득의 침체 -> 농업 GDP의 감소라는 과정을 밟게 된다는 것이다. 이러한 농산물 가격의 하락은 농업소득의 감소와 농업의 국민경제적 비중을 줄어들게 하는데 이유는 농업기술의 진보와 연관되어 있기 때문이다. 즉 농업기술의 발달은 역설적으로 농산물의 가격을 낮추는 부정적 효과를 불러일으키고 농업소득을 감소시키는 이른바 트레이드 밀(tread mill effect)효과라는 모순현상을 일으키게 하는 원인이 되고 있는 것이다.

농업의 산업화는 개념적으로 지속적인 농업기술의 혁신과 함께 농가의 규모화, 농가인구의 감소가 동반되는 과정이라고 말할 수 있다. 한편 농업의 산업화는 수많은 농가, 농촌기업의 몰락과 농촌사회의 공동화를 가져오는 경제적 압력현상으로 보기도 한다. 농산물은 상품의 특성상 사회 구성원들이 필요한 소비량 이상으로 수요가 증가되지 않으며 장기간 저장이 어려운 재화라는 특징을 가지고 있다. 식량생산이 수요량을 안정적으로 충족시키게 되면 농업생산부문의 노동력이 농업외의 다른 산업 즉 2,3차산업으로 배출되면서 국가경제는 농업생산부문은 축소하지만 가공, 유통산업을 포함한 2,3차 산업의 비중은 높아지는 방향으로 단계별 연계구조의 변화를 가져오게 되는 것이다.[2]

2 임송택외(2013)을 참조

그림 8-2 농업의 단계별 연계구조 변화

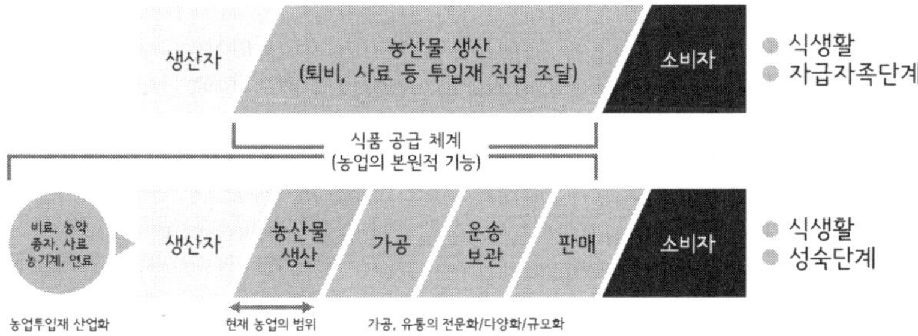

자료: 임송택외 (2013)

이러한 농업구조의 변화를 가져오는 농업의 산업화는 농가들로 하여금 생존경쟁에서 살아남을 수 있도록 새로운 농업기술과 영농전략을 채택하는 과정을 의미하기도 한다. 농가들은 농업의 산업화 과정에서 과거와 같은 영농방식으로는 일정한 소득수준을 달성하기 어렵다는 것을 알고 새로운 농업기술을 도입하여 생산성을 높이거나 영농규모의 확대를 추구하게 된다는 것이다.[3]

산업화 과정은 농업생산부문을 중심으로 전후방 연관산업과의 기술 및 경제적인 연관효과가 커지면서 농업투입재, 가공 및 유통, 농업 서비스 등을 포함하는 농산업이라는 개념으로 확대하는 과정으로 해석할 수 있다. 농업의 산업화 과정에서 나타나는 특징은 생산, 농자재, 유통, 가공, 식자재 등 관련 기술간에 다양한 형태의 결합이 일어나면서 생산에서 최종소비 단계까지 가치사슬 측면에서 새로운 농업기술의 생태계가 형성된다는 것이다.

따라서 농업의 고도 산업화를 위해서는 기술혁신전략은 생산부문에만 집중하여 지원한다고 해결될 문제가 아니고 육종, 비료, 농약, 시설, 농기계 등 후방 투입재 기술부터 유통, 가공, 외식 등 전방 수요재 기술까지 농산업의 차

3 David M, Saxowsky 외(1998) 내용을 참조

원의 시스템화된 기술체계의 관점에서 다루어 나가야 할 것이다. 농업의 산업화를 위해서는 농산업 차원의 기술혁신체계와 함께 농산물 생산방식의 다양화, 규모화의 경제를 위한 영농전략 등 농업기술의 산업화 전략이 필요함을 인식하여야 할 것이다.

2. 농산업 기술의 발전 동향

농산업(Agro-industry, Agribusiness)은 일차적인 농업생산기능과 연결된 전방산업과 후방산업을 포괄하는 개념이다. 따라서 농산업 기술은 농업생산기술을 포함하여 생물자원, 식의약 소재 기술 등으로 확대되고, 기술개발의 파급효과도 농산업 경제 전체로 확대된다. 농산업은 1955년 하버드 대학의 Davis와 Goldberg가 처음 사용한 용어이지만, 한국에는 비교적 늦은 1990년대에야 본격적으로 회자되기 시작하였다. 세계 농산업 시장규모는 2010년 5.1조 달러로써, 자동차 1.6조 달러, IT 3.5조 달러보다 크고 2020년 세계 농산업 시장규모는 6.4조 달러에 달할 것으로 추정하였다. 2010년 한국의 농산업 시장규모는 농업생산(Primary Production)이 42조 원이고, 식품가공유통(Secondary Production)이 75조 원이며, 외식 서비스가 67조 원으로 약 184조 원 수준이다.[4]

농산업과 관련된 기술동향을 살펴보고 분야별로 전망해보면 다음과 같다. 첫째로, 농업생산기술 분야에서는 농업인구 감소 및 고령화에 따라 농업 인력을 대체할 수 있는 자동화, 로봇화, 무인화 관련 농기계가 점차 확산될 전망이며, 첨단기술의 발전과 융합화로 인해 정밀농업(precision agriculture) 기술의 발전이 가속화될 것으로 예상된다. 또한 국민의 삶의 질 향상으로 친환경 농식품의 수요가 증가하면서 생물농약, 유기질비료, 천적 등을 포함한 친환

4 이주량(미래 농업R&D의 이해와 우리의 선택, 2013) pp.7~8 .

경 농자재 기술이 발전할 것이다. 나아가 안전한 농산물 생산 및 관리를 위한 이력관리 체계, 작물 및 축산물 관련 질병 신속 진단, 친환경 사육기술 등에 대한 수요가 증가할 것이며, 기후변화 가속화 및 고유가 지속으로 에너지 절약 재배기술 개발이 활발하고, 이모작 및 특수농지 이용 기술 등이 개발될 것이다.

둘째로, 생물학, 농학, 의학, 약학 및 이공학 등 광범위한 생명공학분야의 지식과 기술을 바탕으로 융합형 바이오 기술 산업이 발전할 것이다. 21세기에는 분자 육종기술, 기능성 신물질개발, 형질전환에 의한 개량 및 유전자 조작기술이 농산업 분야를 주도할 산업기술로 등장할 것이다. 바이오기술을 활용한 유전자변형 작물은 산업화 초기 단계이지만 빠른 속도로 확대되어, 1996년에 170만 ha에 불과하던 재배면적이 2010년에는 1억 4천 8백만 ha에 달하는 등 연평균 10% 이상의 증가율을 보이고 있다. 재배 국가는 29개국에 달하며, 국가별로 보면 미국이 세계재배면적의 45%를 차지하고 있으며, 자국에서 재배되는 콩의 93%, 옥수수의 86%, 그리고 목화의 93%가 이미 유전자변형작물이다. 또한 유통측면을 보면 32개국으로 수출되어 모두 55개국 45억 명의 인구가 소비하고 있다. 머지않아 사막에서도 잘 자라는 옥수수, 비타민, 필수아미노산이 강화된 쌀이나 옥수수, 트랜스지방이 없이 저가의 불포화지방산이 강화된 식용유를 생산할 수 있는 대두와 유채 등이 생산되면서 '제2 · 3세대 유전자변형작물'의 시대가 도래할 것으로 보인다.

표 8-1 유망 바이오산업기술의 유형

분자육종기술	· 주요 농작물 유전자원의 장기 저장, 평가 및 증식 기술
	· 유전자 지도를 이용한 육종기술개발
	· 농작물 잡종생산기술의 개발
신기능 · 신물질개발기술	· 생물반응기를 이용한 유용물질 및 식물체 대량 생산기술개발
	· 천연자원을 이용한 신기능물질개발 · 친환경 식물 개발기술
	· 미생물을 이용한 기능성 물질
형질전환기술	· 형질전환 동물 신기술 · 프로테옴 분석을 통한 유용형질 개발
유전자 조작기술	· 고효율 형질전환 기술
	· 내재해성 작물 개발기술

자료: 서종혁(2007)

농산업의 기술영역은 식품, 섬유, 사료의 공급이외에 바이오메스를 이용한 에탄올, 메탄올및 바이오디젤 등 연료까지 확대되고 있다. 이 기술을 이용하여 의약물질 등 정밀화학제품은 물론이고 플라스틱 원료 등 석유 화학제품을 대체할 수 있는 대용량의 유용물질을 효과적으로 생산할 수 있는 식물이 개발될 것으로 기대되고 있다.

셋째, 식물 육종, 이용분야에서는 웰빙문화 확산 및 고령인구 증가에 따라 기능성 제품의 개발기술에 대한 수요가 증가하고, 특히 천연물 유래 제품의 제조기술이 요구되는 추세이다. 이에 따라 기능성 식품, 의약품 산업, 천연물 및 한약제제 산업, 바이오 의약품 산업 기술 등이 발전할 것이다. 농약, 화학비료의 과다 시용에 따른 환경오염 문제가 제기되면서 생물농약 및 유기질비료 사용량이 증가되는 한편, 내병성 형질전환 작물 재배가 확산되고 형질전환 종자산업기술이 발전하는 추세이다. 앞으로는 지구온난화 및 기후변화에 대응 가능한 스트레스 저항성 작물의 기술개발에 대한 수요가 증가할 것이다. 식물 진단 기술은 현재 병원균의 진단에 치중되어 있고 향후에는 다양한 병원균 감지에 사용되는 실시간 진단법 개발위주로 연구개발이 추진되고 DNA 마이크로어레이(Microarray)가 주요 상용 작물의 다양한 병원균 진단에 주로 사용될 것이다.

넷째로, 동물 육종번식과 동물건강 기술 분야에서는 시장개방이 진행됨에 따라 수입제품과 경쟁하면서 시장에서의 우위를 차지할 수 있는 유망 농산품의 개발 및 관련기술 확보가 중요할 것이다. 고령화로 인한 노인인구의 급격한 증가는 노화 및 질환으로 고생하는 인구의 증가를 초래하고 건강한 삶을 보장하기 위한 의료 및 의약기술은 동물 바이오 기술과의 접목을 통해 고도화되는 추세이다. 특히 조류 인플루엔자(AI), 사스(SARS) 등 고병원성 인수공통 전염병이 발생하고 인간에게 전파됨으로써 동물 질병과 관련한 사전예방 및 사후처방에 관한 기술개발 수요가 증가할 것이다. 마커 기반 선별기술(MAS, marker-assisted selection)이 가축 및 어류 육종의 속도와 정확도 개선에 폭넓게 사용되고 있지만, 육종을 위한 지배적인 기술로 보편화되면서 대다수의 육종업으로 확대 될 것이다. 한편 신규 합성물 생산이나 고가 동물육종을 제외하면, 소비자의 선호도와 비용에 대한 우려로 유전자변형 동물과 클로닝 사용에 제약이 있을 것이다.

다섯째로, 식품가공과 유통기술 분야에서는 고령화가 심화됨에 따라 건강한 수명 연장을 위한 기능성 식품, 질병 예방용 식품 등 고기능성 식품의 제조기술에 대한 수요가 증가할 것이다. 웰빙(Well-being), 로하스(LOHAS) 트렌드의 확산을 통해 환경 친화적이고 건강한 식품에 대한 수요가 증가하고, 맛을 즐기고 가치를 중시하는 소비패턴이 일반화될 것이다. 그리고 환경 문제에 대한 지구촌의 관심과 국내외에서 잇따른 식품안전사고 발생은 깨끗하고 안전한 식품에 대한 관심과 요구가 증가할 것이며, 지구촌 농식품 시장이 급속히 개방되고 있는 가운데 국제유통 확대에 따른 국내 농식품의 경쟁력 제고를 위한 식품 가공기술의 개발 노력이 더욱 강하게 요구될 것이다.

이렇듯 농산업 기술은 농산업을 둘러싼 환경의 변화에 대응하여 새로운 부가가치를 창출할 수 있는 첨단 기술제품을 융복합하는 방향으로 기술혁신이 일어나면서 지속적으로 성장할 것이다. 미래의 농산업 기술은 기후변화로 인한 지구온난화와 에너지 및 물 부족문제를 해결하는 역할을 담당해야 할 것이다. 또한 바이오연료 등 대체에너지의 생산기술을 통해 에너지 부족문제를 해결하고 홍수조절 및 수자원 함양을 통한 효과적인 물자원 관리를 위한 생산기반정비기술의 발전이 요구된다. 또한 농산업은 기초식량 공급역할을 기본적으로 수행하면서 다원적 공익기능을 수행하는 환경산업으로도 발전시킬 수 있는 복합적 기술의 개발이 요구된다. 원예와 축산은 첨단 농업기술개발로 자본집약적 고부가가치형 구조로 전환시켜 국제 경쟁력을 갖춘 수출산업으로 육성해야 할 것이다.

제2절 농업의 산업화를 위한 기술개발전략[5]

농업이 국민경제에서 차지하는 역할이 중요하고 시장기구에만 맡겨둘 수 없는 농업의 중요성 때문에 정부는 그동안 농산물 가격과 품질안정, 농업환경의 보호, 농가소득의 안정 등 농업경제정책 수단을 동원하여 농업부문의 성장과 안정을 기하고자 하였다. 그동안 농업정책의 목표는 국민경제의 기초산업으로서의 역할을 담당하도록 하고 동시에 농업에 종사하는 농민들의 복지와 안정을 추구하는 방향으로 설정되어 있다. 하지만 농업의 산업화 과정

5 권용대(1993)의 내용을 요약 정리함

에서 농업은 농업생산자체의 문제 뿐 아니라 비료, 농약, 농기계, 가공, 유통, 외식 등 관련 산업기술을 포함하여 농산업차원에서의 기술개발정책을 추진할 필요성이 커지고 있다. 현대에 들어와서 농업기술정책은 종합산업으로서의 농산업 발전을 위한 기술정책이라는 개념으로 바뀌고 있으며 농업기술정책의 내용과 범위가 농산업차원의 기술개발정책으로 변하고 있는 추세이다. 이하에서 농업의 산업화 과정에서 추진해야 할 기술개발전략을 살펴보기로 한다.

1. 농업기술개발의 선별적 지원

농업의 산업화 기술이란 농업생산기술만을 의미하지 않기 때문에 농산업 구조의 발전적 변화를 가져올 수 있는 관련 산업분야의 기술을 포함하여 연구개발의 지원 범위를 넓게 잡아야 할 것이다. 예를 들면 각 작목의 품질개선, 단위면적당 수확도, 비용절감적인 육성법의 개발등 생산기술 뿐 만 아니라 수송, 저장 등 유통기술의 개선, 전산정보망을 이용한 농업경영기법 및 농사정보의 수집방법에 대한 개선, 농자재 관련 기술의 개발 등 전후방 관련기술의 혁신도 함께 다루어 져야 할것이다. 각 관련기술의 경제적 기여도를 가중치로 매겨 농업기술의 부가가치 기여 가능성을 평가하여 기술 개발 연구대상 범위 및 연구개발의 우선순위를 세워 나가야 할것이다.

현재 특정분야의 기술수준이 앞서있다고 하더라도 기술진보를 동태적인 관점에서 보면 절대적인 우위란 있을 수 없다. 따라서 경쟁국가의 농업기술 수준과 동향에 대한 정보 시스템을 구축하고 우리나리기 비교우위를 가질 수 있는 기술 분야를 발굴하여 집중과 선택적으로 개발하는 전략을 세워 나가야 할 것이다.

그동안 우리나라의 농산업기술은 선진국의 기술을 단순히 모방하거나 현시적응시험을 거친 후 도입하는 방식은 주류였다고 할 수 있다. 단순히 선진

기술의 이전을 중심으로 한 연구개발은 농업의 개방화 시대를 맞이하여 기술농업을 실현하는데는 한계가 있다. 모든 농업기술을 발전시키기 보다는 경제적 타당성이 있는 기술분야를 선정하여 자체 연구개발 시스템을 구축하고 집중적인 연구지원 노력이 있어야 기술농산업의 실현이 가능할 것이다.

표 8-2 농산업 기술의 개발 순위

구분	작물별	농작업 기능별	농작업 단계별
1 위	채소원예작물(23.5)	기계화 · 농기계개발(40.2)	가공기술(44.1)
2 위	과 수(21.1)	시설화 · 장치화관련기술(27.0)	작물재배기술(21.4)
3 위	특용작물(16.8)	품종 · 종자 관련기술(23.8)	조제 · 정선기술(17.8)
4 위	화훼작물(14.6)	농약 관련기술(7.5)	육묘기술(10.3)
5 위	경종작물(12.8)	비료 관련기술(1.6)	수확기술(6.5)
6 위	축 산(11.2)		

자료: 농촌진흥청 주: ( )은 선호순위비율

작물별, 분야별로 중점 연구 · 개발 대상 분야를 세분해 보면 다음 표 8-2와 같다. 경종작물 분야의 작물별 중점 연구순위는 품종개발, 기계화 · 장치화, 가공기술의 개발 순으로 나타났다. 1순위인 품종개발의 경우 대상 작물이 화훼류(69.2%), 특작류(58.0%), 일반 전작물(50.1%), 채소류(38.9%), 수도작 과수(37.3%) 순으로 나타났다. 이는 현재 품종개발의 수준과 개발의 난이도를 반영한 것으로 보인다.

축산기술에 대한 중점연구 순위는 품종개발, 축사시설화, 폐수처리 기술 순으로 나타났으며 축종별로도 같은 경향이었다. 축종별로 보면 육우(47.3%), 유우(40.8%), 육계(37.0%), 산란계(33.7%), 양돈(27.7%) 순이었다. 축사시설화 기술과 폐수 처리 기술에서는 양돈 분야가 중점 연구 대상인 것으로 나타났다.

경종작물의 기계화 관련 중점연구 분야는 파종, 수확 관련 기계화가 중점

연구 분야로 평가되었다. 작물별로 보면 수도작을 비롯하여 일반전작, 특작, 채소는 파종 관련 기기 개발이 순위가 높았으나, 화훼, 과수는 수확기종의 개발이 선결 문제인 것으로 전문가들은 판단하고 있다.

농업과학기술은 현장에 채용된 후 성과 발현까지 상당한 시차(time lag)가 존재하기 때문에 중장기적인 관점에서 R&D 투자를 확충해 나가야 한다. 선진국들은 오랜 기간에 걸쳐 기술혁신을 추구하여 오늘날의 선진국형 농업을 실현하였다. 우리나라도 연구 인력의 확보와 기술개발을 장기적인 관점에서 비전과 목표를 세워나가야 할 것이다. 조급하게 성과를 재촉하지 말고 장기 비전을 준비하는 자세로 투자를 지속하는 것이 R&D 정책의 기본이라고 할 수 있다.

2. 산학연 연구개발체계 수립

우리나라 농업 R&D정책의 문제점은 연구주체간 역할 미흡 및 전략의 부재로 장기적이고 전략적인 R&D 투자가 곤란하다는 점이 지적되고 있다. 현재의 농산업기술 분류체계는 기술분류체계가 갖추어야 하는 MECE(Mutually Exclusive, Collectively Exhaustive)요건이 미비하고 개별 연구자 중심의 기술주도형 연구개발전략에 의존하기 때문에 기술혁신의 성공가능성이 낮다는 점이다.

농산물의 부가가치를 높이고 농산업의 국제경쟁력 향상을 위해서는 유연한 산학연 연구개발체계를 수립하고 민간부문과의 협력연구기반 확충과 R&D 역량을 강화하여 개발기술의 산업화를 촉진하여야 할 것이다. 이를 위해 기술분류체계를 산업분류방식에 따라 식품가공유통, 농업생산시스템, 동물육종번식 및 건강, 식물재배이용 등으로 재분류한 후 이에 대응하는 연구개발체계로 재편할 필요성이 있다.

표 8-3 농산업의 신기술 분류체계

대분류	중분류	세분류
식품가공유통	식품 가공	식품첨가물, 가공설비/시스템, 가공식품
	기능성식품	비만방지/뷰티 식품, 질병예방/개선 식품, 정신건강 증진 식품
	전통식품	
	식품 유통	수확 후 처리, 저장 · 유통설비, 포장재, 품질 · 안전성 진단기기
농업생산시스템	기계설비	농작업기계, 시설원예기계 및 설비, 축산기계 및 시설, 임업기계, 농업정보시스템
	생물농약	생화학농약, 미생물농약, 천적, 친환경 농자재
	토양비료	
동물육종번식 · 동물건강	동물종자	질병저항성 가축, 복제동물
	동물제품	바이오의약품, 바이오장기, 질환모델
	동물의약품	
	동물사료/첨가제	배합사료, 사료첨가제
식물재배 · 이용	식물종자	형질전환작물, 바이오의약품, 환경정화식물
	바이오에너지	바이오에탄올, 바이오디젤, 메탄가스
	기능성 제품	화장품, 향료, 의약품, 효소

주: 농림식품과학기술분류체계 (농림수산식품기술기획평가원, 2015)를 재정리함.

이러한 농산업기술의 분류체계에 따라 산학연 협동에 의한 공동연구를 추진하는것이 바람직하다. 기초연구는 연구 성과의 불확실성이 높고 사전적인 경제성평가가 어렵다는 특성상 정부연구기관, 대학연구소가 기초연구, 기반적인 공통기술의 개발과 공공성이 높은 기술분야를 담당하도록 하는 것이 바람직 하다. 상업화 가능성이 높은 응용기술은 가능한 민간기업의 연구 활동을 촉진 지원하는것이 바람직하다. 이를 위하여 정부는 장기적인 차원에서 민간기업의 자발적인 연구개발을 유도하고 제반 제도적 법률적인 환경을 정비하여야 할 것이다.

그리고 개발된 기술의 신속한 전파체계에 필요한 정책적 지원을 하며 이 과정에서 농산물의 지역특화를 고려한 지역별 시험연구소의 기능을 확충하여 현지 농민들에게 실질적인 현장지도 체계를 강화하여야 할 것이다. 연구 실험적 차원과 현실적 농민수준에서의 생산성과 상품성차이 문제를 극복하기 위해서는 농민들과 연구자간의 상호 긴밀한 연계교류가 있어야 할 것이다.

그러기 위해서는 기술이전패턴이 사회경제적으로 미치는 충격효과를 살펴보고 이를 바탕으로 향후의 농업기술 개발방향을 세울 수 있도록 하여야 할 것이다. 농업기술혁신이 성공적으로 추진되기 위해서는 자연과학적인 농업기술연구와 사회과학적인 농업연구간의 상호 활발한 교류가 있어야 실질적인 농업기술수준의 고도화로 이끌어 갈수가 있을 것이다.

민간 부문의 연구개발 역량을 강화하는 방향으로 R&D 추진체계를 재정비할 필요가 있다. 오늘날 농업의 역할은 국민 식량의 안정공급뿐만 아니라 식품산업 · 생명산업 · 환경산업 등의 역할을 요구받고 있으며, 다양한 요구에 부응할 수 있도록 농업 R&D에 대한 민간 참여가 긴요하다. 따라서 부가가치 창출과 직결되는 산업화 기술은 기업체 등의 민간 부문에서 적극 참여할 수 있도록 정부가 지원하는 것이 재정 투자의 효율성 제고를 위해서도 바람직한 방향이다.

표 8-4 농산업기술의 연구개발 추진체계

구분		연구 기관	주요 연구기능
공공연구기관	농림부	농촌진흥청, 산림청	기초, 응용, 실용화 연구
	정부출연기관	식품개발 연구원, 인삼연초연구소	가공, 농약, 유전공학에 관한 기초 및 실용화 연구
	과학기술처	생명공학연구소, 화학연구소	일부 농업관련 기술연구
대학		4년제 단과대학, 산업대학, 농수산 전문대학 등	기초 및 이론연구
민간		업종별 기업부설 연구소	비료, 농약, 농기계, 시설자재, 종자, 유전공학의 실용화 기술 연구

3. 기술개발 보급체제의 개선

연구 개발된 농업기술은 그동안 농촌진흥청과 산하 농업기술센타 등 정부 및 공공기관을 통하여 농민들에게 보급 전파해 온 것이 일반적인 패턴이었다. 앞으로 농업기술은 단순기술에서 복합기술로 기술의 내용이 복잡화 고도화 하면서 기술의 실용화 및 기술이전 · 산업화를 위하여 기술 보급체계를 개선해야 한다. 이를 위해서는 연구과제의 선정부터 성과평가의 과정에 기술 수요자인 농업단체나 애그리비즈니스 전문가 등이 적극 참여하여 의견을 개진하도록 하는 문호개방이 필요하다. 개발된 기술에 대하여 잠재적 수요자를 대상으로 홍보와 마케팅을 강화하는 것도 중요하다. 기술이전과 산업화의 촉진을 위하여 연구개발의 비즈니스화(Research & Business Development) 방식을 확대 적용하고, 사업화 단계의 연구개발에서는 시장가치가 높게 발현될 가능성이 높은 제품을 중심으로 상품화 기술개발에 집중되어야 한다. 또한 신기술의 사업화를 뒷받침하기 위해서 기술거래, 기술담보금융, 기술컨설팅과 창업보육 등도 확충되어야 할 시책이다. 농업관련

기술의 개발순위를 정하기 위하여 계층분석방법(Analytic Hierarchy Process, AHP)을 이용하여 연구자원배분을 최적화하며 기술로드맵을 작성하여 농림기술개발사업의 투자효율화 방안 및 실행전략계획을 도출하는 전략이 필요하다. 이 과정에서 연구개발의 위험과 불확실성을 줄이고 관리할 수 있는 개발체계가 필요하게 된다.

농업기술 개발체계 수립은 작목 성격별로 구분하고 경쟁력 제고가 가능한 작목, 기술 분야와 내수지향적 작목으로 구분하여 기술을 개발하여야 한다. 이 과정에서 전략작목의 장기 개발 계획과 기초기술개발 청사진 구축되어야 한다. 이를 기초로 투자 중점 연구 · 개발 내용과 투자 우선순위가 결정되어야 한다. 기술개발 정책 수립 과정에서 공공성시장성, 미래성성과 시급성을 감안하여 기술개발의 목표와 과제를 선정할 필요가 있다. 농업기술의 성격상 이러한 지표가 모든 범위의 기술에 적용될 수는 없지만 연구과제의 선정 과정에서 기준 지표는 될 수 있을 것이다. 예로 영역별 기술개발의 전략을 구분하면 다음 표 8-5와 같다.

표 8-5 농업기술개발전략의 영역별 분류

구분	판단 지표	기술의 성격	연구개발과제의 예
A	시장성 · 미래성	응용 · 실용화 기술	첨단기술 : 생명공학, 신소재, 신물질 등
B	시장성 · 시급성	개발 · 실용화 기술	기계화 · 시설화 : 시설 · 장치, 농기계, 저장 · 가공기기 등
C	시급성 · 공공성	기초 · 기반기술	재배 · 사양기술 : 품종 · 종자, 비료, 농약, 사료, 식품첨가제 등
D	공공성 · 미래성	기초기술	이론 · 기초연구 : 유전정보, 환경보존 기술, 재배 · 사양 이론 등

4. 시장수요 견인형 기술개발

하이야미(Hyami)는 시장에서의 생산요소가격 변화가 농업기술중 기계화 기술 또는 생물화학적 기술변화를 선도한다는 기술혁신(Induced Innovation) 이론을 제시하였다. Hyami는 시장에서 요소가격이 상대적으로 변화하게 되면 상대적으로 비싸진 생산요소를 절약할수 있는 새로운 기술개발에 대한 수요가 증가하는데 이러한 수요증가가 연구기관에서의 기술개발의 유인으로 전달되어 새로운 기술을 개발하게 된다는 것이다. 그리고 기업에서는 연구기관에서 개발된 기술은 희소생산요소의 제약조건을 완화시킬수 있는 기회로 파악하여 이들 기술을 적용하여 비싼 요소를 대체할수 있는 새로운 생산요소를 시장에 공급하게 된다는 것이다.

현대에 이르러 농식품 소비자들의 다양한 수요의 변화추세에 따라 이러한 시장에 변화에 적응할 수 있는 고부가가치형 기술의 연구개발전략을 추진해야 한다. 과학자들은 대체로 기초과학기술을 중시하며 상품화 및 응용기술을 등한시하는 경향이 있으며 합동연구를 필요로 하는 융복합적인 기술개발에 대해서도 관심이 적다. 예를 들어 최근에 식물공장에 대한 관심이 높아지고 있는데, 농업현장에서는 시설장비와 인공조광 그리고 수경재배 등의 요소기술을 연계하는 기술시스템을 필요로 하며, 특히 요소기술의 경제성에 관심이 많다. 따라서 연구자들은 실질 수요자인 산업체와 농업인들의 요구에 맞추어 수요지향형 기술개발 시스템을 구축할 필요가 있다.

농업의 산업화시대에는 신기술의 시장성 확보가 중요한 고려사항이 될 것이다. 이에 따라 연구개발의 방향은 시장점유율을 높일 수 있는 농업기술의 개발에 중점을 두어야 할 것이다.

해당 기술제품 관련 시장환경의 동향을 조사하고 미래의 트랜드를 예측하며 유망 기술분야과 중점 연구영역을 도출하고 내부의 R&D 능력을 바탕으로 기술의 경제성을 평가하는 과정을 거쳐서 핵신기술의 개발을 기획하고 투자

하는 과정을 거치는 것이 바람직하다.

농식품 수요는 어느 한 품목에 대한 수요가 증가하면 경합 농산물의 수요 감소로 나타나는 경우가 많다. 신 농업기술을 적용하여 생산된 농산물은 시장에서 소비자 선호도에 의하여 수요가 결정된다. 이는 기술개발의 성공과 실패여부는 시장수요에 따라서 결정된다는 것을 의미한다. 신기술을 적용한 농산물의 판매를 위해서는 사전에 시장수요를 정확히 예측하고 경합관계에 있는 다른 농산물보다 시장경쟁력이 높일 수 있는 기술경영전략이 요구된다.

신 농업기술의 보급과 확산이 성숙단계에 들어서면 농산물 공급의 과잉으로 가격이 하락하고 농가소득이 정체 또는 감소하는 현상이 나타난다. 신기술 제품의 소득창출효과를 지속적으로 누리기 위해서는 초기단계의 공급주도형 기술개발전략에서 벗어나 후기단계에서는 비용 절약형 기술 개발전략으로 전환하여야 할 것이다.

제3절 농업기술의 혁신 단계별 R&D전략

농업기술혁신은 새로운 농업기술의 도입으로 인하여 일어나는 농업구조의 변혁과정이라고 정의할 수 있다. 일반 산업과는 다른 농업기술의 특수성으로 인해 농업기술 혁신을 위한 R&D에 대해서는 공공부문의 역할이 강조되고 있으며, 연구개발비 현황을 보면 기업이나 개별 생산자보다는 시험연구기관과 대학이 차지하는 비중이 절대적으로 크다. 그러나 최근 들어 농업기술혁신의 방향이나 관련 산업의 구조변화로 인해 농업부문의 R&D 투자에 있어서 민간의 역할이 점차 중요해지고 있다. 전통적인 농업부문에 대한 R&D 투자가 더 이상 농산물의 생산에 국한되어 이루어지지 않고 농업부문의 R&D 투자도 많은 변화된 모습을 보이고 있다.

농업 R&D는 그 공공성이 진작부터 주목되었었고, 그런 만큼 정부나 공공부문의 주도적 역할이 있어 왔지만, 막상 그러한 공공성을 실제로 식별하고 기여도를 자료를 이용해 분석한 사례는 많지가 않다. 국내외를 막론하고 대부분의 관련 연구들은 여전히 농업 R&D 투자가 농업부문의 생산비를 낮추는 효과를 추정하는 데 초점을 맞추고 있다. 그러한 경제적 효과분석은 물론 기술개발의 가치를 평가하기 위해 가장 선행되어야 할 것이지만, 생산자들의 생산비를 낮추는 것 외에도 다양한 기능을 할 수 있는 농업 R&D의 다원적 기능을 평가하는 데에는 한계가 있는 것도 사실이다.

농업기술혁신은 일반적으로 3가지 단계별 과정을 거쳐 확산되는데 농업기술의 창출, 혁신의 실지적 적용, 혁신의 전파 및 결과의 순서로 농업에 기술이 체화되어 간다고 보고 있다. 이를 신기술의 발명혁신단계(Invention and Innovation)와 기술의 이전확산단계(Diffusion)로 구분하여 나눌 수 있다.

발명혁신단계에 발명과 혁신을 함께 포함시킨 것은 발명은 경제외적 외생변수로 보는 경향이 있고 발명에서 혁신의 단계로 넘어가는 과정에서 전략적으로 R&D의 역할이 중요하다고 보기 때문이다. 이전확산단계에서는 기술혁신에 대한 수요 또는 보급범위가 확산됨에 따라 신기술이 생산함수에 체화되어 사회적 경제적구조의 변화에 영향을 미치는 과정이므로 이 단계를 별도의 분석대상으로 보고자 한다. 기술혁신과정을 발명혁신단계와 이전확산단계로 구분하여 R&D전략을 제시해 본다.

1. 발명혁신 단계

발명의 원천은 농업기술개발에 대한 관심과 출발하는데 연구자의 동기는 첫째, 현존하는 농산물의 품종이나 생산기술의 문제점을 해결하기 위하여 둘째, 시장경쟁력 향상 전략에 따라 농산물의 품질과 형태를 바꾸기 위하여 셋째, 순수한 신품종의 개발 등의 경우 등으로 나눌 수 있다. 이 단계에서는 특정한 농업기술에 대한 연구가 왜 필요한지에 대한 명확한 동기부여가 있어야 하는데 이는 연구개발의 방향과 목표를 정하는데 있어 중요한 과정이기 때문이다. 연구개발의 동기를 찾았다면 개발대상 기술이 산업적으로 활용될 수 있도록 아이디어를 추출하고 연구 과제를 구체적으로 정해야 하는데 대개 특정명칭의 연구프로젝트를 계획하며 프로젝트에서 구체적인 연구 목표 및 조사활동내용, 인력의 활용, 책정된 예산, 계획된 연구기간이 명시되게 된다.

연구개발이란 본질적으로 미래지향적인 투자 행위이므로 연구비용, 연구결과로 나오는 예상수익, 개발 시기에 대한 사전 평가가 중요하다. 연구개발의 사전 평가는 연구부서 자체의 평가방법과 또는 평가위원회에서 작성한 보고서의 검토등과 같은 방법을 거친다. 여기서 평가를 위한 일정한 기준이 있어야 하는데 사전 평가시 고려할 사항은 연구의 질적인 성과와 양적인 평가가 함께 고려되어야 한다.

연구개발 투자의 수익성 추정에는 여러 가지 불확실성과 위험을 내포하고 있다. 예를 들면 연구비용과 수익을 미리 계산하기 위해서는 일정기간동안에 발생하는 비용과 수익을 현재가치로 할인하여야 하는데 이때 할인율은 경제적 환경요인 즉 일반적인 기업투자환경의 변화에 따라 영향을 받게 된다. 연구개발의 불확실성의 크기순위를 보면 농업과학 기초연구(basic research), 혁신적인 신품종의 개발(radical product innovation), 기존 농산물 품종의 대폭적인 개선(new version of existing products), 새로운 재배기술의 개발(new processes), 농산물품질의 차별화(product differentiation), 간단한 재배방법의 개선(minor technical improvement)순으로 볼 수 있다.

농업기술연구개발의 대상과제에 대한 평가시 고려할 사항을 보면 다음 표 8-6과 같다.

표 8-6 농산업 R&D사업의 평가 항목

평가 항목	평가 내용
1. 연구목표와 전략	- 장기적인 기술개발전략과의 부합여부 - 현존 기술의 개선가능성의 정도
2.연구개발 과정	- 연구의 성공가능성 - 개발비용과 소요기간 - 특허취득의 가능성 - 연구장비와 연구인력의 조달가능성 - 기술의 타 분야 응용가능성 - 타분야 연구개발과의 상호연계성
3. 시장성 분석	- 시장수요의 충족성 - 예상 시장규모 - 기존농산물과의 경합성 - 생산비용과 가격설정정책 - 기존 유통경로의 존재유무
4.생산재배기술	- 생산에 필요한 재배기술의 실용화 가능성 - 생산에 필요한 기술전수와 필요인원규모 - 기존 생산설비의 이용가능성 - 재배기술의 안전성
5.사회경제적 요인	- 사회여론의 반응도 - 현행법에 의한 규제및 장래의 법제화 - 농업노동력구조에의 영향 - 환경오염도

대표적인 연구개발대상의 평가방법으로 Hart(1966)가 개발한 다음과 같은 연구투자평가 지수를 사용하는 경우가 많다.[6] 이러한 지수평가방법은 양적인 비용수익비율(cost benefit ratio) 평가와 질적 연구 성공의 가능성(probability of success) 평가를 모두 반영한 것이다. 양적인 평가를 위해서는 연구비용, 연

6 A Hart(1966)

구기간, 제품화 기간 및 비용 등 내부적인 여건과 잠재적 시장성, 시장의 발전성, 경쟁자의 유무, 제품의 차별성 등 외부적 요인인 마케팅조건과 관련된 변수를 고려한 S와 P, C를 추정하여 평가변수에 포함시키게 된다.

연구프로젝트 평가지수(Project index) =S*P*p*t/100C

여기서 S=최성수기 판매액, P=순판매 이익률, p=연구개발의 성공가능확율(1-0), t=할인요인, C=장래 들어가는 연구비용규모이다.

연구는 사전적으로 연구 결과를 예상하기 어렵기 때문에 연구개발의 수익률에 대한 예측은 물론 사후적인 예측도 어려운 경우가 대부분이다. 연구개발비의 규모를 결정하는데 있어서 농업연구 개발 분야의 연구비규모 결정시 고려할 주요 변수를 제시하면 다음과 같다. 첫째, 연구비투자에 따른 장래소득의 추정 둘째, 유사연구부서의 적정 및 최소한의 연구개발비, 셋째, 농산물 매출액 대비 연구비지출 비율 넷째, 농가소득액 대비 연구비비율 다섯째, 과거 연구비 지출추이 등을 고려하여 연구비 투자규모를 산정하는 방법이 있다.

농업기술 개발은 응용 기술분야로서 연구투자의 성과에 대한 불확실성이 높기 때문에 산업화 가능성이 높은 기술을 중심으로 연구자원의 배분 기준으로 세우는 것이 중요하다. 연구자원의 배분에서 기초연구는 기존 정부연구기관에서 담당하고 산업화 가능성이 높은 분야는 민간기업 연구기관이 담당하는 것이 바람직하다. 연구대상을 특정 분야에 한정하기 보다는 관련 기술 분야의 연구도 포함하여 연구자원의 배분을 다양하게 분화시키는 것이 필요하다. 대개 연구개발은 장기간 소요되는 경우가 많으므로 연구의 중간 과정에서 방향과 목표를 재점검하는 것도 중요하다. 연구자원배분의 조정에 있어서는 그동안 수행한 연구개발진척도, 예산집행, 연구진도등을 조사하고 수시로 이를 점검하는 것이 중요하다.

연구개발 조직은 농산물의 종류에 따라 소규모의 자치적 연구부서를 두는 방법과 통합적인 연구부서를 운영하는 방안이 있을 수 있다. 연구부서내 연구인력의 활용에 있어서 전문숙련자와 혁신적인 기업정신을 소유한 농민의 역할은 매우 중요하다. 연구인력의 활용방안은 전문분야중심인력양성, 프로젝트중심인력 개발, 혼합형 인력배치등 3가지로 나눌 수 있다. 전문분야 베이스형 조직은 전문적인 과학능력을 유지 발전시키는 장점이 있는 반면에 복잡한연구의 흐름파악과 사업성을 살리는데 어려움이 있으며 프로젝트 베이스형 조직은 단결력과 비지니스에 대한 인식을 고취시킬 수 있는 반면에 한분 야에 대한 전문적인 지식을 갖춘 인력개발이 소홀하기 쉽다. 혼합형 조직은 상기 두 조직을 서로 중첩시켜 각 조직의 장점을 취하려는 형태이다. 연구성과의 불확실성이 높은 연구과제 분야는 소수의 전문기술자로 구성된 별도의 모험연구조직 또는 새로운 연구개발사업체(venturing or new business development)를 만드는 것도 한 방안이 될 수 있을 것이다.

2. 이전확산 단계

농업기술의 이전 확산단계에서는 그동안 도입된 외국기술이나 국내에서 개발된 기술을 놓고 가용적인 기술과 농가보급단계의 기술 간의 차이를 줄이기 위한 농촌지도사업이 주류를 이루어 왔다. 농업의 특성상 기술 이전과정에 영향을 미치는 요인을 보면 첫째, 토양, 기온 등 자연조건의 차이, 둘째, 생산에 필요한 투입재 가격과 농산물 가격의 차이 셋째, 농업기반 시설과 정부정책을 들 수 있다. 기술이전단계에서 농업의 특성에 따른 비농업과의 차이를 보면 다음 표 8-7과 같다.

표 8-7 농업기술과 공업기술이전의 차이

구분	농업기술	공업기술
주체	국가기구,공공기관	개별적 사기업
대상	다수의 농가	특정 소수기업
경영구조	경영과 가계의 미분화	상업적 경영
전파과정	완만한 전파, 지역적 편중	급속한 전파, 광범위 한 지역
이전방법	지속적인 설득	자발적 수요
이전내용	다양성	특정성
이전의 성과	불확실성	확실성
기술정도	단순기술	복합기술
사회 조직체계	전통적 가치체계	근대적 가치체계

신 농업기술을 수용하여 농산물을 생산 판매하는 초기단계에서는 농가들이 불완전한 정보와 불확실성에 따른 경영상의 위험부담을 안게 된다. 이와 같이 신기술의 이전단계는 농민들에게 미래 소득의 불확실성과 함께 새로운 소득증대의 기회가 함께 동시에 발생하는 것을 의미한다. 대부분의 농민들은 안정적인 소득을 원하기 때문에 신기술을 수용하지 않으려는 경향이 많으며 일부 모험적인 농민들이 신기술을 조기에 수용하는 것이 보편적 현상이다.

그러나 신기술이 어느 정도 보급되고 유용성이 인식되기 시작하면서 점차 더 많은 농민들이 신기술을 수용하게 될 것이다. 이 단계에서는 대다수 농민들이 수용의사를 가지고 있기 때문에 신기술은 급속하게 보급 확산되어 갈 것이다.

2.1 신기술의 수요예측

신 기술의 수용초기 단계에서 수요의 불확실성은 기술의 사전 경제성 분석을 어렵게 하는 요인이 된다. 따라서 기술이전과정에서 사전적 수요추정은 기술개발의 타당성 평가에 있어서 중요한 전제요인이 된다. 사전적 수요예측을 위해서는 기술적인 내용의 핵심과정을 충분히 이해하여야 한다. 예를 들어 신제품 농기계의 과도한 매연은 엔진과 연료상의 기술적인 문제로서 문제점을 개선하기 위해서는 엔진구조, 연료의 종류와 연소과정에 대한 기술적인 내용을 알고 있어야 한다. 일반적으로 기술내용을 설명하는 순서를 보면 1)기술의 물리적 기능적인 내용, 2)현행기술의 수준, 3) 개발된 기술의 실용화 및 관련 제도적 요인, 4) 보완적 또는 경쟁적 관계에 있는 기술종류, 5) 미래의 기술진보수준, 6) 기술의 사용범위와 응용화 가능성정도를 들 수 있다. 이러한 기술내용을 적절히 서술하기 위해서는 관련 참고문헌을 인용하거나 전문가의 의견을 수집하여야 한다.

또한 신기술을 이용하여 개발한 신품종 농산물의 수요창출을 예측하기 위해서는 신 품종 농산물의 수요에 영향을 미치는 경제적 사회적 요인을 파악하는 것이 필요하다. 수요를 예측하는 방법으로서 사회경제적 변수 관찰(monitoring), 동향 추정법(trend extrapolation), 전문가 의견 조사법(expert opion methods)이 있다(Alan L, Porter, 1985).

(1) 사회경제적 변수 관찰(Monitoring)

이 방법은 정치적, 사회경제학적, 기술적, 생태적인 요인의 변화가 기술개발에 영향을 미치는 경우 이에 근거하여 미래의 기술수요를 예측하는 것이다. 예를 들어 수에즈 운하의 폐쇄로 인해 대형 선박의 건조 기술개발을 이용한 선박의 수요가 커질 것으로 예측을 하게 된다. 이 방법은 단순히 자료를 모으기 보다는 관련 변수의 선정과 그 의미를 정확히 해석할 수 있도록 체계적인 수집 및 정리가 필요하다.

(2) 동향 추정법(Trend extrapolation)

과거 기술진보의 추세가 앞으로도 계속된다는 가정하에서 미래의 기술진보에 대한 예측을 수학적 방법 또는 지리적인 분포도를 이용하여 하는 방법이다. 기술변화 수준을 예측하기 위하여 시간의 경과에 따라 기술이 진보한다는 가정하에 기술 발전에 수반하는 제 사회변수의 특징적 내용을 대표하는 지수를 선정한다. 과거의 지수변화에 대한 자료를 수집하여 기준지표를 작성하고 시간변수를 수평축에 놓고 기준지표를 수직축으로 한 그래프를 그려 과거의 기술개발 추세를 미래로 연장시키면 미래의 기술진보 수준을 예측할수 있게 된다. 만약 기술진보를 나타내는 항목이 여러개일 경우 이들 여러 항목을 1개의 지수로 표시할수 있는 복합지표를 개발하여 이용하도록 한다.

신기술을 적용한 제품의 수요는 어떤 중요한 문제점이 해결되기 전까지는 완만하게 발전하지만 기술적 병목현상이 해결되면 보다 빠른 속도로 확산되게 된다. 이 경우는 신기술을 이전 전파할 때 수요의 포화점에 다다르는 과정에서 S자형 수요확산의 경로를 가지는 것이 보통이다. S자형 커브에 의한 수요의 예측은 신뢰도에 있어서 어느 정도 정확한지 모르므로 보통 S자형 커브를 중심으로 최고치와 최저치값을 나타내는 포락선을 이용하여 기술수요의 상한과 하한범위를 예측하기도 한다.

(3) 전문가 의견조사법(Expert opinion methods)

기술개발의 수요예측을 위하여 해당분야에 폭넓은 지식을 가지고 있는 전문가나 장래의 기술개발에 영향력을 발휘할수 있는 집단의 대표자를 대상으로 의견을 조사함으로써 신뢰성이 있는 수요예측을 할 수 있다. 조사의 정확도를 높히기 위하여 관련 전문가가 답변하여야 할 기술분야를 정확하게 정의하고 기술개발에도 참여할 수 있는 능력과 신망를 가지고 있는 전문가를 선정하여야 한다. 이러한 조사는 대개 조사방법이 구체적이어야 하고 많은 비용과 시간이 소요되는데 4가지의 조사방법이 있다.

첫째 해당 분야기술에 대한 폭넓은 이해와 인식이 높은 사람을 직접 면접하여 의견을 수집하는 방법으로서 신뢰성은 떨어지나 직관적이고 확실한 해답을 얻을수 있는 장점을 가지고 있다. 이 경우 공식적인 조사보다는 개별적이고 비공식적인 접촉을 통하여 현재의 기술수준과 앞으로의 개발전망에 대한 의견을 얻는 방법이 좋다.

둘째 소수의 특정인을 대상으로 하기보다는 일반 전문가 집단을 대상으로 설문 조사하는 방법이 있다. 이 경우 기술개발이 사회구조 변화에 미치는 충격의 예측및 기술개발 정책에 영향을 받는 이해당사자들이 특정정책에 어떻게 반응하고 있는지를 파악하는데 유용한 방법이다.

셋째 관련 전문가들로 구성된 위원회를 조직하여 특정기술에 대한 보고서를 일정한 기간과 예산을 주어 작성하게 함으로서 기술개발에 대한 사전예측을 하는 방법을 말한다. 이 방법은 기술개발의 문제점을 찾아내고 현행 연구개발과 대안적 기술개발계획과의 비교 및 기술개발정책의 우선순위 결정에 유용하다.

넷째는 델파이(Delphi) 조사법으로 조사에 참가하는 전문가들에게 반복적으로 질문하여 가장 가능성 있는 미래예측에 대한 합의점을 도출하는 방법으로 기술개발의 장래에 대한 체계적인 사고를 유도하는데 도움이 된다. 조사방법의 예를 들면 먼저 서면으로 개별적으로 전문가들에게 설문서를 발송하여 특정 기술개발이 장래에 이루어질 시기와 범위에 대해서 예측하도록 한다. 그 다음 질문서를 취합하여 통계표를 작성한 후 두번째 질문서를 발송하는데 이때에는 첫번째 질문서의 답변 빈도를 4등분하여 가장 빈도가 높은 답변을 중심으로 상위 4분의 1과 하위 4분의 1범위를 지정한 후 질문에 답한 전문가의 예측범위를 표기한다. 만약 응답자가 상위 4분의 1과 하위 4분의 1 범위를 벗어난 대답을 했을 경우 예측을 다시 하도록 하거나 아니면 답변이유를 설명하도록 한다. 세번째 질문서를 발송할 시에는 전체 조사자의 예측결과와 조사자 본인의 개별적인 의견을 적고 다시 전체 조사자의 의견에 대한 동의 또는 반대의견을 제출하도록 요구한다.

2.2 기술이전의 경제성 분석

기술개발의 결과가 사회 구성원에게 미치는 경제적 이익이 클수록 기술개발의 타당성이 높아지게 된다. 여기서 기술개발의 타당성 분석이란 기술개발로 시현될 잠재적인 수익성의 추정과 기술이전로 인한 혜택이 어느 정도로 이익을 가져오게 하는가를 분석대상으로 하고 있다. 기술이전의 타당성은 기술개발의 편익과 비용을 비교하는 것이 목적이므로 화폐적 가치평가를 지표로 삼는 투자분석기법을 적용하는 것이 일반적이다. 분석과정은 다음과 같다.

첫째 기술개발과정에서 발생하는 비용과 수익의 영향을 받는 이해집단과 분석대상 기술개발내용을 명확히 한다. 분석대상이 되는 기술개발의 수준과 기간을 서술하고 기술개발이 추진 되었을 때와 시행되지 않은 상태에서는 어떠한 현상이 있게 되는지를 비교하여 서술한다.

둘째 예상되는 수익과 비용항목을 기술하고 나열한다. 여기서 유의할 점은 직접적으로 화폐적 비용과 수익의 발생뿐만 아니라 간접적인 비용과 수익 발생을 같이 확인하여야 한다. 예를 들면 기술개발의 시장재적 성격과 공공재적 성격을 함께 감안하여 내재적비용과 외부효과로 발생하는 비용을 구분하여야 한다.

셋째 기술개발의 직접비용과 수익을 계산하고 그밖에 외부효과, 공공재 효과, 2차파생효과와 그이상의 파급효과의 비용과 수익노 추성한다. 예상되는 모든 편익과 희생을 화폐가치로 환산하는 작업은 쉬운 일이 아니다. 따라서 계량화가 쉬운 사적재와 내부적 비용은 직접적인 비용수익법에 의하여 화폐가치로 환산하고 공공재와 외부효과는 따로 별도의 기준으로 추정 환산한다. 직접적으로 나타나는 비용과 수익의 경우 대개 비용은 개발초기에 자본적 성격의 비용이 높아지나 일단 개발 작업이 끝나면 유지비용정도만이 소요되며 수익의 경우 초기에는 작으나 시간이 흐르면서 개발편익이 증가하면서 수익이 높아지는 것이 보통이다.

외부효과란 개별 투자가의 입장에서 본 비용수익에 포함되지 않은 외부효과에 의해 발생하는 비용과 수익의 개념이다. 외부효과에 의한 비용을 계산하기 위하여 이해 관계가 있는 집단을 대상으로 얼마의 비용부담의사를 가지고 있는지에 대한 설문조사 또는 예상되는 외부효과를 제거하기위한 비용을 계산하는 방법이 있다.

넷째 연구개발 기간 중 발생하는 비용과 수익의 흐름을 산정한 후 경제적으로 기술개발이 가져오는 수익성을 분석한다. 많이 쓰이는 분석방법으로 현재가치 환산방법, 내부투자 투익율 계산, 비용 수익비율산정, 투자보상 기간 계산법이 있는데 연구개발의 비용과 수익은 모두 장래에 실현될 미래가치이므로 비용과 수익에 대해서 할인율을 적용 현재가치로 환산하여 분석한다. 이와 같이 직접적 간접적 비용과 수익의 차이를 계산하여 순수익가치를 산출하고 만약 순 수익의 현재 가치가 기준값보다 높다면 연구개발의 타당성이 있는 것으로 추정하게 된다. 타당성 분석에서 이밖에 계산하기 어려운 질적인 내용을 포함하고 있는 외부효과도 가능한 한 모두 서술하여 의사결정시 참고하여야 한다.

제4절 농자재 산업의 기술개발전략

1. 농자재 산업의 현황

농업기술개발의 성과가 체화되어 있는 농자재는 농업생산성과 농업 경쟁력을 제고하는데 있어 핵심적 역할을 담당하는 생산요소이자 기술 수단이다. 우리나라의 농자재 산업은 대부분 영세한 규모의 기업들로서 기술수준이 전반적으로 낮은 상태이다. 농기계, 비료, 농약, 종묘, 시설자재 등 약 4,000개의 농자재업체는 규모의 영세성과 기술부족 문제, 원자재 가격변동에 따른 원가부담으로 열악한 생산구조를 보이고 있다.

그동안 농자재 산업 육성정책은 단기적인 성과에 치중하여, 장기적 성장잠재력의 주요 관건인 원천기술 확보는 미흡하다. 원천기술 중에서도 투자회임기간이 길고 사용자의 보수성이 높은 시설 농자재 산업의 원천기술은 더욱 취약한 실정이다. 농자재 산업은 농업생산업에 저비용 고품질의 농자재를 공급하는 후방산업으로서 제 역할을 다하지 못하고 수익창출을 위한 기술혁신을 소홀히 한 채 낙후산업으로 남아 있다.

최근에 ICT 농자재를 농업생산부문에 융합시키려는 정책적 노력이 있으나[7] 농자재 산업의 원천 기술수준이 낮아 농가들이 요구하는 스펙에 따라가지 못하다보니 현장에서는 비싸지만 성능 좋은 수입 농자재를 사용하려는 분위기가 일어나고 있다. 이는 국산 농자재의 국내 수요를 침체시키고 더 나아가 농자재 산업의 기술 자립화까지도 위협하는 단계로 나갈 수 있을 것이다. 산업연관표상으로 농업생산부문에 대한 농자재의 중간투입비율을 보면 1985년 26.5%, 1995년 42.2%으로 증가해 왔으나 2007년에는 39.7%로 감소하였다. 이

7 농림축산식품부(농식품 ICT 융복합 확산대책, 2013.8)

는 1995년 UR협상이후 농자재의 투입증가에도 불구하고 농업생산부문의 경쟁력 향상에 기여하지 못하면서 농자재 산업의 성장과 발전도 정체했기 때문으로 추정된다.

정부는 2013년 6월에 농자재 산업육성을 위한 종합대책을 발표하였는데 주된 배경을 보면 농가들의 농자재 비용 부담을 경감시켜 농업소득을 높이겠다는 것이다. 구체적인 대책을 보면 첫째, 농기계 공동이용 활성화를 위하여 농기계임대사업소, 농기계은행, 맞춤형 농작업 대행서비스 등을 확대하여 농가의 농기계 구입비용과 일손부담을 경감한다. 둘째, 비료, 농약, 에너지의 사용량을 절감하여 경영비를 줄이고 셋째, 농자재 유통구조 개선 및 담합행위 방지로 농자재 가격을 농가에게 불합리하게 부담시키는 행위를 방지한다는 것이다. 넷째, 농자재 산업의 수출 지원과 R&D 예산지원을 2012년 636억원에서 2017년 1,000억원으로 확대하겠다는 것이다.[8]

정부의 농자재 산업 종합 대책은 농업경영비 증가의 주요 요인이 농자재 구입비용의 상승 때문이라고 보고 농자재 가격 하락을 유도함으로써 농가경제의 부담을 덜어 주겠다는 단기적인 목표에 치중하고 있다. 이러한 정부의 대책은 농자재 산업의 역할과 기능을 제대로 인식하지 못한 근시안적인 대책으로서 농업경쟁력 향상에 도움이 되지 않고 농자재 산업의 구조 개편을 통한 장기적인 발전에도 악재로 작용할 가능성이 높다.

정부는 농자재 산업이 전체 농업의 성장을 지원하는 핵심적인 산업이 아닌 부수적인 종속산업으로 인식하여 단순히 농업경영비 절감차원에서 보조금위주의 지원정책을 펴왔다. 정부가 농자재 산업의 역할과 중요성을 제대로 인식하지 못하고 단편적인 대책으로 대응한 결과 농자재 산업이 농산업의 경쟁력 제고에 기여하기 보다는 걸림돌 역할을 하고 있는 것이 현실이다.

우리 농업이 자급적 생계농 단계에 있을 때는 대부분의 농가들이 농자재

8 농림축산식품부(농업경영비 절감을 위한 농자재 산업종합대책, 2013.6)

를 직접 제작하여 사용했기 때문에 농업생산에서 차지하는 농자재의 비중이 낮고 후방연관효과가 낮아 농업생산의 주요 투입변수가 아니었다. 그러나 농업생산이 분업과 전문화를 추구하는 산업화 단계에 들어서면서 농자재는 핵심적인 기술로서 농업의 성장과 경쟁력을 높이는데 있어 중요한 역할을 담당하게 된다. 농업이 자본과 기술집약적인 구조로 변화하게 되면 농자재 산업은 필수적인 소재부품 산업으로서 이들 산업의 기술력이 농업의 부가가치 증대와 성장 동력원으로 작용하기 때문이다. 미래의 농업은 종합산업으로서 BT, IT, NT 등 융복합적인 기술이 내재된 농자재들을 투입하여야 성장과 발전이 가능한 시대를 맞이하고 있다. 즉 농자재 산업은 고품질 저비용 농업생산 구조를 뒷받침하는 기술혁신의 중심역할을 하는 산업으로서 농산업 전체의 경쟁력를 선도하는 기반산업이라는 인식의 전환이 필요하다.

농산업의 생태계에서 차지하는 농자재 산업의 특수성과 역할을 보면 다음과 같다. 첫째, 농자재 산업은 농업생산의 기술적 기반이면서 파급효과가 큰 선도 산업이다. 농자재 산업은 화학, 철강, 금속, 유리, 고무, 플라스틱, 섬유, 도료, 제조설비 등 소재산업과 밀접하게 관련되어 있다. 농자재는 농업생산 부문과 가공, 유통산업, 농자재 판매업, 농자재 정비 등까지 폭넓게 연관되어 있고 농업보험, 할부금융, 농업재해안전, 농촌레저에 이르기까지 파급효과를 미치고 있다. 둘째, 농자재 산업은 범위의 경제효과가 큰 산업으로서 농자재의 연구개발과 기술혁신을 위해서는 제조업과 마찬가지로 많은 시설투자와 비용이 소요되며 적정 수준의 생산규모를 유지해야 경쟁력을 확보할 수 있다. 농자재 산업은 농작물의 특성에 맞는 맞춤형 생산을 하고 농자재 플랫폼을 통합하고 하나의 생산라인에서 여러 종류의 농자재 생산라인을 갖추어야 생산성이 늘어날 수 있는 범위의 경제 효과가 큰 산업이다. 셋째, 농자재 산업은 수많은 소재와 부품으로 만들어지기 때문에 다양한 기술의 융합이 중요하며 소재부품의 원가비중이 높기 때문에 원가, 품질, 납기, 재고관리 등이 중요한 장치산업이다. 농자재 산업기술은 고도의 정밀성이 요구되는 화학기술과 전자기계공학의 산물로서 ICT과 생명공학기술을 융복합한 스마트 농업, 식물공장을 보급하는데 있어 없어서는 안 될 중요한 원천기술로 인식되고 있다.

넷째, 농자재 산업은 농업 생산성과 기술수준을 선도할 뿐만 아니라 그 나라의 농산물과 식품의 품질을 높여주는 역할을 한다. 농자재 산업은 농업생산의 안정과 유통효율을 높이는데 기여하고 식량안보를 위한 전략산업으로서의 성격을 갖기도 한다. 다섯째, 농자재 산업은 다양한 부품소재를 사용하는 노동집약적인 산업으로 고용창출효과가 큰 산업이다. 비료, 농약, 종묘, 농기계 산업 등에서 많은 노동력을 고용하고 있으며 그 나라의 고용창출에 큰 영향을 미치고 있다. 여섯째, 다국적 농자재 기업들은 세계적 협력체제를 구축하고 종자개발, 농약, 비료, 농기계제조, 해외시장개척 등 국제 분업화를 추구하고 있으며 이에 따라 농자재의 소비패턴도 세계적으로 표준화 동질화되어가는 종합 첨단산업으로 발전하고 있다.

일곱째, 농자재 생산에는 대규모의 토지와 공장 그리고 생산과 연구 설비가 필요하고 새로운 농자재 개발과 마케팅에 많은 투자비가 들어간다. 투자자금이 회수되는 데까지 걸리는 기간이 장기간이기 때문에 자금력이 뒷받침되어야 하는 자본집약적 기술 산업으로 바뀌고 있다. 신기술로 개발한 농자재의 판매에 성공하면 고수익이 보장되나 실패하면 큰 손실이 나기 때문에 위험을 분산하는 풀라인 상품화 전략이 필요하다. 여덟째, 농자재는 다양한 소재와 부품을 결합한 기술집약적 시스템산업이다. 제품디자인, 설계, 시험제품 개발과 제조기술 그리고 생산관리, 품질관리, 원가관리, 물류관리 등의 관리운영기술이 잘 융합되어야 하는 종합기술산업이다, 또한 농자재산업은 연구개발비의 비율인 높은 기술집약적산업으로서 생물화학적 기술, ICT기술, 나노기술, 신생산시스템 등의 혁신적 기술의 개발과 사업화가 제품경쟁력의 원천이 되고 있다. 아홉째, 농자재산업은 다양한 농작물의 생산에 필요한 수많은 종류의 자재를 공급하기 때문에 기술관리의 노우하우가 사업성패의 관건이 된다. 농자재는 다양한 공정이 어우러진 장치산업으로 오랜 기간에 걸친 노우하우와 경험의 축적이 생산성과 품질향상을 좌우한다. 따라서 농자재 산업의 경쟁력은 기술과 경험의 장기축적에 있으며 특히 농기계를 만들고 다루는 기술은 자체적으로 각종의 제조설비를 독자적으로 설계 · 제작하는 원천기술의 확보가 필요하다.

2. 농자재 산업의 기술개발전략

우리 농업은 1970년대까지 종자, 비료, 농약등 생물 화학적인 농자재를 사용하여 토지집약적인 생산방식으로 세계 최고 수준의 토지생산성을 달성할 수 있었다. 1970년대 이후부터는 성능이 좋은 농기계와 시설자재가 농가에 보급되면서 노동생산성이 크게 향상되고 농사에 들어가는 노동시간이 크게 감소하면서 남는 여유 노동력을 영농규모화에 투입할 수 있게 되면서 농가소득 증대에도 크게 기여하여 왔다. 하지만 1995년 UR협상 이후 우리 농업은 수입개방화로 농산물 가격이 하락하고 생산비가 상승하면서 토지생산성이 정체상태에 빠지고 노동 집약적 영농방식으로 농업소득을 올리려는 노력은 한계에 부딪치고 있다. 이같이 농업의 성장이 정체되면서 농자재 산업도 저성장 침체 상태에 놓여있다.

농업의 성장을 토지생산성보다는 노동생산성에 의한 성장 전략으로 전환하는 과정에서 후방 산업인 농자재 산업의 육성정책은 노동생산성의 기여도가 높은 농자재 예를 들면 농기계와 시설 농자재 산업을 우선 순위로 하여 지원하는 기술개발정책을 펴나가야 할 것이다. 특히 농기계는 농업인들의 힘든 정신적 육체적 노동 부담을 덜어주고 단위 면적당 또는 단위 생산량 당 투입하는 노동시간을 줄여 줌으로써 노동생산성을 올리는데 핵심적 역할을 해온 농자재이다. 미국공학한림원이 발표한 20세기의 위대한 공학기술 중에서 농기계가 7위를 차지했는데 농기계를 이용하여 농부 한사람의 식량생산능력이

2.5인분에서 130인분으로 늘어날 수 있었다고 평가하고 있다.[9]

국내외로 어려움에 처한 우리 농업의 상황에서 시설자재와 농기계 같은 생력화 효과가 높은 농자재를 사용하여 농업생산방식을 노동절약적인 방식으로 전환하면 노동생산성을 높여 농업소득 증대와 경쟁력을 높일 수 있는 여지가 아직 남아 있다고 본다. 여기서는 현재 우리 농업의 신성장 동력원이자 노동생산성의 향상에 있어서 중요한 역할을 하는 농기계 및 시설자재의 기술혁신을 위한 정책방향을 제안하기로 한다.

농기계 산업은 벼농사의 농작업 기계화율이 92%에 이르고 있고, 트랙터를 제외한 주요 농기계의 수요가 교체수요 위주로 재편되면서 시장이 포화상태를 보이고 있다. 이에 따라 농기계 산업의 발전은 농업구조의 변화에 대응하여 농가에서 필요로 하는 농기계를 개발하여 보급하느냐에 따라 좌우 될 것으로 예상된다. 예를 들어 우리 농업이 규모화된 상업농, 중소 전업농, 취미도시농 등으로 영농형태가 분화됨에 따라 이에 맞는 맞춤형 농기계의 개발이 요구되고 있다. 또한 농촌노동력 감소와 고령화가 진행됨에 따라 농가에서는 농기계와 농업시설재에 ICT 기술을 융합하여 농작물의 생육관리를 자동으로 조절하는 시설 및 농기계장치 등을 요구하고 있다. 최근에는 농업 생산의 전과정에 작물생육, 재배시설, 기계장비를 하나로 융합시키는 스마트 농업과 식물공장 시스템 같은 정밀농업분야에 필요한 첨단 농기계 기술에 대한 개발 요구가 높아지고 있다.

이렇듯 ICT 융복합 기술과 농작물 재배기술을 효율적으로 관리할 수 있는 농기계 기술을 개발하면 미래의 농업생산방식이 획기적으로 바뀌면서 농가경제에도 긍정적인 영향을 줄 것으로 기대되고 있다. 농기계는 농가입장에서 고정비용의 부담을 많이 주는 농자재이기 때문에 농기계를 효율적으로 활용하기 위한 다양한 영농전략이 요구되므로 노동생산성과 연계한 농기계의 소

9 강창호, 농업인신문 2012.2.3.(http://www.nongupin.co.kr)

득 평가 시스템이 도입되어야 할 것이다. 그동안 정부의 농기계 정책은 농가의 농기계 비용 부담을 줄이기 위한 농기계 임대사업에 초점을 맞추고 있다. 그러나 장기적인 관점에서 볼 때 농기계를 공동 이용하여 비용을 줄이려는 이러한 사업이 농기계 사용의 궁극적인 목적인 노동생산성을 높여 농업소득을 증대시킬 수 있는 정책수단인지는 냉정히 평가를 해보아야 할 것이다.

국내 농기계산업은 5대 농기계업체를 제외하고 대부분 업체가 영세성을 면치 못하고 있으며 종업원 20명 미만의 영세업체수가 전체의 77%나 차지하고 있다. 농기계산업의 문제점은 설계기술 및 자동제어기술 등 핵심기술의 수준이 선진업체에 비해 상당히 낮다는 점이다. 특히 자동제어기술은 일본수준의 50~70%, 설계기술은 미국수준의 60~80%에 불과하며 금형기술, 판금기술, 품질관리기술 등도 선진국에 비해 열등한 수준이다.

이에 따라 농기계산업의 기술자립화를 달성하여 경쟁력을 갖춘 글로벌 수출전략산업으로 육성하기 위해는 중 · 장기적 관점에서 지향목표를 설정해야 한다. 단기적으로 국산 농기계의 가격 경쟁력을 지속적으로 확보해 나가면서 기술력과 자본력을 키우기 위한 업계의 구조조정이 필요하다. 소규모 농기계 제품의 공동개발 및 부품공용화를 추진하여 원가절감에 노력하고 해외시장을 겨냥한 현지 전략형 수출농기계를 공동 개발해야 한다.

장기적으로 정부는 관련 농기계업체간에 핵심기종 및 부품을 공동개발 할 수 있도록 제도적인 뒷받침을 해주어야 한다. 침체된 농기계 시장을 진작시키기 위하여 자연조건, 경제력 수준, 기계화 정도 등에 따라 국가별 수출시장 확대 전략을 마련하여야 할 것이다. 농기계의 품질경쟁력을 높이기 위해서 연구개발 및 합작투자 등을 통하여 원천기술의 수준을 높여나가야 한다. 산학연 공동연구체제를 구축하여 연구기반시설과 연구개발자금을 지원하고 첨단 농기계의 공동 R&BD를 위해서 연구개발 클러스터 산업단지를 조성 지원하도록 한다.

시설농자재는 시설골조자재, 피복자재, 관수자재, 시설환경자재로 분류 할 수 있으며 비닐온실과 경질판 온실, 유리온실 등 주로 시설원예와 기타 축산

시설을 위한 자재로 사용되고 있다. 시설원예의 경우 2020년까지 시설재배면적은 2015년을 기준으로 비닐온실은 3,565ha가 많은 5만6,319ha, 경질판온실은 60ha 많은 336ha, 유리온실 면적은 2008년보다 69ha 많은 399ha가 될 것으로 전망되고 있다.[10]

시설농자재 산업은 최근 자재중심의 제조기술에서 벗어나 ICT 기술을 접합함으로써 농업 생산성을 크게 높여 신성장 농업을 선도할 수 있는 주요한 소재부품형 농자재산업으로 주목을 받고 있다. 향후 ICT 기술이 전 농작물의 생산분야에 걸쳐 도입되면 미래의 농업은 스마트 농업과 식물공장으로 대표되는 농민 없는 농업시대가 도래할 것이다. 농기계와 화학약품으로 유지해온 현재의 농업방식을 실험실에서 배양이 가능한 생산방식으로 그리고 ICT기술로 획기적인 생력화와 제조형 정밀농업이 가능해지면서 옥외 농업이 종말을 고할 것으로 예측되고 있다.[11]

우리나라의 경우 원예시설에 센싱, 모니터링, 제어 등의 IT 장비를 설치하여 작물의 생육환경을 모바일 PC를 통하여 모니터링하고 제어할 수 있는 스마트 그린하우스 보급을 추진 중 이다. 과수작물에는 첨단 센싱 병해충 예찰, 제어 등의 ICT 장비를 설치하여 생산비 절감 및 고품질 과일의 생산을 유도하고 있다,

축산시설에는 온도센서, 화재센서, 인터넷CCTV 등을 이용한 환경제어 · 위험관리와 자동급이기 등을 활용한 사양관리로 효율적인 가축사육으로 생산성을 높이는 시도를 하고 있다. 이는 ICT 기술을 기존의 시설농자재에 접합시켜서 농업생산에 활용하면 농산물의 품질과 생산성을 높이고 농업소득을 증대시킬 가능성이 높다고 보기 때문이다.

농업 생산 단계의 효율성, 품질 제고를 위하여 ICT 활용범위가 넓어지는 추

10 권오복외(시설농자재 산업의 발전방안 연구, 2009)

11 제레미 리프킨(노동의 종말, 2005)

세이며 최근 가공, 유통 단계 및 관리 경영 영역으로도 ICT 기술의 융복합이 빠르게 확장되고 있다. 센서/네트워크, 메카트로닉스(Mchatronics), 인공지능(AI), 로봇, 스마트디바이스 등이 대표적인 농업 ICT 융합 기술이며 이들 기술을 기반으로 스마트 농업생산 시스템, 식물공장, 지능형 농작업기 등이 농자재 산업의 주요 전략 기술로 부각되고 있다, 최근 빅데이터, IoT, 클라우드 등 신 ICT 기술을 농업생산에 활용가능성에대한 관심도 커지고 있다,

농자재 시설에 ICT 기술을 접합함으로써 시설농가의 노동시간이 줄어들고 품질이 향상되는 등 생산성을 높여주는 성과도 있으나, 시설 노후화 및 간이 비닐하우스가 많아 아직 농업 ICT 융복합 기술의 확산에 한계가 있으며 선진국과 비교해 기술수준과 운용능력도 아직 낮은 수준이다. ICT 기술은 동태적으로 변하기 때문에 영세한 업체들의 기술수준과 자금 사정상 연구개발 투자의 위험성 때문에 실제 시설농업현장에 ICT 기술을 접합하여 사업화하는데는 많은 난관이 있다.

농업 ICT 기술은 BT와 ET 기술을 정교하게 융합할 수 있어야 농업생산성을 높일 수 있는데 아직 관련 산업간에 협력적인 교류체계가 형성되어 있지 않고 있다, 특히 고도의 정밀성이 요구되는 스마트 농업이나 식물공장에 투입되는 ICT 농자재의 관리에는 빅데이터에 기반한 정밀농업관리체계가 필요한데 산업계 내부에서 준비가 거의 안 된 초보적인 기술 수준 상태이다.

농업생산 현장에서 실용화가 가능한 ICT 융복합 시설 농자재를 보급하기 위해서는 IT, BT, NT 등 관련 융합기술에 대한 연구개발 투자가 선행되어야 하며 기획단계에서부터 농업인들이 참여하는 추진체계가 마련되어야 한다. ICT 융복합 시설 농자재산업에는 최첨단 기술과 고도의 연구개발 능력을 갖춘 업체가 참여해야 하므로 규모화, 조직화가 필요하고 자본과 기술이 풍부한 대기업이 전략적으로 참여하도록 하는 것도 검토해야 할 것이다.

단순히 영농비용을 절감하기 위한 방안의 일환으로서 농자재 가격을 낮추려는 대책은 농업후방산업으로서 농자재 산업이 담당하고 있는 중요성을 인

식하지 못한 것이다. 농자재는 저비용 고품질 농업생산체계를 구축하는데 있어 핵심적 소재부품으로서 농자재의 구입비용 이상으로 생산성 향상과 소득 증대 효과를 통해 그 이상을 보상받을 수 있게 해주는 생산수단이기 때문이다.

제5절 식품산업의 기술개발 전략

1. 식품산업의 현황[12]

국민소득의 증가에 따라 가공식품 소비와 외식 지출이 지속적으로 증가함에 따라 식품산업은 시장규모가 커지고 빠른 속도로 성장하고 있다. 건강, 웰빙에 대한 소비자의 관심이 점차 증대하면서 천연 농산물을 이용한 건강기능식품, 편의식품, 전통식품(ethnic food), 화장품, 천연의약품 등 식용과 비식용 농산물 소비가 모두 증가하고 있다. 2007년 "식품산업진흥법"이 제정되고 "농업 · 농촌 · 식품산업기본법"이 개정됨에 따라 농정은 기존의 농업생산중심의 정책에서 벗어나 식품과 소비자를 키워드로 한 정책으로의 전환을 시도하고 있다. 식품산업은 농산물의 부가가치를 높일 수 있을 뿐만 아니라 농산물의 시장을 확대한다는 측면에서 정책적으로도 점점 중요해지고 있다. 이에 따라 2008년부터 식품산업정책이 농식품부의 주요 정책대상으로 등장하고 있으며 식품산업과 국내농업을 연계시키기 위한 노력이 활발해지고 있다.

한국 농업이 국민경제에서 차지하는 비중은 매년 감소하고 있으나 식품산업이 농림관련 산업에서의 상대적 중요도는 점차적으로 증가하고 있는 추

12 최지현(국내외 식품산업 동향과 농협식품사업의 당면과제, 2016)의 내용을 재정리하였음.

세이다. 산업별 부가가치 및 비중을 표 8-8에서 살펴보면, 1차 산업인 농림생산업이 전체 산업에서 차지하는 비중은 2000년 4.6%에서 2015년 2.3%로 지속적으로 감소하였다. 농림업과 식품산업을 더한 농업 관련 산업의 측면에서 보면 농업의 비중은 54.5%에서 36.6%로 감소한 반면 식품산업의 비중은 45.5%에서 63.4%로 상승했다. 이는 2000년 이후 식품소비의 다양화, 고급화, 간편화 등 식품소비 패턴의 급격한 변화와 1인 가구의 증가, 여성의 사회 진출 증대 등 사회인구구조의 변화에 크게 기인한다.

식품제조업이 국내총생산(GDP) 및 제조업부가가치에서 차지하는 비중은 감소 추세이다. 이는 식품제조업의 생산액 및 부가가치는 지속적으로 성장했지만 산업구조의 변화로 성장세는 다른 제조업분야에 비해 상대적으로 둔화되었기 때문이다. 식품제조업의 부가가치는 2000년 10.0조원에서 2015년 18.9조원으로 증가하였으나 제조업 전체 부가가치 대비 식품제조업 부가가치의 비중은 2000년 6.1%에서 2015년 4.5%로 오히려 감소하였다.

표 8-8 농업 및 식품관련산업의 부가가치 변화

구분	2000년			2005년			2015년		
	부가가치(10억원)	비중(%)		부가가치(10억원)	비중(%)		부가가치(10억원)	비중(%)	
		부가가치(A)대비	농업관련 산업(B) 대비		부가가치(A)대비	농업관련 산업(B) 대비		부가가치(A)대비	농업관련 산업(B) 대비
총부가가치(A)	538,547	100.0		775,832	100.0		1,417,608	100.0	
농업관련산업(B)	45,744	8.5	100.0	49,717	6.4	100.0	89,562	6.3	100.0
농림생산업	24,939	4.6	54.5	25,853	3.3	52.0	32,741	2.3	36.6
식품산업	20,805	3.9	45.5	23,864	3.1	48.0	56,821	4.0	63.4
식품제조업	9,623	(1.8)	(21.0)	11,251	(1.5)	(22.6)	18,868	(1.3)	(21.1)
외식산업	11,182	(2.1)	(24.4)	12,613	(1.6)	(25.4)	37,953	(2.7)	(42.0)

자료: 최지현(2016)

식품산업은 원료 농수산물을 이용한 식품의 가공, 제조, 보관, 운송, 유통, 조리 및 소비 단계에서 이루어지는 제반 활동으로 구성되어 있으며, 식품 자체는 물론 식품첨가물, 기계, 설비, 용기, 포장재 등을 포함하고 있다. 이러한 식품산업은 농산물 소비의 연장선상에 있어 농업성장을 견인하는 산업이며 식량안보와 직결되어 있어 식품산업을 농업정책의 한 부분으로 관리해야 한다. 과거 농산물의 생산 내지는 공급중심의 정책에서 벗어나 시장 혹은 소비지향적인 정책으로의 농정전환이 요구되고 있어 식품산업과 농업의 효율적인 연계방안을 모색할 필요가 있다. 이와 같은 인식하에서 정부는 국내 농업과 식품산업과의 연계 강화을 위한 전략으로 지역 농산물 가공산업의 육성, 국산 농산물의 가공수요 확대, 전통가공식품의 생산 소비 활성화, 전통식품 발굴 및 산업화 추진, 한식의 세계화 등을 중점 정책으로 추진하고 있다.

지역 농산물 가공산업을 육성하기 위해 정부는 다양한 정책을 추진하고 있다. 지역 농산물 가공업체의 경영활성화를 유도하기 위해 경영평가를 통한 지원업체를 등급화하여 차등 지원하는 등의 구조조정 정책을 추진하고 있다. 또한 HACCP, GAP 등 선진위생관리기법 및 효율적인 운영시스템 도입을 위한 지원을 강화하여, 소비자 신뢰를 구축하고 수입식품과의 차별화를 높이는 정책을 실시하고 있다. 한편 공동 브랜드의 개발과 제품별, 소비권역별 연합회를 통해 공동브랜드 · 공동판매망을 구축하는 정책도 추진하고 있다.

한편 국산 농산물의 가공수요 확대를 위해서, 정부는 단체급식을 포함한 외식업체에 대한 우수 식재료 공급체계의 구축과 국산 식재료 사용실적이 우수한 가공업체,단체급식업체, 외식업체를 대상으로 한 인증제 도입을 추진하고 있다. 또한 생산자단체와 수요처를 연계하는 정보시스템의 구축을 추진하고 있다.

2008년 6월 식품산업 정책의 법적 근거인 '식품산업진흥법'이 시행되면서 식품산업정책이 이 본격적으로 시작되었다. 이에 따라 농식품부는 2008년 11월 '식품산업종합대책'을 발표하고, 2011년 9월 에는 2단계 정책으로 기존의

'식품산업종합대책'을 수정 · 보완하여 식품산업진흥 기본계획을 수립 · 발표하였다. 2008년에 수립한 '식품산업종합대책'은 급변하는 시장 변화를 반영하지 못하고 있으며 농어업과의 연계방안이 미흡하다는 평가 등 종합대책을 대체하는 식품산업진흥 기본계획을 수립하게 되었다. 식품산업진흥 기본계획은 정부의 2단계 식품산업 진흥 정책으로 2012부터 2017년까지의 식품산업의 발전 방향을 제시하고 있다.

2013년 식품안전관리가 식품의약품안전처로 일원화되면서 농식품부의 식품정책은 식생활정책과 식품산업정책이 새롭게 조명되면서 새로운 식품정책을 수립하였다. 신식품정책은 바른 먹거리, 건강한 국민, 산업의 도약을 비전으로 제시하고, 국민식생활개선, 농식품 품질관리 강화, 농식품 안전관리 기반 구축, 국산 농산물 수요 확대, 식품산업의 경쟁력 제고, 외식산업화 및 한식 진흥으로 6개 분야에 걸쳐 중점추진과제를 발굴 추진하고 있다.

국민 식생활개선 및 영양개선분야는 식생활교육의 근간인 식생활지침의 부처별로 분산 제정 · 운용되고 있고, 저소득층(기초생활보장 수급대상) 중 식품미보장가구가 21.1%, 영양섭취 부족인구가 28.7%에 달해 국민 식생활 및 영양부족 문제가 새로운 정책과제로 부각됨에 따라 정부 공통의 식생활지침 마련과 식생활교육 강화 및 취약 계층 지원의 필요성이 커지면서 식생활지침 제정과 영양 취약계층 지원 강화를 추진하고 있다.

농식품 품질관리부문은 인증표시제 관리 강화를 통해서 생산자와 소비자를 보호하는 방향으로 역량을 강화하고 농식품 안전관리는 우수농산물관리제도(GAP)와 위해요소중점관리기준(HACCP)의 생산단계의 농축산물 안전관리 강화에 중점을 두고 식약처 등 관련부처와 협업체계를 수립시행하고 있다. 2012년 기준 식품원료 중 국산원료 이용비율이 29.7%에 불과하고 국산농산물의 가공이용을 촉진하는 대책과 노력도 미흡한 것으로 평가됨에 따라 가공용 종자개발, 소재 · 반가공산업의 육성, 국산식품의 시장차별화정책이 추진되고 있다.

식품산업의 경쟁력 제고를 위하여 정부는 노인식, 유아식 등 미래전략품목의 육성, 수출지원체계의 확립 등을 통해서 식품연관산업의 활성화 및 기능별 수출대책을 품목별, 국가별로 대책을 수립 추진하고 있다. 또한 외식산업의 선진화와 한식의 진흥분야는 외식산업 서비스인증제 도입, 민간자율 음식점 평가제 도입, 음식관광의 활성화에 중점을 두고 있다. 그리고 식품외식산업분야의 인프라 구축을 위하여 소비량 통계 구축 등 통계정보의 제공, 인력양성, R&D 확대 및 규제개선을 위한 정책을 지속적으로 추진하고 있다.

2. 식품산업의 기술개발 전략[13]

2014년 세계 식품산업규모는 약 5조 3천억 달러로 IT 산업의 1.8배, 자동차산업의 3.2배, 철강의 약 5.1배 수준이다(Datamonitor, 2015). 세계 인구의 증가와 신흥 개발국의 성장에 따라 2020년 세계 식품산업 규모는 6조 4천억 달러에 이를 것으로 전망된다. 미국과 유럽 등 식품산업 선진국들은 식품산업의 국민경제적 역할과 중요성을 인식하고 식품산업 R&D 투자를 정부 주도보다는 민간기업들이 자체 투자와 기술경쟁력 강화로 식품산업을 선도하고 있다. 이에 비해 우리나라는 소수의 대규모 식품회사를 제외한 대부분의 식품제조업체들이 중소기업으로 영세적인 기업경영구조를 가지고 있고, 자체적인 R&D역량 부족과 자체 투자 저조로 국제 경쟁력이 약화되고 있는 실정이다.

정부는 현재 원재료의 수입 의존도가 높은 식품산업의 구조를 개편하여 국내 농림수산업 기반의 지역농산물과의 연계 강화 모색과 전통기술과 첨단기술의 융합을 통한 신제품 개발 등 1차 산업인 농림수산업과 식품산업의 상생도모를 위해 '농림수산식품과학기술육성 종합계획'과 '식품산업진흥 기본계

13 박은우외(식품산업 관련기술의 수준향상 및 지원체계의 개선방안, 2012)의 내용을 재정리하였음.

획'을 수립하는 등 식품산업 진흥정책을 적극 추진하고 있다.

정부의 적극적인 정책 추진으로 식품산업에 대한 연구개발비는 지속적으로 확대되었으나 전문연구인력 부족에 따른 연구역량 저하 및 우수농식품기술 창출 부족, 연구관리 효율성 및 지원전략 미흡, 식품기술정보 · 통서비스 미흡 등으로 신기술의 실용 · 산업화가 부진하여 전반적인 식품산업 지원체계의 체질강화가 필요한 실정이다.

정부는 식품산업을 중심으로 현재의 식품산업과 관련된 공공 R&D 추진체계를 검토하여 각 기관간 중복된 R&D 투자를 최소화하여 효율적인 R&D 투자가 이루어질 수 있는 관련기관간 R&D 역할분담 방안을 찾고, 식품산업의 기술수준을 높일 정책적 방안을 강구하고 있다.

식품 기술은 세계 선진기술 보유국 대비 33~65% 수준인데, 특히 식품원료와 소재기술분야가 전반적으로 낮은 기술수준을 보였고, 대부분의 기술은 도입기, 성장기 단계에 머물러 있으며 식품유통에 있어 품질관리를 위한 분석 및 제어 기술 개발이 요구되고 있다.(표 8-9) 식품산업기술 중에서 식품 안전성 평가 기술은 2008년 이후 최고기술보유국을 크게 추격한 기술로 기술격차는 4.0년이며 그 중 식품위해인자 검출 및 추적 기술의 기술격차는 6.6년(2008년)에서 2.9년(2010년)으로 2년간 3.7년이 단축되었다. 식품산업에 유용한 생물촉매 및 생물공정 개발 기술과 유해독성물질 검역 및 평가 기술의 기술수준은 높고 2008년과 2010년에 걸쳐 최고기술 보유국과의 기술격차가 적어 집중투자를 통해 최고기술 확보 가능성이 크다. 하지만 식품자원 활용 및 관리 기술은 6.7년(2010년)으로 기술격차가 크고 특히 1차 산업 생산물 고부가가치화 가공기술은 오히려 기술격차가 8.4년으로 벌어지고 있다.

표 8-9 한국의 식품산업기술수준(2009년)

기술분야	핵심기술	기술수준(%)
식품안전과 품질관리	식품 위해인자 검출 · 추적 기술	40
	식품 위해인자 평가 · 제어 기술	65
식품원료와 소재	물질 탐색 및 효능평가 기술	33
	구조분석 및 개량 기술	45
	기능성식품 개발 기술	43
	생명 공학 기술	48
식품가공	천연 유래 식품 신소재 개발	65
	미래형 식품 신가공공정 개발	53
	식품 기능성 제고 천연첨가물 개발	60
	농축수산물 가공부산물 활용 기술 개발	63
	신선편의 식품 제조공정	53
	전통식품 세계화기술 개발	52
식품유통과 서비스	농식품 품질변화 측정 및 분석 평가기술	30
	농식품 유통환경 조절 및 제어기술	33
	농식품 수출물류 대응기술	60
	친환경 녹색유통기술 및 시스템 개발	65
	식품서비스(급식 · 외식)	55

자료:박은우외(2012)

2.1 식품안전 및 품질관리기술

소비자들은 최소한의 공정을 거친 식품을 선호하며, 화학첨가제가 함유된 식품을 기피하고 있어 전자기 활용, 가스치환과 같은 물리적 처리법과 천연 항균물질이 선호되고 있으며 되도록 짧은 시간에 식품의 품질을 저하시키지 않으며 안전성과 저장기간을 증대할 수 있는 기술들이 요구되고 있다. 외식과 급식의 보편화로 식품 안전사고의 발생이 줄어들고 있지 않기 때문에 실시간으로 품질을 확인/관리하려면 원료를 파괴하지 않은 채 신속히 여러 성분을 동시 측정할 수 있는 분석기기의 개발이 요구되고 있다.

따라서 식품 안전관리 기술은 국민 건강을 위한 안전한 식품을 생산하기 위한것이므로 국가가 직접 주관하여 산학관연이 협동하여 기술을 개발하고 식품의 생산 및 유통 단계에서 관련 기술을 적용시켜야 할 것이다. 식품 위해요소 검출기의 실용화와 산업화를 촉진시키기 위해서는 국내 대기업과 정부연구기관 사이의 협력이 수반되어야 하는데, 나노기술, 바이오센서 개발 등의 첨단기술 응용 연구는 반도체 공정 설비와 같은 고가 장비 접근 기회에 따라 연구 성과가 차이날 수 있다. 때문에 앞선 선진기술과의 격차를 줄이기 위해서는 고가장비나 나노기술제작공정 등을 연구자들이 손쉽게 이용할 수 있게 하는 제도적 뒷받침이 필요하다.

식중독균을 신속검출하기 위한 다양한 검출 키트(Kit)가 상업화되었지만 국내 유통 중인 대부분의 검출 키트는 외국제품이기 때문에 이를 대체할 다양한 국산 키트와 휴대용 검출기기가 개발되어야 할 것이다. 식품위해요소에 의한 사고예방, 신속대처, 확산방지를 위해서는 누구나 현장에서 안정되게 진단할 수 있는 시스템과 현재보다 더 신속, 고감도, 동시, 간편, 현장형 검출법 개발 연구가 요구된다.

2.2 식품원료와 소재기술

식품소재의 범위는 '식품첨가물과 가공식품 중 완제품을 제외한 식품으로로 볼 수 있는데, 관련업계에서는 식품소재를 기능성을 가진 기능성 식품소재와 그렇지 않은 일반식품소재로 구분하는 것이 관례화되어 있어, '식품첨가물', '일반 식품 소재', '기능성 식품 소재' 3가지의 범주로 구분이 가능하다. 식품산업은 고부가가치화를 통한 새로운 시장 수요 창출도 가능하지만 포장산업, 용기산업, 기계설비산업 등 관련산업의 동반성장을 유발할 수 있다.

식품소재는 식품산업의 높은 수요에도 불구하고 수입의존도가 높아, R&D

를 통하여 이 분야를 육성한다면 수입대체 효과가 큰 분야이며 중국, 동남아 등 앞으로 가공식품수요가 크게 증가하는 신흥시장으로의 수출 잠재력도 매우 높은 분야이다. 식품산업의 발전을 위해서는 기반산업인 식품소재산업의 발전이 핵심 관건이며 품질경쟁력을 갖추기 위해서는 새로운 식품소재의 이용과 신기술을 적용한 설비 구축 등이 필요하다.

식품첨가물의 경우 품질 및 가격경쟁력이 열위에 있어 선진 기술의 R&D를 통하여 국내에서는 고부가가치 품목의 생산에 집중하도록 선택과 집중이 필요하다. 기타 식품첨가물은 중국, 인도 등 원료가 풍부하고, 노동력이 저렴한 국가에 진출하여 개발 수입하는 방안 모색이 필요하다.

식품소재산업은 초기투자비가 과도하게 소요되는 사업으로 과도한 투자를 하지 않고도 생산에 필요한 시설을 활용할 수 있는 인프라를 현재 구축중인 국가식품클러스터 단지를 활용할 필요가 있다. 국가 식품클러스터를 통해 기업이 신제품 생산을 위한 투자를 결정하기 전, 사업성을 판단할 수 있도록 시제품 생산에 필요한 파일럿 플랜트를 설치하여 적극적으로 이용하도록 하고, 개발된 식품소재의 안전성 검사, 임상실험단계까지 정부의 지원이 이루어지도록 해야 한다.

식품가공기술의 발달과 식품산업의 발전으로 정밀 식품기계에 대한 수요가 증가하고 있고, 특히 육류, 어류, 가금류 제품과 간편 조리식품과 가공식품의 증가에 의한 패키징 사용량이 증가하고 있는데, 식품산업의 품질경쟁력을 갖추기 위해서는 신기술을 적용한 기계 및 시설장비의 구축 등이 필요하다. 식품가공기계의 국산화 사용 비율을 증대하기 위해서는 다양한 종류의 기계장비와 부품의 생산이 이루어 져야 하고, 가공 단계별, 공정별, 소재별로 표준화된 규격을 정하여 이를 기준으로 기계와 장비 및 부품을 생산하고 인증 제도를 도입하여 공신력 있는 기관에서 성능을 검증받는 시스템이 구축되어야 한다.

2.3 식품가공기술

식품산업에서 기능성 식품가공기술이 중요한 이유는 국민보건과 국가경제의 파급효과 때문이며, 산업체 입장에서도 제품화하여 판매되는 것이 가장 큰 목적이기 때문에 기능성 성분의 검정뿐만 아니라 공장 수준의 공정개발 및 품질관리 기술의 개발이 필요하다. 기능성 식품 관련 기술로는 탐색 기술과 제품화 기술은 식품공학 전반을 망라함으로 기능성 인정에 가장 핵심이 되는 소재화 기술(원료소재의 표준화, 안전성 확보, 기능성 확보 기술 등)을 중심으로 개발되어야 한다.

식품산업의 웰빙 트렌드에 맞춰 전통 식품인 김치 · 절임류, 젓갈, 장류의 저염화 및 대체 염을 사용한 발효조건과 저염화에 따른 부패변질을 방지할 수 있는 방법과 발효식품의 독성물질 저감화 기술 개발이 필요하다. 또한 전통식품의 대량생산을 위한 제조 및 공정 표준화 기술이 개발될 필요가 있다.

식품 원료와 제품을 고품질의 신선도로 유지하면서 식중독과 부패를 방지하는 기술로 최소가공 기술(minimal processing technology)이 있다. 최소가공 기술이란, 식품 본래의 신선한 품질을 그대로 유지하면서 식중독 및 부패 미생물을 최소화시켜 저장기간을 연장시키는 최소 처리 (the least possible treatment) 가공 기술을 말한다.

식품의 저장기간을 단축시키는 대표적인 원인으로 효소에 의한 품질 저하와 미생물에 의한 부패를 들 수 있으며, 식품의 보존성을 향상시키기 위하여 전통적으로 가열, 건조, 냉동 등의 물리적 방법이나 보존료 첨가와 같은 화학적 방법을 사용하여 왔다. 그러나 가열 공정은 열에 의한 영양 성분의 파괴, 텍스처와 색의 변화, 향기 성분의 손실 등 품질 저하를 피할 수 없다. 냉동이나 건조 방법도 품질 저하없이 장기간 저장하기 위하여 비열가공 기술(non-thermal process)과 무균 포장 기술개발이 요구되고 있다.

또한 소비자들이 신호하는 신선편의 식품은 건강지향성, 편의성, 환경친화성 등 다양한 장점을 가지고 있으나 저장기간이 짧다는 문제점이 있기 때문에 생화학적 변화와 미생물학적 변패를 최소화할 수 있는 효과가 우수하고 실제 현장에 적용 가능한 세척살균 기술 개발이 필요하다. 양상추, 양배추 등 채소는 박피, 절단 등 가공처리에 의해 조직 연화, 절단면 공기 노출에 의한 효소적 갈변, 미생물의 오염 및 증식, 호흡 증가 등으로 초기 상태에 비하여 선도가 현저히 떨어지는 문제가 있다. 특히 효소적 갈변 방지나 위해 미생물 저감화를 위한 세척살균 기술은 신선 편의 제품의 유통량이 증가하면서 매우 중요한 개발과제가 되고 있다.

2.4 수확후 관리 기술[14]

수확후 관리는 수확된 산물의 선별, 예냉, 저장, 포장, 수송 등에 이르는 전 과정에 대한 기술을 전문적으로 적용함으로써 품질을 유지하고 상품성을 최대한 증진시키는 활동을 총칭한다. 즉 농산물 유통, 물류, 소비자유통, 매장 등 생산자로부터 소비자에게 상품이 전달되기까지 전반에 걸친 일련의 과정 및 활동을 포함한다. 농산물의 등급이나 포장, 물류 등 표준규격 준수와 식품 안전성 확립에까지 수확후 관리기술은 큰 영향을 미치고 있다.

수확후관리 기술은 분야가 체계화 되어 있지 않고 산재해있는데다 이를 패키지화 하여 효율성을 높일 수 있는 연구는 미흡한 실정이다. 미국이나 네덜란드 등은 1970년대부터 '수확후관리기술'의 활발한 연구와 기술보급이 이루어지고 있지만 한국은 2000년대에 들어서야 본격적인 연구가 시작되었다.

농산물의 세척, 저장, 유통 등 다양한 분야의 수확후 기술은 품목별 필요 기술의 종류가 많아 체계화가 미흡한 상황이므로 현장에서 적용할 수 있는 실용화 기술개발이 필요하다. 유통시설의 하드웨어와 소프트웨어간의 연계성을 높이고 효율적인 장비 제어를 위한 소프트웨어 프로그램개발이 필요하다.

수확직후의 품질을 유지하고, 수확후 손실을 줄여 생산자에게는 수익을 높

14 이상현외(농림축수산물 품질관리 유통기술 R&D동향 및 시사점, 2011)의 내용을 발췌 정리함.

여주는 농산물의 신선도 보존 기술은 지속적인 개발이 필요하다. 저온유통시설은 고습도 유지성능이 미흡하므로 고습도를 유지하는 유닛쿨러 기술개발이 필요하다. 또한 예냉 · 저온 저장 농산물의 유통구조를 생산자-산지종합처리장-대형유통업체 · 온라인 마켓-소비자 등으로 단순화할 필요가 있다. 그러기 위해서는 농산물이 다품목 소량생산인 점을 감안해 예냉, 수송, 저장 등이 가능한 통합형 저온유통 체계 구축을 위한 기술개발이 필요하다.

참고문헌

강창용(1999). “농업기술개발 투자의 문제와 개선방향”.「기술혁신학회지」. 2(3).

강창용외(2012), 농림업 후방연관산업의 전략적 발전방안 연구, 연구보고 R665, 한국농촌경제연구원.

강창호(2012) 농업인신문 칼럼 (http://www.nongupin.co.kr).

강태진(2006) 식품산업현황과 발전방안, Biowave Vol.8 No.22.

권오복(2009),『네덜란드 농업 R&D 역사, 예산, 그리고 성과』, 한국농촌경제연구원.

권오복외(2009), 시설농자재산업의 발전방안 연구, C2009-48, 한국농촌경제연구원.

권오복외(2009), 농식품 R&D 전망과 정책과제, 연구보고 R594, 한국농촌경제연구원.

권용대(1993), 농업기술의 발전동향과 연구개발전략의 재조정문제, 농업정책연구, 20권2호.

김동욱 외(2009).「농업 R&D · 보급효율화 및 성과평가 관리체계 개선 연구」. 서울대학교 행정대학원 · 농촌진흥청.

김동환(2015), 농업의 미래성장산업화 전략, NH 농협 조사월보, 2015.6월호(재발간 2호).

김미복외(2014), 농업구조변화, 농가경제, 정책의 시사점, 한국농촌경제연구원.

김병률외(2009), 농업경쟁력 저해요인 실태분석을 통한 농업부문 경쟁력제고 방안 연구, R586, 한국농촌경제연구원.

김병률 외(2009),『신농업 비전과 전략』, 한국농촌경제연구원.

김병률외(2011), 농림수산서비스산업 발전방안 연구, C2011-31, 한국농촌경제연구원.

김상태(2013), 우리나라 농식품 R&D 추진체계현황과 향후 개선방향, 과학기술정책 23권 1호.

김완배외(2000), 농업관련산업에 대한 통계지표개발, 서울대 농업과학연구소.

김용택외(2000), 농업생산성 제고방안, 수탁연구, 한국농촌경제연구원.

김정호외(2000), 한국의 농업기술 발전과 대중국 협력 가능성, MIMEO.

김정식(2007), 농업과학기술의 전망과 방향, IPET 칼럼.

김정호 · 신완식.(2008). 농식품 산업의 신성장동력과 R&D 전략. 농업전망 2009. 한국농촌경제연구원.

김철민외(2008), 농림수산 관련산업의 부가가치 및 종사자수 추정, 한국농촌경제연구원.

노재선 · 홍준표 · 권오상(2004). “한국 농업의 연구개발 투자 효과분석.「농업경영 · 정책연구」. 31(2).

농림기술관리센터(2008), 농산업 R&D 로드맵.

농림수산식품기술기획평가원(2009), 『농림수산식품 과학기술 기본계획 수립연구』.

농림수산식품기술기획평가원(2015), 농림식품과학기술분류체계 설명자료.

농림수산식품기술기획평가원(2013), "2013년 미국과 일본의 농식품 R&D 전망", 『농림수산식품 R&D해외동향』., 제2013-3호.

농림수산식품부(2008). 농자재 산업발전대책, 농가경영안정 T/F.

농림수산식품부(2011). 식품산업진흥기본계획(안)(2012~2017년) 식품산업정책관.

농림축산식품부(2013), "농림과학기술 육성 중장기계획 수립", 2013. 7. 8.

농림축산식품부(2013).농업경영비 절감을 위한 농자재 산업종합대책.

농림축산식품부(2016), 제 2차 농림식품과학기술 육성 종합계획(2015~2019).

농촌진흥청(2015), 농업경영개선을 위한 농축산물 소득자료집, 각년도.

농촌진흥청(2006), 농업과학기술 중장기 연구개발계획(안).

농촌진흥청(2007), 농업과학기술 및 농산업의 국가기술수준 평가에 관한 연구.

농촌진흥청 국립농업과학원(2010), 선진외국의 최근연구개발 동향.

농촌진흥청(2014), 2014 농산업 트렌드, RDA 인테러뱅 제116호.

박기환(2010), 종자산업의 현 주소와 나아갈 방향, 농정포커스, 한국농촌경제연구원.

박성재외(2010), 2020 농어업 · 농어촌 비전과 전략, 한국농촌경제연구원.

박우희(2001), 『기술경제학개론』, 서울대학교출판부.

박은우외(2012) 식품산업 관련기술의 수준향상 및 지원체계의 개선방안, 서울대학교 산학협력단.

박정근(2004), 농업발전경제학, 박영사.

박정근(2007). 「농업연구개발 정책」. 박영사.

박정근(2007). 농업기술발전의 장기전망, 위탁연구보고서 D233-2.

박효근(2013), 한국 농업과학기술의 혁신 패러다임 변화와 대응, STEPI 368회 과학기술정책포럼.

서종혁(2007) 한국농업기술 이노베이션: 성과와 선택, 연구총서 25, 한국농촌경제연구원.

신태영 외(2009), 『농림수산식품 과학 기술 기본계획 수립연구』, 과학기술정책연구원.

신태영(2009), 「전환시대 농산업의 R&D 혁신 전략」, 공학한림원 주최 제13회 심포지움 발표자료. pp. 63-77.

안병일(2010), 지역농업과 식품산업의 연계방향, 농업생명과학연구 44(2) pp.75-84.

오세익외(2000) 농업기술보급체계 및 현장영향평가, 연구보고 C2000-42, 한국농촌경제연구원.
유영봉(2003) 한국농업의 성장과 기술변화의 특성:1951~2000, 농업경제연구 44권 2호.
유영봉(2007), 한국농업의 미래를 위한 제안, Lecture 6, GS&J 인스티튜트.
유춘권외(2013), UR전후 농업생산성의 변화와 시사점, NHERI 레포트, 농협경제연구소.
윤명중(2013), 일본농업의 경쟁력 강화를 위한 정책방향, 세계농업 제154호, 한국농촌경제연구원.
이공인, 최규홍, 김유호(2011), “새로운 성장동력, 식물공장”, 『RDA Interrobang』, 10호, 농촌진흥청.
이근(2004), 과학기술의 새로운 패러다임과 경제, 정보통신정책연구원.
이동현외(2011), 주요 작목별 가치창출을 위한 생산유통프로세스 분석, 농촌진흥청
이병철(2013), 농업R&D성과 사업화를 통한 농업기술 선진화 방안, 과학기술정책 23권 1호
이병훈외(2013), 농업경쟁력 평가지표 개발연구, 정책연구보고 P177, 한국농촌경제연구원
이용선외(2016), 농업 · 농촌 · 식품산업의 미래비전과 지역발전전략, 정책연구보고 P123, 한국농촌경제연구원,
이상현, 조하영(2011) 농림축수산물 품질관리 · 유통기술 R&D 동향 및 시사점, 한국과학기술기획 평가원(KISTEP)
이주량 외(2010), 농산업 환경 변화와 10대 미래유망 농산업 기술, 한국공학한림원.
이주량, 정윤정(2010), 농산업 R&D 투자/생산성 국제비교 및 포트폴리오분석, 과학기술정책연구원.
이주량(2013),농업의 신성장동력화를 위한 기술혁신 제언, 『STEPI Insight 제122호』, 과학기술정책연구원.
이주량(2013),미래 농업R&D의 이해와 우리의 선택, 과학기술정책 190호, 과학기술정책연구원.
임송택, 양승룡(2013),식품공급산업의 정의 및 부가가치 추계, 농업경영 · 정책연구 제 40권 제 3호, pp. 816-840.
정도영외(2010), 농림어업의 총투입 및 총수요 구조변화 추이분석 - 투입산출 요인분해를 중심으로, 한국경제학보 제17권 제2호.
조성제외(2011) 우리나라 농식품 수출부문의 경쟁력향상 방안 연구:포터의 다이아몬드 모델을 중심으로 통상정보연구 13(3):249~274.
조승연(2002). 농업기계화와 농업생산조직의 변화 생활문물연구 제4호.

제레미 리프킨 (2005), 노동의 종말, 민음사.

최지현외(2013), 농어업부가가치의 새로운 창출을 위한 식품산업의 장기발전전략(5/5), 한농촌경제연구원, 2013.

최지현(2016), 국내외 식품산업 동향과 농협식품사업의 당면과제, NH 농협조사월보, 2016년7월호(재발간 15호).

현병환 (2009). "농업 R&D의 재도약, 연구생산성 향상의 길". 「시선집중 GS&J」. 83.

홍미영.김은정(2015) 스마트 농업실현을 위한 농림수산식품 R&D의 추진방향 및 과제, ISSUE PAPER 2015-07, 한국과학기술기획평가원(KISTEP).

Andy Hall(2007) Strengthening Agricultural Innovation Systems: Where Do We Go From Here? UNU-MERIT Working Papers 038.

David M, Saxowsky etc at al (1998), Understanding Agriculture's Transition into the 21st Century: Challenges, Opportunities, Consequences and Alternatives, Dept of Agricultural Economics, North Dakota University, Sun Ling Wang, Paul Heisey, David Schimmel pfennig, and Eldon Ball(2015), Agricultural Productivity Growth in the United States: Measurement, Trends, and Drivers, Economic Research Report 189, URS, USDA.

A Hart,(1966) A Chart for Evaluating Product Research and Development Projects, Journal of the Operational Research Society, Volume 17, Issue 4, pp 347358 Porter, A.L. et al.(1980). A Guidebook for Technology Assessment and Impact Analysis. New York: North Holland.

David S. and Colin T.(1999), "The Internationalization of Agricultural Technology : Patents, R&D spill overs and there effects on Productivity in the European Union and United States", Contemporary Economic Policy Vol.17, No.4, pp.457-468.

Hayami Y. and V. W. Ruttan.(1985), Agricultural Development: An International Perspective. Johns Hopkins University Press.

Laurens Klerkx, and Cees Leeuwis(2008), "Institutionalizing end-user demand steering in agricultural R&D: Farmer levy funding of R&D in The Netherlands", Research Policy, Vol.37, pp.460-472.

OECD(2009), Agricultural Policies in OECD Countries : Monitoring and evaluation OECD-FAO(2008), OECD-FAO Agricultural Outlook 2008-2017 : Biofuel Paul W.

Sun Ling Wang, etc at al.(2015) Agricultural Productivity Growth in the United States:

Measurement, Trends, and Drivers, Economic Research Report No. (ERR-189) 78, Department of Agriculture(USDA).

색인

A~Z

ㄱ